化学工业出版社"十四五"普通高等教育规划教材

大型游乐设施设计

▶ 马琳伟 王 当 金胜昔 编著

DAXING YOULE
SHESHI SHEJI

化学工业出版社

·北京·

内 容 简 介

本书着重介绍大型游乐设施设计基础知识。在介绍大型游乐设施设计和建造的相关重要技术、设计基本规定、工程材料等基础上，对大型游乐设施的结构设计、传动系统设计、承载系统设计、安全防护装置设计、电气及控制系统设计等进行了重点介绍。本书也对大型游乐设施的建造和运营管理进行了相关介绍。

本书可以作为高等院校机械类等相关专业学生设计类课程教材。通过本书的学习，学生可以构建起从事大型游乐设施设计的知识体系，熟悉游乐设施设计的基本方法，初步掌握从事大型游乐设施创新设计工作的基本技能。

图书在版编目（CIP）数据

大型游乐设施设计 / 马琳伟，王当，金胜昔编著．
北京 ：化学工业出版社，2025.7. -- （化学工业出版社
"十四五"普通高等教育规划教材）. -- ISBN 978-7
-122-48306-5

Ⅰ．TS952.8

中国国家版本馆 CIP 数据核字第 20255HP136 号

责任编辑：韩庆利　　　　　　　　文字编辑：宋　旋
责任校对：王鹏飞　　　　　　　　装帧设计：史利平

出版发行：化学工业出版社
　　　　　（北京市东城区青年湖南街 13 号　邮政编码 100011）
印　　装：大厂回族自治县聚鑫印刷有限责任公司
787mm×1092mm　1/16　印张 13¾　字数 352 千字
2025 年 9 月北京第 1 版第 1 次印刷

购书咨询：010-64518888　　　　　售后服务：010-64518899
网　　址：http ://www.cip.com.cn
凡购买本书，如有缺损质量问题，本社销售中心负责调换。

定　　价：49.00 元

版权所有　违者必究

大型游乐设施是八大类特种设备（锅炉、压力容器、压力管道、电梯、起重机械、大型游乐设施、索道、场内专用机动车辆）之一，区别于其他特种设备的工具属性，其娱乐属性使之成为特种设备中的"特种设备"。

特种设备一旦出现问题，往往会引发重大或特别重大的安全事故。因此，我国对特种设备管理进行立法，基于《中华人民共和国特种设备安全法》，对特种设备进行全面重点管理。大型游乐设施服务社会公众，承载的乘客数量较多，且在单次运行中，多为亲朋共乘，一旦发生伤亡事故，将造成极其恶劣的社会影响。有鉴于此，对大型游乐设施的安全管理是所有特种设备管理中的重中之重。也正因为如此，才将大型游乐设施称之为特种设备中的"特种设备"。

为确保大型游乐设施的安全运行，必须从设计、建造和运行维护等多方面进行规范管理，采用全寿命周期管理的理念，配合先进的设计方法和技术手段，消除大型游乐设施的本质不安全因素，并基于风险监测及时排除安全隐患。

随着经济的发展和人民群众对精神文明需求的增长，大型游乐园区和主题公园建设将越来越多，大型游乐设施的数量也将迎来爆发式的增长。面对数量众多的大型游乐设施，必须建立科学规范的管理体系，利用互联网、物联网和人工智能等先进技术，实现对大型游乐设施的统一管理，使所有大型游乐设施的设计、建造和运行维护过程都具有可追溯性。

为强化工程人才培养，由校企合作完成本书的编写。武汉工程大学马琳伟编写第 1～4 章的内容，武汉工程大学王当编写第 5～8 章的内容，湖北宜化集团化工机械设备制造安装有限公司设计中心主任、高级工程师金胜昔编写第 9、10 章的内容。

我们相信，在科学的管理下，大型游乐设施的运行安全性必将越来越高，年均安全事故率必将得到有效控制。

编著者

目 录

◎**第1章　绪论** **1**

1.1　大型游乐设施概要 **1**
　1.1.1　国外大型游乐设施的发展历史　　2
　1.1.2　国内大型游乐设施的发展历史　　4
　1.1.3　大型游乐设施的分级与技术参数　　6
　1.1.4　大型游乐设施的分类简介　　9
　1.1.5　大型游乐设施的主要特点　　18

1.2　大型游乐设施的事故情况 **19**
　1.2.1　国内外的事故统计　　19
　1.2.2　国内外历史上的典型事故　　21

1.3　大型游乐设施的全寿期管理 **22**
思考题 **23**

◎**第2章　大型游乐设施的材料与紧固件** **24**

2.1　材料基本的性能参数 **25**

2.2　黑色金属及材料性能参数 **28**
　2.2.1　钢　　28
　2.2.2　铸铁　　33

2.3　有色金属及材料性能参数 **34**

2.4　非金属材料 **36**
　2.4.1　高分子材料及材料性能参数　　36
　2.4.2　陶瓷材料及材料性能参数　　40
　2.4.3　复合材料及材料性能参数　　42

2.5　工程材料的选用　43

　　2.5.1　选用工程材料的一般原则　43

　　2.5.2　大型游乐设施的选材要求　46

2.6　紧固件　49

　　2.6.1　螺栓　49

　　2.6.2　螺母　50

　　2.6.3　垫圈　51

思考题　51

◎第3章　大型游乐设施的设计基础　52

3.1　基本设计规定　52

　　3.1.1　大型游乐设施的常见载荷　52

　　3.1.2　工况分析和载荷组合　58

3.2　速度和加速度　59

　　3.2.1　速度允许值　59

　　3.2.2　加速度允许值　59

3.3　设计计算　61

　　3.3.1　刚度计算　61

　　3.3.2　静强度计算　62

　　3.3.3　疲劳强度计算　62

　　3.3.4　稳定性计算　66

　　3.3.5　防止倾覆与防止侧滑的计算　72

3.4　焊接设计　73

　　3.4.1　焊接接头的形式　73

　　3.4.2　焊缝的分级　74

　　3.4.3　焊缝强度计算　74

　　3.4.4　焊缝检测要求　75

思考题　75

◎第4章　大型游乐设施的结构设计　76

4.1　结构设计的基本要求　76

　　4.1.1　一般性要求　76

4.1.2 结构件设计 　　78
4.1.3 连接计算 　　80
4.1.4 钢结构构造的一般要求 　　83
4.1.5 钢管结构 　　84

4.2 结构设计的辅助工具 　　85
4.2.1 计算机辅助设计 　　85
4.2.2 计算机辅助分析 　　86
4.2.3 3D 打印 　　87

4.3 典型游乐设施的结构设计 　　88
4.3.1 旋转木马的结构设计 　　88
4.3.2 滑行车类游乐设施的结构设计 　　89
4.3.3 观览车类游乐设施的结构设计 　　90

思考题 　　90

◎第 5 章　大型游乐设施的传动系统设计　　91

5.1 机械传动 　　91
5.1.1 齿轮传动 　　91
5.1.2 带传动 　　93
5.1.3 链传动 　　95
5.1.4 蜗杆传动 　　97
5.1.5 摩擦轮传动 　　100
5.1.6 其他传动 　　102
5.1.7 传动系统安全因素 　　102

5.2 液压和气动系统 　　103
5.2.1 液压系统 　　103
5.2.2 气动系统 　　112
5.2.3 常见气压元件 　　113

5.3 典型游乐设施的传动系统设计规定 　　120
5.3.1 转马类游乐设施的传动系统 　　120
5.3.2 滑行车类游乐设施的传动系统 　　123
5.3.3 陀螺类游乐设施的传动系统 　　126
5.3.4 飞行塔类游乐设施的传动系统 　　126
5.3.5 观览车类游乐设施的传动系统 　　129

思考题 　　131

◎**第 6 章　大型游乐设施的电气及控制系统设计**　　**132**

　6.1　电气系统　　**132**

　6.2　控制与防护系统　　**134**

　　6.2.1　控制系统　　134

　　6.2.2　防护系统　　137

　6.3　接地与避雷　　**138**

　　6.3.1　接地保护　　138

　　6.3.2　避雷保护　　140

　　6.3.3　游乐设施中对接地和避雷的要求　　143

　6.4　典型游乐设施的电气及控制系统设计规定　　**143**

　　6.4.1　转马类游乐设施的电气及控制系统　　143

　　6.4.2　滑行车类游乐设施的电气及控制系统　　144

　　6.4.3　观览车类游乐设施的电气及控制系统　　147

　思考题　　**148**

◎**第 7 章　大型游乐设施的承载系统设计**　　**149**

　7.1　承载系统概述　　**149**

　7.2　乘客束缚装置　　**149**

　　7.2.1　安全带　　150

　　7.2.2　安全压杠　　151

　　7.2.3　挡杆　　153

　7.3　束缚装置选型　　**154**

　7.4　安全距离和防护　　**156**

　7.5　典型游乐设施的承载系统设计规定　　**157**

　　7.5.1　转马类游乐设施的承载系统　　157

　　7.5.2　滑行车类游乐设施的承载系统　　157

　　7.5.3　观览车类游乐设施的承载系统　　157

　思考题　　**157**

◎**第 8 章　大型游乐设施的安全防护装置设计**　　**158**

　8.1　安全防护装置　　**158**

8.1.1 制动装置 158

8.1.2 限位装置 160

8.1.3 防碰撞及缓冲装置 162

8.1.4 止逆行、保险及限速装置 165

8.2 安全防护设施 **167**

8.2.1 防护罩 167

8.2.2 安全隔离设施 167

8.2.3 安全标志 168

8.2.4 风速计 168

8.2.5 其他安全要求 168

8.3 典型游乐设施的安全防护装置设计规定 **169**

8.3.1 转马类游乐设施的安全防护装置 169

8.3.2 滑行车类游乐设施的安全防护装置 169

8.3.3 陀螺类游乐设施的安全防护装置 172

8.3.4 飞行塔类游乐设施的安全防护装置 174

8.3.5 观览车类游乐设施的安全防护装置 174

思考题 **175**

◎第 9 章 大型游乐设施的建造 **176**

9.1 建造技术 **176**

9.1.1 工程测量技术 176

9.1.2 焊接技术 179

9.1.3 起重技术 183

9.2 大型游乐设施的工厂预制 **189**

9.2.1 焊接 189

9.2.2 装配 190

9.2.3 厂内测试 191

9.2.4 涂装 191

9.2.5 包装与运输 191

9.3 大型游乐设施的现场安装 **191**

9.3.1 设备基础及附属设施 191

9.3.2 现场安装 192

9.3.3 现场调试与试运行 192

9.3.4 无损检测 193

        9.3.5   检验   194

9.4   旋转木马的建造   **194**

        9.4.1   屋面工程施工   195

        9.4.2   施工中采取的技术措施   195

思考题   **196**

◎第 10 章   大型游乐设施的运营管理   **197**

10.1   安全运营   **197**

10.2   维护保养   **198**

10.3   在役检查   **199**

10.4   安全评估   **199**

10.5   安全监管   **200**

        10.5.1   监督检验的内容   200

        10.5.2   监督检验机构及职责   202

10.6   应急救援   **203**

思考题   **206**

◎附录   轴心受压构件的稳定系数   **207**

◎参考文献   **210**

第 1 章

绪论

随着国民经济的飞速发展，人民的生活水平稳步提高，在物质需求得到满足之后，人民群众对精神层面幸福感的追求日益迫切。在这种新形势下，各类大型游乐园和主题公园的建造在我国步入了快速发展阶段。大型游乐设施是游乐园和主题公园中必不可少的娱乐载体。这类设施将游客带入高速、高空、旋转等刺激的情景中，在给游客带来乐趣的同时，不可避免存在导致人身伤害的风险因素。为了消除或降低风险，需要有效地控制各种风险因素，将危害发生的概率降低至微乎其微的水平。因此，必须对大型游乐设施进行全寿命周期的安全管理，涵盖设计、建造、运行维护、退役拆除等阶段。通过科学严谨的设计确保大型游乐设施具有足够的安全裕度和可靠性，通过规范的建造确保大型游乐设施具有可靠的实体质量，通过有计划的运行维护确保大型游乐设施保持良好的服役状态，通过绿色环保的退役拆除确保大型游乐设施不会造成环境破坏并实现资源的回收再利用。

1.1 ▪ 大型游乐设施概要

根据《中华人民共和国特种设备安全法》（2014 年 1 月 1 日实施）的规定，大型游乐设施属于特种设备，必须实行目录管理，并依照该法律对特种设备的生产（包括设计、制造、安装、改造、修理）、经营、使用、检验、检测和特种设备安全的监督管理进行约束。

特种设备目录由国务院负责特种设备安全监督管理的部门制定，报国务院批准后执行。根据 2014 年国家质量监督检验总局修订后的《特种设备目录》的规定，大型游乐设施是指用于经营目的，承载乘客游乐的设施，其范围规定为设计最大允许线速度大于或等于 2m/s，或者运行高度距地面高于或者等于 2m 的载人大型游乐设施。大型游乐设施包括观览车类、滑行车类、架空游览车类、陀螺类、飞行塔类、转马类、自控飞机类、赛车类、小火车类、碰碰车类、滑道类、水上游乐设施（峡谷漂流系列、水滑梯系列、碰碰船系列）和无动力游乐设施（蹦极系列、滑索系列、空中飞人系列、系留式观光气球系列）等十三个类别。

　　在大型游乐园和主题公园中往往设置有多个种类的大型游乐设施，使得运行维护和安全管理工作复杂，因此，更加需要加强源头控制，重视大型游乐设施的设计和建造过程，消除设计和建造中可能产生的安全隐患，并系统地开展运行维护，使大型游乐设施保持健康的运行状态。

1.1.1　国外大型游乐设施的发展历史

　　大型游乐设施的雏形大约出现在公元1650年的欧洲，俄罗斯的首都圣彼得堡出现了一种"雪橇"，这种娱乐装置类似于现代滑行车。真正意义上的游乐园直到18世纪才在法国、英国、美国等地诞生。随着电的发现和电动装置的发明，游乐业获得了快速发展。国外的现代游乐业发展距今虽然已有200多年的历史，但期间的发展受诸多因素影响，特别是20世纪30年代经济危机和第二次世界大战的影响，真正的快速发展阶段在20世纪50年代以后。随着战后世界经济的恢复和发展，大型游乐园在美国和欧洲、亚洲的经济快速发展国家先后建成。

　　1955年，在美国洛杉矶建成了世界上第一个迪士尼乐园（Disneyland Park），其中建成设施60座，将迪士尼知识产权和大型游乐设施相结合，创造了一个梦幻般的乐园，如图1.1所示。此后迪士尼乐园在世界各地涌现。

　　1959年，在美国佛罗里达建成了布希公园（Busch Gardens），建成设施29座。建成的希卡跳水过山车如图1.2所示。该过山车爬升至约61m的起始高度后，以112km/h的速度挣脱地心引力，有整整3min的失重状态，在连续翻转后紧接着一个约42m高的大俯冲，进入一条地下隧道，再以高速冲过贴近地面的水道，飞溅起猛烈的水花，全程长度约800m。

图1.1　建设中的洛杉矶迪士尼

图1.2　布希公园的希卡跳水过山车

　　1974年，在美国新泽西建成了六旗乐园（Six Flags Great Adventure），建成设施45座，包括13座过山车。其中，京达卡过山车高度达到139m，如图1.3所示。运行初始，水压弹射器可将游客乘坐的车速提高至206km/h，穿过270°的环向通道，可以体验到强烈的失重感。该乐园还建成有号称世界上最陡峭的木制过山车，其轨道长度1320m，高度56.4m，倾斜度为76°，速度为102km/h。

　　1975年，在意大利加达湖畔建成了加达云霄乐园（Gardaland），建成设施40座，其中，加达云霄过山车是最受欢迎的游乐设施，如图1.4所示。后建的红杉冒险过山车也是乐园中非常刺激的游乐设施，它的设计理念是达到让游客充分分泌肾上腺素的速度，4人座的小

图 1.3 六旗乐园的京达卡过山车

图 1.4 意大利的加达云霄乐园

车快速坠入空气，而后缓慢地完成转圈，该过山车到达的最高高度为 30m，并不断有 180° 的急弯。

1975 年，在德国鲁斯特建成了欧洲主题公园（Europa Park），建成设施超过 100 座，如图 1.5 所示。园区由 12 个以欧洲不同国家为主题的小公园组成，游客从微缩的法国，走进微缩的西班牙，继而在荷兰、德国、葡萄牙等国家间穿梭。公园中的银星过山车（Silver Star）高度达 73m，最高速度可达 130km/h，在过山车缓慢的爬升过程中，有充分的时间增加游客身体的紧张度，然后瞬间坠入空气中，又刻不容缓地爬上另一个陡坡，整个过程，是高速和失重体验的完美结合。

1980 年，在英国斯塔福德郡建成了奥尔顿塔乐园（Alton towers），建成设施 28 座，建有螺旋式过山车，以及世界上第一个俯冲式过山车，如图 1.6 所示。

图 1.5 德国鲁斯特的欧洲主题公园

图 1.6 英国斯塔福德郡的奥尔顿塔乐园

1989 年，在韩国首尔建成了乐天世界（Lotte World），其中建成设施 41 座，是当时世界上最大的室内游乐园，如图 1.7 所示。

1995 年，在西班牙萨洛建成了冒险港乐园（Port Aventura），建成设施 33 座。地狱神鹰项目，游客从 96m 的高度下落过程中，垫子也保持倾斜状态，让游客感受到完全的自由下落感，如图 1.8 所示。

大型游乐园的建设催生出了一批专业从事大型游乐设施设计和生产的企业。国外的游乐设施设计生产企业以意大利、英国、法国、荷兰、瑞士、美国和日本居多。

图 1.7　韩国首尔的乐天世界

图 1.8　西班牙萨洛的冒险港乐园

1.1.2　国内大型游乐设施的发展历史

我国大型现代化游乐设施和大型游乐园的建设起步较晚，20 世纪 80 年代才开始出现。1980 年，日本东洋娱乐株式会社赠送给中国一台"登月火箭"，安放在北京中山公园。这是我国第一台大型现代化游乐设施。随后，北京有色冶金设计研究总院的一批科研设计人员开始投身到游乐设施的设计行列之中，开发设计了登月火箭、游龙戏水、自控飞机、转马、空中转椅、架空单轨列车、双人飞天、翻滚过山车等现代游乐设施，填补了国内游乐设施设计制造的空白。1981 年，我国自行设计制造的第一批大型游乐设施在大庆儿童公园安装，从此，国产游乐设施的设计、制造和使用揭开了序幕。

1998 年，深圳欢乐谷建成，如图 1.9 所示。此后欢乐谷作为连锁主题公园在国内各地建设。

图 1.9　深圳欢乐谷

2005 年，香港迪士尼乐园建成，成为国内首座迪士尼乐园。2016 年上海迪士尼乐园建成，如图 1.10 所示，使我国成为第二个同时拥有两座迪士尼乐园的国家。

2006 年，广州长隆欢乐世界建成，如图 1.11 所示，建成设施 70 余座，引进了全球领先的游乐设备公司的设备，包括全球过山车之王的"垂直过山车"，创吉尼斯世界纪录的十环过山车，荣获行业设计金奖的摩托过山车，超级大摆锤，东半球唯一的 U 形滑板等世界级游乐项目。

图 1.10　上海迪士尼

图 1.11　广州长隆欢乐世界

　　2016 年，芜湖方特欢乐世界建成，建设有太空世界等十多个主题项目区，包括高空飞翔体验项目"飞越极限"，大型动感太空飞行体验项目"星际航班"等大型游乐设施，如图 1.12 所示。

　　2021 年 9 月，北京环球影城建成开业，如图 1.13 所示。这是近年来国内规模最大、最具影响力的新建主题公园项目，历时近 10 年，投资超 500 亿元。北京环球影城主题公园共有七大主题景区，分别是功夫熊猫盖世之地、变形金刚基地、小黄人乐园、哈利·波特的魔法世界、侏罗纪世界努布拉岛、好莱坞和未来水世界。

　　我国大型游乐园从无到有，在全国各地兴建，极大地丰富了人民的娱乐生活，陶冶了人民的情操，美化了城市环境，推动了社会主义精神文明的建设。从目前国内大型游乐园的建设情况来看，高标准的大型游乐园多建造安装了进口的大型游乐设施，而国产大型游乐设施多建造在中小型游乐园中。国内的大型游乐设施无论在设计、制造，还是建造维护等方面还有可以进一步提升的空间。国内大型游乐设施的生产企业约百家，主要分布在广东、浙江、陕西、北京等地。

图 1.12 芜湖方特欢乐世界

图 1.13 北京环球影城

1.1.3 大型游乐设施的分级与技术参数

2014 年 10 月颁布的《特种设备目录》出于简化制造许可之目的，对多数游乐设施只规定到"设备类型"，而将如何确定"设备形式（品种）"的任务留给了特种设备安全技术规范。在《大型游乐设施设计文件鉴定规则（试行）》中，为了便于设备的分级管理，在同一设备类别下将主体结构和主要运动形式类似的一系列设备归为同一设备品种（形式），大型游乐设施设备品种（形式）与分级及相应的技术参数如表 1.1。

表 1.1 大型游乐设施设备品种（形式）与分级及相应的技术参数

类别	说明	分级参数			品种（形式）	举例	主要技术参数
		A 级	B 级	C 级			
观览车类	主运动形式为绕水平轴的转动或摆动，或者以观看动感电影为主要功能的游乐设施	高度≥60m 或单舱承载人数≥38 人	其余	高度＜30m 且单舱承载人数＜4 人	观览车系列	观览车	高度、转速、回转直径、承载人数、座舱数量、移动或固定、设计风载荷（基本风压和地面粗糙度）
					海盗船系列	海盗船	单侧摆角、承载人数、最大速度、移动或固定
					动感影院系列	所有动感影院	摆角、承载人数、最大速度、移动或固定
					摆锤系列	大摆锤、飞龟	单侧摆角、回转半径、转盘直径、承载人数、移动或固定
					其他观览车系列	飞毯、波浪翻滚	运行高度、回转直径、承载人数、结构形式、主运动形式、转速、座舱数量、乘客是否翻滚、单侧摆角（回转角度）、移动或固定
滑行车类	主运动形式为提升后沿架空轨道惯性滑行的游乐设施	运行速度≥50km/h 且轨道高度≥15m	其余	运行速度＜20km/h 且轨道高度＜3m	过山车系列	过山车	运行速度、轨道高度、承载人数、车辆数/列、列车数、加速度、移动或固定
					自旋滑车系列	自旋滑车	运行速度、轨道高度、承载人数、车辆数/列、列车数、加速度、移动或固定
					激流勇进系列	激流勇进	运行速度、承载人数/船、船数、轨道高度、下滑段轨道最大倾角、移动或固定
					其他滑行车系列	自旋飞碟、迪斯科	运行速度、轨道高度、结构形式、承载人数/车、车辆数、加速度、移动或固定

类别	说明	分级参数			品种（形式）	举例	主要技术参数
		A 级	B 级	C 级			
架空游览车类	主运动形式为沿架空轨道运行，速度可控的游乐设施	轨道高度≥10m 或单车承载人数≥40 人	其余	轨道高度＜3m	单轨架空游览车系列	单轨列车	承载人数、轨道高度、运行速度、承载人数／列、车辆数
					双轨架空游览车系列	太空漫步	承载人数、轨道高度、运行速度、承载人数／列、车辆数
陀螺类	主运动形式为绕可变倾角的轴旋转	倾角≥70° 或回转直径≥12m	其余	倾角＜45° 且回转直径＜8m	陀螺系列	勇敢者转盘、极速风车	倾角、回转直径、运行速度、运行高度、座舱数量、承载人数、移动或固定
飞行塔类	主运动形式为挠性件悬吊并绕垂直轴旋转、升降	运行高度≥30m 或承载人数≥50 人	其余	运行高度＜3m，倾角＜45° 且回转直径＜8m	旋转飞椅系列	飞椅、高空飞翔	运行高度、回转直径、运行速度、承载人数、移动或固定
					探空飞梭系列	探空梭、跳楼机	运行高度、高差、运行速度、承载人数、移动或固定
					其他飞行塔系列	观光塔	运行高度、回转直径、运行速度、承载人数／舱、移动或固定
转马类	主运动形式为绕垂直轴旋转	回转直径≥14m 或承载人数≥90 人	其余	运行高度＜3m	转马系列	转马	承载人数、回转直径、层数、转速、运行高度、座舱数量、移动或固定
					其他转马系列	咖啡杯、音乐快车	承载人数、回转直径、转速、运行高度、座舱数量、移动或固定、座舱自身翻滚或摆动及角度说明
自控飞机类	主运动形式为绕垂直轴旋转同时大臂升降的游乐设施	回转直径≥14m 或承载人数≥40 人	其余	回转直径＜10m	自控飞机系列	自控飞机、弹跳机	回转直径、承载人数、运行高度、运行速度、座舱数量、移动或固定
					其他自控飞机系列	章鱼	回转直径、承载人数、运行高度、运行速度、转速、座舱数、移动或固定、座舱旋转与否
赛车类	主运动形式为在地面制定路线运行	无	无	全部	赛车系列	卡丁车	运行速度、承载人数／车、最小转弯半径
小火车类	主运动形式为在地面固定轨道运行	无	无	全部	小火车系列	小火车	运行速度、运行高度、承载人数／车、车辆数
碰碰车类	主运动形式为在固定车场运行，可相互碰撞的游乐设施	无	无	全部	碰碰车系列	碰碰车	运行速度、承载人数／车、车辆数

续表

类别	说明	分级参数			品种（形式）	举例	主要技术参数
		A 级	B 级	C 级			
滑道类	主运动形式为由乘坐者操纵沿滑槽或轨道滑行，速度不大于40km/h的游乐设施	滑道长度≥1000m	滑道长度<1000m	无	管式滑道系列	管式滑道	滑行速度、轨道最小曲率半径、最大坡度、承载人数/车、滑道长度
					槽式滑道系列	槽式滑道	滑行速度、轨道最小曲率半径、最大坡度、承载人数/车、滑道长度
水上游乐设施	主运动形式为在特定水域运行或滑行的游乐设施	无	运行速度≥30km/h或运行高度≥5m	其余	峡谷漂流系列	峡谷漂流	承载人数、运行速度、运行高度、水道最小半径、船体结构
					水滑梯系列	水滑梯	高度、结构形式、运行速度、滑梯内水流量、滑梯最大倾角、滑梯道数、滑道截面尺寸
		无		全部	碰碰船系列	碰碰船	承载人数、运行高度、设备高度、固定或移动
无动力游乐设施	主运动形式为非动力驱动的游乐设施	运行高度≥20m	其余	运行高度<10m	蹦极系列	高空蹦极	承载人数、运行高度、设备高度、固定或移动
					空中飞人系列	座舱储能后自由摆动的游乐设施	运行高度、运行速度、承载人数、座舱数量、滑索长度、滑索道数、承载索高差与根数
					系留式观光气球系列	空气浮力和系留绳控制座舱升降的游乐设施	承载人数、运行高度、驱动功率、球体积
		滑索长度≥500m	滑索长度<500m	无	滑索系列	乘坐物沿钢丝绳自由滑动的游乐设施	滑索长度、运行速度、运行高度、承载人数、滑索道数、承载索高差、承载索根数

在表 1.1 中，对各类游乐设施的主要技术参数进行了简要说明。根据游乐设施的类型不同，设计中的主要参数有一定的差异，但也有一些设计参数是具有共性的，如承载人数、主运动速度等。

承载人数是指设备额定满载运行过程中同时乘坐游客的最大数量的设计值，对单车（列）承载人数是指相连的一整列车同时容纳的乘客数量的设计值。

游乐设施的高度针对不同游乐设施有不同的定义方法。对于观览车系列，表中所列的高度指转盘（或运行座舱）最高点距主立柱安装基面的垂直距离的设计值，不包含避雷针高度。轨道高度是指车轮与轨道接触面最高点距轨道支架安装基面最低点之间垂直距离的设计值。运行高度指运动过程中乘客从约束物支撑面（如座位面）至地面或水面最大跌落高度的设计值。

单侧摆角是绕水平轴摆动的摆臂偏离铅垂线的角度（最大 180°）的设计值。

绕水平轴摆动或旋转的设备，回转直径是指其乘客约束物支撑面（如座位面）绕水平轴的旋转直径的设计值；对陀螺类设备，回转直径是指主运动做旋转运动，其乘客约束面（如座位面）最外沿的旋转直径的设计值；绕垂直轴旋转的设备，回转直径是指其静止时座椅或乘客约束物最外侧绕垂直轴为中心所得圆的直径的设计值。

滑道长度是指滑道下滑段和载人提升段总长度的设计值。滑索长度是指承载索固定点之间斜长距离的设计值。

倾角是指主运动（即转盘或座舱旋转）绕可变倾角轴做旋转运动的设备，其主运动旋转轴与铅垂方向的最大夹角的设计值。

运行速度是指设备运行过程中乘客约束物支撑面（如座位面）达到的最大线速度的设计值，水上游乐设施是指乘客达到的最大线速度的设计值。

1.1.4　大型游乐设施的分类简介

按照《特种设备目录》中大型游乐设施的类别，对表 1.1 中所列的各类大型游乐设施及其中所包括的系列简介如下。

（1）观览车类游乐设施

观览车类游乐设施是指主运动形式为绕水平轴的转动或摆动，或者以观看动感电影为主要功能的游乐设施，主要包括观览车系列、海盗船系列、动感影院系列、摆锤系列，以及其他观览车系列在内的五大系列。

① 观览车系列　观览车系列的形式为摩天轮，根据吊舱的悬挂结构形式可分为吊舱型摩天轮和回转舱型摩天轮；根据有无中心转轴可分为中心转轴式和空心式。设计中的主要技术参数包括高度、转速、回转直径、承载人数、座舱数量、移动或固定、设计风载荷（基本风压和地面粗糙度）等。

图 1.14 中所示的分别为伦敦之眼和渤海之眼摩天轮。

图 1.14　摩天轮

② 海盗船系列　海盗船系列的形式是座舱在旋转大臂的一边，大臂的另一边不设配重，驱动位于座舱龙骨边缘。设计中的主要技术参数包括单侧摆角、承载人数、最大速度、移动或固定等。

图 1.15 中所示的是重庆欢乐谷中的海盗船。

图 1.15　海盗船

③ 动感影院系列　动感影院是以特效座椅和环境模拟为主要技术手段，可以为观众提供贴合剧情的视觉、听觉、触觉、嗅觉并辅以动作刺激的新型影院。设计中的主要技术参数包括摆角、承载人数、最大速度、移动或固定等。

图 1.16 所示为环球影城中通过动感影院体验的变形金刚动感电影。

图 1.16　动感影院

④ 摆锤系列　摆锤系列的主要形式是类似于钟摆的结构，可以在提供主要摆动运动的同时并附加自旋运动。设计中的主要技术参数包括单侧摆角、回转半径、转盘直径、承载人数、移动或固定等。

图 1.17 所示的是武汉欢乐谷中的大摆锤。

⑤ 其他观览车系列　其他观览车系列的形式不能归入前面四个系列，但可以是前几种形式的任意组合。设计中的主要技术参数包括运行高度、回转直径、承载人数、结构形式、主运动形式、转速、座舱数量、乘客是否翻滚、单侧摆角（回转角度）、移动或固定等。典型的其他系列观览车如飞毯、波浪翻滚等。

图 1.18 所示的为阿拉伯飞毯和波浪翻滚。

图 1.17　大摆锤

图 1.18　阿拉伯飞毯和波浪翻滚

（2）滑行车类游乐设施

滑行车类游乐设施是指主运动形式为提升后沿架空轨道惯性滑行的游乐设施，主要包括过山车系列、自旋滑车系列、激流勇进系列，以及其他滑行车系列在内的四大系列。

① 过山车系列　过山车是大型游乐园中的游乐之王，通过多变的轨道设计，可以带来超重、失重、旋转等刺激体验。设计中的主要技术参数包括运行速度、轨道高度、承载人数、车辆数 / 列、列车数、加速度、移动或固定等。

图 1.19 所示的是武汉欢乐谷的钢架过山车和木质过山车。

图 1.19　典型的过山车

图 1.20　典型的自旋滑车

② 自旋滑车系列　自旋滑车系列通过动力将滑车送至高点，然后利用高度产生的势能转化为动能使滑车沿盘旋轨道向下滑行。与过山车相比较，该系列滑动轨道没有绕水平轴线的激烈旋转。设计中的主要技术参数包括运行速度、轨道高度、承载人数、车辆数/列、列车数、加速度、移动或固定等。图 1.20 所示为典型的自旋滑车。

③ 激流勇进系列　激流勇进系列是水上机动游乐设施，通过动力将多人乘坐的船提升至轨道高点，然后让船由高处滑落，冲入水中，随即船在建设好的水道中漂行，乘客可以欣赏沿途主题风景，如图 1.21 所示。设计中的主要技术参数包括运行速度、承载人数/船、船数、轨道高度、下滑段轨道最大倾角、移动或固定等。

④ 其他滑行车系列　其他滑行车是不能归属于上述三个系列的滑行车，设计中的主要技术参数包括运行速度、轨道高度、结构形式、承载人数/车、车辆数、加速度、移动或固定等。

典型的其他滑行车系列的娱乐设施如自旋飞碟等。自旋飞碟沿弯月形轨道往复运动，同时飞碟还沿自身轴线进行自转。该系列游乐设施的刺激指数适中。图 1.22 所示为典型的自旋飞碟游乐设施。

图 1.21　激流勇进游乐设施

图 1.22　自旋飞碟游乐设施

（3）架空游览车类游乐设施

架空游览车类游乐设施是指主运动形式为沿架空轨道运行，速度可控的游乐设施，主要包括单轨架空游览车系列和双轨架空游览车系列在内的两大系列。架空游览车和自旋滑车的区别在于架空游览车是采用人力、内燃机和电力等方式驱动，可以控制速度，而自旋滑车则无持续可控动力。

① 单轨架空游览车系列　单轨架空游览车的轨道为单根，车体附着在单根轨道上滑动，如图 1.23 所示。设计中的主要技术参数包括承载人数、轨道高度、运行速度、承载人数/列、车辆数等。

② 双轨架空游览车系列　双轨架空游览车的轨道为两根，车体附着在两根平行轨道上滑动，如图 1.24 所示。设计中的主要技术参数包括承载人数、轨道高度、运行速度、承载人数/列、车辆数等。

图 1.23　单轨架空游览车

图 1.24　双轨架空游览车

（4）陀螺类游乐设施

陀螺类游乐设施是指主运动形式为绕可变倾角的轴旋转的游乐设施，其中不再细分系列。设计中的主要技术参数包括倾角、回转直径、运行速度、运行高度、座舱数量、承载人数、移动或固定等。

典型的陀螺系列游乐设施包括勇敢者转盘、极速风车等，如图 1.25 所示。

图 1.25　勇敢者转盘和极速风车

（5）飞行塔类游乐设施

飞行塔类游乐设施是指主运动形式为挠性件悬吊并绕垂直轴旋转、升降的游乐设施，主要包括旋转飞椅系列、探空飞梭系列，以及其他飞行塔系列在内的三大系列。

① 旋转飞椅系列　旋转飞椅设计中的主要技术参数包括运行高度、回转直径、运行速度、承载人数、移动或固定等。典型的旋转飞椅如图 1.26 所示。

② 探空飞梭系列　探空飞梭设计中的主要技术参数包括运行高度、高差、运行速度、承载人数、移动或固定等。典型的探空飞梭如图 1.27 所示。

图 1.26　旋转飞椅

③ 其他飞行塔系列　设计中的主要技术参数包括运行高度、回转直径、运行速度、承载人数 / 舱、移动或固定等。典型的其他飞行塔系列包括飞行观光塔等，如图 1.28 所示。

图 1.27　探空飞梭

图 1.28　飞行观光塔

（6）转马类游乐设施

转马类游乐设施是指主运动形式为绕垂直轴旋转的游乐设施，主要包括转马系列和其他转马系列在内的两大系列。

① 转马系列　转马系类游乐设施设计中的主要技术参数包括承载人数、回转直径、层数、转速、运行高度、座舱数量、移动或固定等。典型的转马游乐设施如图 1.29 所示。

② 其他转马系列　其他转马系列游乐设施在设计中的主要技术参数包括承载人数、回转直径、转速、运行高度、座舱数量、移动或固定、座舱自身翻滚或摆动及角度说明等。典型的其他转马游乐设施包括咖啡杯等，如图 1.30 所示。

图 1.29　典型的转马游乐设施

图 1.30　咖啡杯游乐设施

（7）自控飞机类游乐设施

自控飞机类游乐设施是指主运动形式为绕垂直轴旋转同时大臂升降的游乐设施，主要包括自控飞机系列和其他自动飞机系列在内的两大系列。

① 自控飞机系列　自控飞机设计中的主要技术参数包括回转直径、承载人数、运行高度、运行速度、座舱数量、移动或固定等。典型的自控飞机系列娱乐设施包括自控飞机、弹跳机等，如图 1.31 所示。

② 其他自控飞机系列　设计中的主要技术参数包括回转直径、承载人数、运行高度、运行速度、转速、座舱数、移动或固定、座舱旋转与否等。典型的其他自控飞机系列游乐设施包括章鱼等，如图 1.32 所示。

图 1.31　自控飞机娱乐设施

图 1.32　章鱼游乐设施

（8）赛车类游乐设施

赛车类游乐设施是指主运动形式为在地面制定路线运行的游乐设施，其中不再细分系列。设计中的主要技术参数包括运行速度、承载人数 / 车、最小转弯半径等。赛车类游乐设施主要是卡丁车，如图 1.33 所示。

图 1.33　卡丁车

（9）小火车类游乐设施

小火车类游乐设施是指主运动形式为在地面固定轨道运行的游乐设施，其中不再细分系列。设计中的主要技术参数包括运行速度、运行高度、承载人数 / 车、车辆数等。典型的小火车游乐设施如图 1.34 所示。

（10）碰碰车类游乐设施

碰碰车类游乐设施是指主运动形式为在固定车场运行，可相互碰撞的游乐设施，其中不再细分系列。设计中的主要技术参数包括运行速度、承载人数 / 车、车辆数等。典型的碰碰车游乐设施如图 1.35 所示。

图 1.34 小火车游乐设施

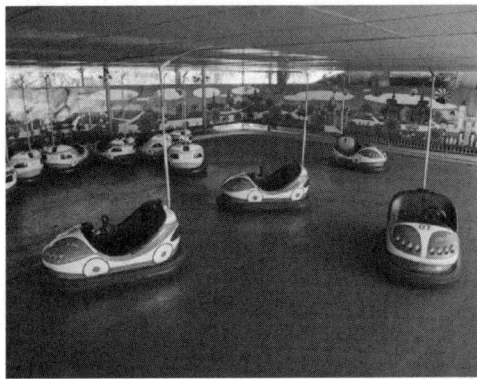

图 1.35 碰碰车游乐设施

（11）滑道类游乐设施

滑道类游乐设施是指主运动形式为由乘坐者操纵沿滑槽或轨道滑行，速度不大于 40km/h 的游乐设施，主要包括管式滑道系列和槽式滑道系列在内的两大系列。

① 管式滑道系列 管式滑道设计中的主要技术参数包括滑行速度、轨道最小曲率半径、最大坡度、承载人数/车、滑道长度等。典型的管式滑道如图 1.36（a）所示。

(a) 管式滑道

(b) 槽式滑道

图 1.36 管式滑道和槽式滑道

② 槽式滑道系列 槽式滑道设计中的主要技术参数包括滑行速度、轨道最小曲率半径、最大坡度、承载人数/车、滑道长度等。典型的槽式滑道如图 1.36（b）所示。

（12）水上游乐设施

水上游乐设施是指主运动形式为在特定水域运行或滑行的游乐设施，主要包括峡谷漂流系列、水滑梯系列，以及碰碰船系列在内的三大系列。

① 峡谷漂流系列 峡谷漂流设计中的主要技术参数包括承载人数、运行速度、运行高度、水道最小半径、船体结构等。峡谷漂流如图 1.37 所示。

图 1.37 三峡支流九畹溪的峡谷漂流

② 水滑梯系列　水滑梯设计中的主要技术参数包括高度、结构形式、运行速度、滑梯内水流量、滑梯最大倾角、滑梯道数、滑道截面尺寸等。典型的水滑梯游乐设施如图 1.38 所示。

③ 碰碰船系列　碰碰船设计中的主要技术参数包括承载人数、运行高度、设备高度、固定或移动等。典型的碰碰船游乐设施如图 1.39 所示。

图 1.38　水滑梯游乐设施

图 1.39　碰碰船游乐设施

（13）无动力游乐设施

无动力游乐设施是指主运动形式为非动力驱动的游乐设施，主要包括蹦极系列、空中飞人系列、系留式观光气球系列，以及滑索系列在内的四大系列。

① 蹦极系列　设计中的主要技术参数包括承载人数、运行高度、设备高度、固定或移动等。典型的蹦极游乐设施如图 1.40 所示。

② 空中飞人系列　设计中的主要技术参数包括运行高度、运行速度、承载人数、座舱数量、滑索长度、滑索道数、承载索高差与根数等。典型的空中飞人游乐设施如图 1.41 所示。

③ 系留式观光气球系列　设计中的主要技术参数包括承载人数、运行高度、驱动功率、球体积等。典型的系留式观光气球如图 1.42 所示。

图 1.40　典型的蹦极游乐设施

图 1.41　典型的空中飞人游乐设施

图 1.42　典型的系留式观光气球

④ 滑索系列 设计中的主要技术参数包括滑索长度、运行速度、运行高度、承载人数、滑索道数、承载索高差、承载索根数等。典型的滑索游乐设施如图 1.43 所示。

图 1.43 典型的滑索游乐设施

1.1.5 大型游乐设施的主要特点

大型游乐设施的主要特点体现在社会关注度高，产品复杂程度高，设计运行极限高，运行的频次高，运行维护的专业化程度高等"五个高"的基本特点。

（1）大型游乐设施的社会关注度高

大型游乐设施虽然属于特种设备的一种，但是它和人民的生活密切相关，属于生活娱乐性消费。在游乐场中发生事故，不仅对受影响游客的情绪影响非常大，而且会造成其他游客的精神恐慌。而且，在通常情况下，家庭成员会一起乘坐大型游乐设施，或者朋友们一起乘坐，一旦发生伤亡事故对家庭造成的影响会极大。因此，社会对大型游乐设施的事故普遍比较关注，相关事故都可能成为社会热点。

（2）大型游乐设施的产品复杂程度高

大型游乐设施属于机电一体化程度较高的大型运行装置。不同的游乐设施具有不同形式的复杂运动，如过山车的滑车既有高速直线移动，又有旋转，甚至翻滚等运动。为了实现复杂运动，并同时对乘客提供充分保护，在产品的功能设计、结构设计、电控设计等方面需要考虑的因素众多，因此，设计的复杂性也随之大大增加。

在建造过程中，多种专业施工相互配合，造成项目管理工作的复杂性增加。建造中的质量控制需要多专业的技术人员和检测人员相互配合，协同工作，才能确保建造质量达到设计标准和建造标准。

（3）大型游乐设施的设计运行极限高

大型游乐设施为了追求乘客的极致体验，设计运行极限不断提高。如今，过山车的最高运行速度已突破 200km/h，为了达到如此高的运行速度，其传动方式也打破了传统的链条提升方式，而采用弹射式，如同航空母舰上飞机升空，通过蒸汽弹射将滑车以极高的速度运送至轨道的最高点。过山车的最高运行坡度可以达到接近 90°，形成直上直下的滑行姿态，使乘客感受到自由落体的刺激感。正是对刺激性的不断追求，使得大型游乐设施的设计运行极限越来越高，其危险程度也随之增加，进而对设计的可靠性提出了更高的要求。

（4）大型游乐设施的运行频次高

大型游乐设施中既有固定式的，也有移动式的。对于大型游乐园通常会建造固定式的游乐设施。但为了满足类似于"嘉年华"之类临时狂欢节的需求，大型游乐设施也有移动式的设计。在游乐园正常运营时，大型游乐设施往往处于高频次的运行状态，不断地反复启停和长时间运行都会加剧活动零部件的磨损和疲劳失效，从而影响设施的正常安全运行。因此，需要完善对大型游乐设施的安全性检查、监测与检测，形成规范的日常维护制度、定期维护制度，以及安全检查要求等。

（5）大型游乐设施运行维护的专业化程度高

大型游乐设施除了机械装置、动力装置之外，为了满足乘坐的舒适性，还设计有空调设备、音响设备、灭火设备、通风设备、救护设施等辅助设施。随着现代技术的发展，越来越多的高新技术也应用其中，如虚拟现实技术、激光技术、网络技术、远程控制技术等。这就使得大型游乐设施的运行和维护人员需要具备较高的专业素养，并且需要多种专业人员组建运行维护团队，才能有效地执行运行和维护工作，确保大型游乐设施的安全。

1.2 ▪ 大型游乐设施的事故情况

为了避免大型游乐设施事故的发生，虽然已将大型游乐设施列入特种设备目录，按照特种设备的监管要求对设计、建造、运行维护等环节严格控制，但事故还是不可避免地发生着。在过去的数十年中，国外和国内都发生过很多事故，有的事故较为轻微，未造成人员伤亡，但也有很多事故直接导致了人员伤亡，造成了不可估量的损伤。

根据《特种设备安全监察条例》（以下简称《条例》）的规定，对大型游乐设施的事故等级如表1.2所示。

表1.2 大型游乐设施事故等级

事故等级	事故后果（有下列后果之一即可定性）			
	死亡人数/人	重伤人数/	直接经济损失/元	高空滞留人数及时间
特别重大事故	≥30	≥100	≥1亿	100人以上且时间在48h上
重大事故	≥10且<30	≥50且<100	≥5000万且<1亿	100人以上且时间在24h以上48h以下
较大事故	≥3且<10	≥10且<50	≥1000万且<5000万	12h以上
一般事故	<3	<10	≥1万且<1000万	1h以上12h以下

按照上表事故等级的区分，已发生的大型游乐设施事故大多属于一般事故，少数属于较大事故，而重大以上事故则较为少见。

1.2.1 国内外的事故统计

美国某公益组织在2000年建立了Safeparks数据库，先后收集了自1986年至2009年美国各州30多个机构的游乐设施事故报告，也包括医院急诊室中有关乘坐游乐设施伤亡的记录，其中收录了近1.5万起事故。其中所记录的大部分事故都未造成人员受伤或使人员轻微受伤，按照我国的大型游乐设施事故等级标准，这些轻微伤的事故不属于我们所定义的事故范畴。美国消费产品委员会也对1987年至2000年的游乐设施事故进行了调查，其发布的报告显示：1987年至2000年间每年游乐设施的死亡人数约为4.4人，2001年游乐设施死亡人数为3人。通过对多年事故案例的收集和整理，美国娱乐设施事故总数为166起，其中滑行类事故65

起，旋转类事故 63 起，升降类事故 2 起，蹦极类事故 5 起，水上娱乐设施事故 12 起，其他大型游乐设施事故 19 起。事故共造成 40 人死亡，超过 145 人受伤。

英国职业安全健康执行局统计了 1990 年至 2001 年的游乐设施事故情况，事故共造成 14 人死亡，2415 人重伤。对这些事故的原因分析表明，设计原因造成的事故占事故总数的 19.2%，结构或机械系统失效原因占 20.5%，操作原因占 21.7%，乘客原因占 16.5%，其他原因占 22.1%。

随着我国大型游乐设施数量的增加，其发生事故的频次也呈现出增长之态。自 2011 年起，在国家质量监督检验检疫总局发布的年度全国特种设备安全状况通报中，大型游乐设施的事故数量和原因开始单列。在 2011 年度，大型游乐设施事故 7 起，其中，安全保护装置及设备故障原因 4 起，安全管理不到位原因 3 起。在 2012 年度，大型游乐设施事故 2 起，其中，安全保护装置及设备故障原因 1 起，非法制造使用原因 1 起。在 2013 年度，大型游乐设施事故 9 起，其中，安全保护装置及设备故障原因 4 起，游客自身防护意识和措施缺失原因 2 起，其他次生原因 3 起。在 2014 年度，大型游乐设施事故 6 起，其原因均为保护装置及设备故障。在 2015 年度，大型游乐设施事故 9 起，其中，安全保护装置及设备故障原因 4 起，违章作业原因 3 起，其他次生原因 2 起。在 2016 年度，大型游乐设施事故 6 起，其中安全保护装置及设备故障原因 2 起，安全管理不到位原因 2 起，违章作业原因 1 起，非法制造使用原因 1 起。在 2017 年度，大型游乐设施事故 2 起，其中操作不当原因 1 起，其他次生原因 1 起。在 2018 年度，大型游乐设施事故 5 起，其中违章操作原因 2 起，无证操作原因 1 起，其他次生原因 2 起。表 1.3 列出了自 2011 年至 2018 年全国大型游乐设施事故情况。大型游乐设施的增长情况如图 1.44 所示，大型游乐设施事故随年度的变化情况如图 1.45 所示。

表 1.3　2011 年至 2018 年全国大型游乐设施事故情况统计

统计事项		2011	2012	2013	2014	2015	2016	2017	2018
大型游乐设施数量 / 万台套		1.64	1.67	1.79	1.92	2.04	2.23	2.42	2.51
年度大型游乐设施事故数量 / 起		7	2	9	6	9	6	2	5
不同原因所致事故数量	违章操作或操作不当					3	1	1	2
	无证操作								1
	安全保护装置及设备故障	4	1	4	6	4	2		
	安全管理不到位	3					2		
	非法制造使用		1				1		
	游客自身防护意识和措施缺失			2					
	其他次生原因			3		2		1	2

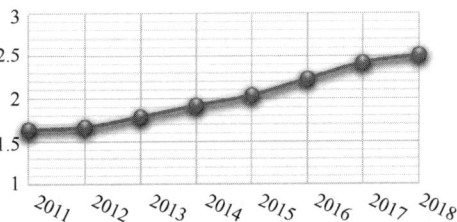

图 1.44　全国大型游乐设施增长情况

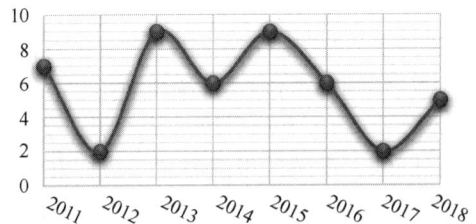

图 1.45　全国大型游乐设施事故情况

由上述统计可知，大型游乐设施的事故每年均有发生，要最大程度地实现大型游乐设施的风险可控，消除事故，需要形成包括设计、制造、建造、运行、维修保养、检验检测和安全监察等一整套完善的体系，用科学、标准和规范来约束行业的发展。

1.2.2 国内外历史上的典型事故

自大型游乐设施大规模建造以来，在世界上很多国家都发生过与游乐设施相关的人员伤亡的事故。

2007年5月5日，日本大阪万博纪念公园游乐园内一过山车在行进中发生倾斜，造成1人死亡，21人受伤。发生事故的过山车轨道全长1050m，高40m，由6节可分别乘坐4人的车厢组成，车速最高可达75km/h。

2007年8月13日，韩国釜山市"环球嘉年华"游乐场内的一台摩天轮在运转过程中，有一节观光缆车车厢突然翻转，缆车门被甩开，缆车内有5人从20m高空摔下，造成5人死亡，如图1.46所示。韩国警方说，发生事故的车厢内乘坐的是到釜山度假的一家7口，仅两人幸免。发生事故的摩天轮高达66m，有42个可乘坐8人的车厢。

图1.46 釜山"环球嘉年华"摩天轮事故

2008年7月15日，瑞典哥德堡市的里斯贝里游乐场的一个摆锤系列游乐设施在运行中突然坍塌并倾斜向下坠落3m至地面，造成20人重伤。

2012年8月4日，法国巴黎一家游乐场内，一座载有6人的陀螺类大型游乐设施在运行中，一条高速旋转的钢臂断为两截，造成2人死亡，2人重伤，并有2人被困36m的高空长达6h。这部游乐设施质量为28t，有2条10米多长并可360°旋转的机械钢臂，钢臂两端各有一个4座的车厢，一次最多可载8名乘客，钢臂如螺旋桨一样高速旋转的最高速度可达90km/h。

2016年5月3日，英国最大的主题乐园奥尔顿塔公园的一款新开的过山车突发机械故障停驶，28名乘客被倒转地吊在20m高空，约30min后获救。

2017年7月27日，美国俄亥俄州哥伦布市新开业的摆锤类游乐设施在运行中，当运行至底部时，一排座椅撞倒了下面的栅栏，在强大的冲击力下，摆锤摆向空中时座椅整排脱落，乘客跌落地面，造成1人死亡，7人受伤。

2018年3月31日，法国讷维尔市的嘉年华游乐场的一个大型游乐设施在全速旋转时，其中一个吊臂突然滑脱，致使一人被甩出后坠地，造成1人死亡、4人受伤。

2018年5月1日，日本大阪环球影城一过山车在行驶过程中发动机相关零件出现异常，致使传感器发出故障信号，造成过山车自动刹闸停止运行，滞留在30m左右的上升途中，导致64人倒挂空中达2h。发生事故的过山车运行全长1124m。

2018年12月31日，在法国西部大区布列塔尼的首府雷恩的游乐园内，载有8名乘客的一座拥有52m长铁臂的"BomberMaxxx"过山车发生故障，使得8人被滞留在52m高空。直到2019年1月1日凌晨4点，第一名被解救的游客才成功落地，而最后被救出的被困人员在空中长达9h。

2019年5月5日，阿根廷圣胡安市的好莱坞公园游乐场内，一座名为"探索"的大摆锤游乐设施突然因机械故障停摆，致使36名乘客在20多米高空被悬空倒挂近5h。

2019 年 6 月 10 日，西班牙南部塞维利亚省附近的一个游乐场中，一个载满乘客的旋转类游乐设施在运行中突然失控断为两截，使多名乘客被抛出，导致 28 人受伤，且伤者多为儿童。

2019 年 7 月 14 日，印度一游乐园的大摆锤游乐设施运行中，摆锤杆断裂，使 31 名乘客砸向地面，造成 2 人死亡，27 人受伤。

2019 年 7 月 23 日，英国奥尔顿塔主题公园内，大型游乐设施"微笑者"过山车发生故障，导致 16 名乘客在离地 30 多米的过山车轨道垂直段悬停 20 多分钟。

2019 年 7 月 31 日，巴西夏诺特一家游乐园内，一辆过山车在行驶到一处弯道时，轨道突然断裂，整列车脱轨侧翻，十多名乘客被甩出，导致 3 人受伤。

2023 年 3 月 21 日，贵州省某游乐园内一观光热气球突然失控，从空中飞起后坠落至水库，气球上有 7 名游客。据报道，事发时风力较大，热气球从地面飞起约 20m 高后失去平衡并坠入水库，所幸未造成人员伤亡。

2023 年 5 月 6 日，俄罗斯奥伦堡州奥伦公园刚安装不久的旋转飞椅运转时突然快速下降，造成至少 20 人受伤，其中 12 人需要住院治疗，3 人重伤。调查结果认为是一根支柱的倒塌，导致了事故的发生。

2023 年 8 月 4 日，辽宁某广场"火箭蹦极"项目运行中，一根绳索突然脱落，导致游乐设施内的两名游客悬吊在半空中，幸运的是没有造成人员伤亡。事后查明，连接绳索的吊轴孔已严重磨损形成豁口，导致钢丝绳接头从豁口脱落。

2023 年 8 月 10 日，山西一游乐园内架空脚踏车突然发生故障停车，两名游客疑似挣脱安全束缚装置后自行在高架轨道上行走，欲脱离险境，导致险象环生，其中一游客被突然启动的车辆挤撞，差点掉下轨道。

2023 年 9 月 1 日，法国西南部吉伦特省儿童冒险岛游乐园的儿童过山车 Le Pirat' Express 发生脱轨事故，造成四人重伤。据说是过山车的最后一个车厢连接轴断裂，随后脱轨并与周围的建筑物相撞。车上有四名家庭成员：两个分别为 9 岁和 12 岁的孩子、47 岁的母亲和 74 岁的祖母，他们受了重伤，随后被送往医院。

2023 年 9 月 17 日，德国慕尼黑啤酒节上一名为"地狱闪电"的室内过山车发生两列车相撞事故，造成 8 人受伤，其中 2 人重伤需要住院治疗。据报道，撞车发生在站台区域，正在提升的前车发生"溜坡"，倒滑回站台，与站台内的车辆发生碰撞。

2023 年 10 月 27 日，深圳市某景区内大型游乐设施"雪域雄鹰"弹射过山车发生碰撞事故，造成 28 人入院就诊，其中 3 人重伤、7 人轻伤、11 人轻微伤、7 人未达轻微伤，直接经济损失 397.50 万元。事故调查发现，弹射段涡流制动板固定螺栓断裂，导致制动板发生偏移，前车发生"回滚"后，车体直接撞毁了涡流制动板，并冲入站台与站台正在下客的后车相撞。

2023 年 12 月 24 日，上海某游乐场"疯狂动物城 - 热力追踪"发生一名儿童逃脱安全压杠跳车，去捡拾掉落的发卡，并被后车碰撞碾压的安全事故。事故造成跳车儿童骨折，需要住院治疗。

由上述不完全统计的发生于世界各地的事故可见，确保大型游乐设施的安全运行，避免对人民的生命和财产造成损失，仍是一项任重而道远的任务。

1.3 ▪ 大型游乐设施的全寿期管理

为确保大型游乐设施的安全，应重视大型游乐设施生命周期中的每一个环节，包括设计、建造、调试、运行、维护和拆除等。在每一个环节都应以严谨的态度、科学的方法、周密的措施，以及强力的监管来保证大型游乐设施应达到的安全效果。

全寿期管理的理念在核电厂等需要严格监管的大型设施中已实施多年，并获得了良好的安全效果。全寿期管理一方面可以使大型游乐设施的安全得到有效保障，另一个方面也可以降低大型游乐设施的整体成本水平。

全寿期管理涵盖大型游乐设施的完整生命周期，对生命周期的各阶段实施有针对性的管理，同时，也综合考虑其在全生命周期中所处的地位和影响，在考虑综合因素的情况下，完成对不同阶段的精细化管理。

大型游乐设施全寿期管理可以划分为筹备阶段、设计阶段、建造阶段、运营阶段和拆除阶段。

在筹备阶段要做好大型游乐设施的可行性研究，结合选址情况，综合分析对设计、建造和运行维护的特殊要求，做好缜密的前期规划，包括技术策划、经济策划、环境策划等。

设计阶段要结合业主要求、场址情况、法规要求，以及技术发展情况，采用和投资相匹配的设计方案，并在设计中考虑运行维护的便利性和费用情况，综合比选设计方案，确保所设计的方案不仅能够满足安全性能要求，而且能够节约建造成本和运行维护费用。

建造阶段是将成本投入转化为实体工程的过程，在这个阶段资金投入最大，需要严格控制建设成本。同时，在建设过程中，所形成的实体质量的高低将直接决定该设施运行的安全性。因此，在建造阶段，要严格按照设计要求和大型游乐设施相关建设法规要求做好质量控制。实施全面质量控制，不仅能够保证运行的安全性，而且能够显著降低运行维护费用。

运营阶段的重点在于做好运行维护，严格按照大型游乐设施的维护手册要求，做好定期维护和不定期维护，做好运行管理，避免出现安全事故。发现事故隐患要及时排除。

拆除阶段要注意拆除作业的安全性，同时对拆除的钢结构等材料做好回收再利用，充分回收资金，使得该设施的总成本最低。

思考题

1. 查阅资料总结最近两年内国内外大型游乐场和主题乐园的建设情况，并举例说明典型游乐场或主题乐园中的大型游乐设施包括什么。

2. 架空游览车的主运动形式是什么？包括哪些具体类型？各类型在设计中的主要技术参数包括什么？

3. 陀螺类游乐设施的主运动形式是什么？在设计中的主要计算参数包括什么？

4. 简述大型游乐设施的主要特点。

5. 大型游乐设施的事故等级划分标准与其他一般工程、设备的事故等级划分标准有什么异同？

6. 查阅最近一年国内外的大型游乐设施事故，并对其进行分类总结，分析造成事故的主要原因有哪些。

第2章

大型游乐设施的材料与紧固件

大型游乐设施是一种特种机电系统，它的设计和建造不仅需要多个专业相互配合，而且需要多种技术进行支撑。大型游乐设施不仅具有机电系统的一般特征，如结构复杂、动作精确、运行可靠等，而且由于其特种设备的特性，要求其具有较高的安全裕度、较高的保守性以及质量的可追溯性。

为了保证设计和建造的大型游乐设施满足上述特性要求，在进行大型游乐设施的设计和建造时，必须具备一定的专业技术基础，如掌握材料相关知识，能够正确地选用材料并测定其性能数值；掌握紧固件相关知识，能够合理设计活动型紧固连接等。

大型游乐设施设计和建造中可能使用的材料包括优质碳素结构钢、合金结构钢、铝及铝合金、铜及铜合金、钛及钛合金、高分子材料、复合材料、有机玻璃板、混凝土、橡胶、木材等。对上述材料按照材料的化学性质分类，可以将其归结为如图2.1所示的类别。

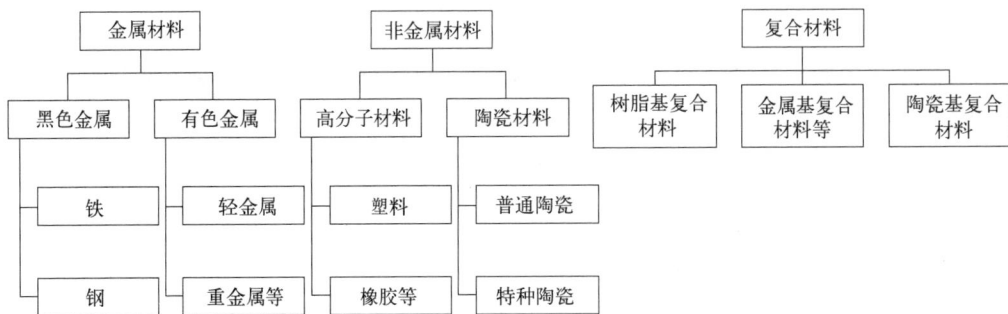

图2.1 大型游乐设施所用材料分类

金属材料作为主要的结构材料承担起大型游乐设施主体承载结构的建造任务，如球墨铸铁、普通结构钢、高强结构钢、铝合金等材料。各种非金属材料作为辅助材料可以依据材料特性为乘客提供良好的乘坐体验、安全防护等方面的保障，如工程塑料 ABS、橡胶制品等。复合材料由于其自身的优良特性，可满足大型游乐设施的特种设计需求，如采用树脂和玻璃纤维复合构成的材料具有质量轻、强度高、耐腐蚀等优点，在水上设施中应用普遍。

2.1 ▪ 材料基本的性能参数

材料性能参数包括材料的力学性能参数、物理性能参数、化学性能参数和工艺性能参数，如表 2.1 所示。

表 2.1　材料的主要性能参数

性能参数大类	性能参数子类	主要指标	表征参数
力学性能	静态力学性能	强度	本构关系、屈服强度、抗拉强度、抗压强度等
		刚度	弹性模量
		塑性	断后伸长率、断面收缩率
		硬度	布氏硬度、洛氏硬度、维氏硬度
	动态力学性能	冲击性能	夏比冲击吸收能量
		断裂韧度	应力强度因子
		疲劳强度	对称循环下的疲劳强度
		磨损性能	磨损量、磨损率
	高温性能	蠕变	蠕变强度、持久强度、蠕变松弛
	低温性能	冷脆	冷脆转化温度
物理化学性能	物理性能	密度	比强度、比弹性模量
		熔点	熔化温度
		热膨胀性	线胀系数
		磁性	
		导热性	热导率
		导电性	电阻率
	化学性能	化学腐蚀	
		电化学腐蚀	
工艺性能	铸造性能		流动性、收缩性
	锻造性能		塑性抗力
	焊接性能		导热性、热膨胀性、塑性、氧化性等
	热处理性能		淬硬层深度
	切削加工性能		材料种类、成分、硬度、韧性、导热性等

（1）静态力学性能

材料的静态力学性能是材料在承受静载荷时所表现出的力学性能特征。静载是通过对试样缓慢加载来实现的。最常用的静载试验有拉伸、压缩、硬度、弯曲、扭转等，利用这些试验可以获得相应的静态力学性能参数。

在强度指标中，本构关系是指材料在受单向静载拉伸时，应力和应变关系的曲线。

屈服强度是表示材料抵抗微量塑性变形的能力。屈服强度越大，其抵抗塑性变形的能力越强，越不容易发生塑性变形。金属材料一般采用应变量为 0.2% 时所对应的应力值代表屈服强度。影响屈服强度的内在因素主要有结合键、组织和结构等。金属材料的屈服强度与陶瓷、高分子材料相比，结合键的影响是根本性的。影响屈服强度的外在因素主要有温度、应变速率和应力状态等。

抗拉强度是表示材料抵抗断裂的能力，是材料在常温和载荷作用下发生断裂前的最大应力。抗拉强度和屈服强度都是材料在常温下的强度指标。常温下的强度指标根据不同的实验还有抗压强度、抗弯强度、剪切强度等。

比强度（强度与密度之比）是度量材料承载能力的一个重要指标，比强度越高，同一零件的自重越小。钛合金是比强度最高的金属，因而在航天航空工业中大量应用。

在刚度指标中，弹性模量反映了材料抵抗弹性变形的能力。材料受载荷作用立即引起变形，当移除载荷后，变形立即消失恢复至原来的状态，这种性质称为弹性。材料的弹性模量主要取决于结合键和原子间的结合力，材料的成分和组织对它的影响不大。而零件的刚度除了取决于材料的刚度外，还与零件的截面尺寸、形状以及载荷作用的方式有关。

塑性是材料在载荷下产生塑性变形而不被破坏的能力。材料的塑性可通过拉伸试验来测定。工程上通常根据材料断裂时塑性变形的大小来确定材料类型。将断后伸长率不小于5%的材料称为塑性材料。金属材料应具有一定的塑性才能进行各种变形加工，同时，塑性可以提高零件使用的可靠性，防止突然断裂。

硬度是材料抵抗其他物体压入其表面的性能，也可以表示材料表面抵抗局部塑性变形和破坏的能力，因此，硬度也可视为材料强度的又一种表现形式。布氏硬度的测定是在直径为 D 的球形上施加一定载荷压入金属表面，保持规定时间后卸载，然后根据金属表面压痕的直径计算出硬度值。该方法测定结果较准确，缺点是会造成较大压痕，不适用于成品检验，且由于采用硬质合金球为压头，主要用于测定较软的金属材料。洛氏硬度的测定是用顶角为 120° 的金刚石圆锥体或直径为 1.588mm 的淬火钢球作为压头，压入材料表面后测定压痕深度来确定其硬度值。洛氏硬度试验克服了布氏硬度试验的缺点，不但可适用于各种不同硬质材料的检验，而且压痕较小，不损伤工件表面，更重要的是能够立即得出硬度数据，因此，适用于大批量生产的成品检验。维氏硬度测定方法类似，在测定中所用的载荷小，压痕较浅，适用于测量薄壁零件的表面硬化层、金属镀层及金属薄片的硬度。

（2）动态力学性能

动态力学性能主要有冲击性能、断裂韧度、疲劳强度和磨损性能等。

材料的冲击性能是材料抵抗冲击载荷的能力。冲击载荷是指以较高速度施加到零件上的载荷，瞬时冲击所引起的应力和变形比静载时要大得多，因此，在制造承受冲击载荷的零件时，必须考虑材料的冲击性能。夏比冲击试验是一种最为常见的评定金属材料韧性指标的动态试验方法。试验中用一个带有 V 形或 U 形槽的标准试样，在摆锤式弯曲冲击试验机上弯曲折断，测定其所消耗的能量。一些材料的冲击韧性对温度比较敏感，在某一个特定的较低温度会发生韧性向脆性的转变现象。

断裂韧度是材料强度和韧性的综合体现，是评价材料阻止裂纹失稳扩展能力的力学指标，也是材料的一种固有特性。对弹性材料可用应力强度因子来评价断裂韧度，这是一个根据裂纹尖端区应力和应变场所获得的参数。对于含有 I 型张开型裂纹的试样，在拉伸载荷作用下，当外力逐渐增大，或裂纹长度逐渐扩展时，应力强度因子也不断增大。当应力强度因子增大到某一个数值，就可使裂纹尖端某一区域的内应力大到足以使材料发生分离，从而导致裂纹突然失稳扩展，发生脆性断裂。

疲劳强度是材料抵抗疲劳破坏的能力。在交变应力的作用下，材料在远小于强度极限，甚至小于屈服强度的情况下发生疲劳，产生裂纹，最后逐渐发展而突然断裂，即疲劳断裂。在给定条件下，使材料发生破坏所对应的应力循环次数称为疲劳寿命，应力与疲劳寿命的关系可以用疲劳曲线来表示。在交变应力作用下而不至于引起疲劳破坏的最大应力，称为对称应力循环下的疲劳强度。在工程应用上，对于黑色金属，一般规定应力循环 10^7 周次而不发生断裂的最大应力称为疲劳极限，对有色金属和不锈钢相应地取 10^8 周次。影响疲劳强度的主要因素有循环应力特征、温度、材料成分和组织、夹杂物、表面状态及残余应力等。高温下工作的构件，如火箭发动机等，在进行强度设计时，既要考虑高温短时强度、蠕变强度及持久强度，也要考虑高温疲劳性能和热应力引起的疲劳破坏。

磨损性能也是材料的一项重要性能指标。按照磨损的破坏机理，磨损的形式主要有黏着磨损、磨粒磨损、腐蚀磨损、点蚀等。

（3）高温性能

材料的高温性能主要是指蠕变。所谓蠕变是材料在长时间的恒温、恒应力作用下，发生缓慢塑性变形的现象。一般情况下，温度越高，工作压力越大，则蠕变的发展越快，产生断裂的时间就越短。

金属材料在高于一定温度下，承受的应力即使小于屈服点，也会发生蠕变现象。因此，高温下使用的金属材料必须要有足够的抗蠕变能力。

蠕变的另一种表现形式是应力松弛，是指承受弹性变形的零件，在工作过程中总变形保持不变，但随着时间的延长工作应力自行逐渐衰减的现象。如高温螺栓紧固，若出现应力松弛，将会使螺栓连接失效。

在高温下，材料的强度用蠕变强度和持久强度来表示。蠕变强度是指材料在一定温度、一定时间内产生一定永久变形量所能承受的最大应力。持久强度是指材料在一定温度下、一定时间内所能承受的最大断裂应力。

（4）低温性能

随着温度的下降，多数材料会出现脆性增加，在一定程度下，甚至会发生脆性断裂。材料的韧性向脆性的转变温度可根据材料的吸收能量与温度的关系曲线来确定。当温度降低至某一数值时，吸收能会急剧减小，而使材料呈现出脆性的特征。材料由韧性状态转化为脆性状态的温度称为冷脆转化温度。材料的冷脆转化温度越低，则材料的低温韧性越好。

（5）物理性能

材料的物理性能主要是指材料的密度、熔点、热膨胀性、磁性、导电性和导热性。

材料的密度是单位体积中材料的质量。一般将密度小于 $5 \times 10^3 kg/m^3$ 的金属称为轻金属，密度大于 $5 \times 10^3 kg/m^3$ 的金属称为重金属。抗拉强度与密度之比称为比强度，弹性模量与密度之比称为比弹性模量。在航空航天等领域都要求材料具有较高的比强度和比弹性模量。

熔点是材料的熔化温度。金属都有固定的熔点。陶瓷的熔点一般都显著高于金属及合金的熔点，而高分子材料一般不是完全晶体，没有固定的熔点。

材料的线膨胀性通常用线胀系数表示。陶瓷的线胀系数最低，金属次之，高分子材料最高。

材料的磁性指的是材料导磁的性能。磁性材料分为软磁性材料和硬磁性材料。软磁性材料是容易磁化的，导磁性能良好，但去除外磁场后，磁性基本消失。硬磁性材料是指去除外磁场后仍保持磁性而不易消失的材料。许多金属都具有磁性，但一些有色金属如铜、铝等是没有磁性的。非金属材料一般也没有磁性。

材料的导热性用热导率来表征。材料的热导率越大，导热性越好。一般来说，金属越纯，其导热能力越大。金属及合金的热导率远高于非金属材料。导热性好的材料其散热性也好，可用来制造传热设备。导热性差的材料在快速加热或冷却的过程中，会引起零件表面和内部温差较大，产生过大的热应力，造成变形或开裂。

材料的导电性一般用电阻率来表征。通常金属材料的电阻率随温度升高而增加，非金属材料则相反。

（6）化学性能

材料的化学性能是指材料在室温或高温时抵抗各种介质化学侵蚀的能力。通常将材料因化学侵蚀而损坏的现象称为腐蚀。非金属材料的耐腐蚀性远高于金属材料。金属的腐蚀分为化学腐蚀和电化学腐蚀。

化学腐蚀是金属与周围介质接触时单纯有化学作用而引起的腐蚀。其中，氧化是最常见的化学腐蚀，温度越高，加热时间越长，氧化情况越严重。

电化学腐蚀是金属与电解质溶液构成原电池而引起的腐蚀。任意两种金属在电解质溶液中相互接触，就会形成原电池，其中较活泼的金属被不断地溶解而腐蚀掉，并伴随电流产生。如金属在海水中发生的腐蚀，埋地管道在土壤中的腐蚀都属于电化学腐蚀。金属的腐蚀绝大多数都是由电化学腐蚀引起的，电化学腐蚀比化学腐蚀不仅速度快，而且危害也更大。

（7）工艺性能

材料的工艺性能是指材料在成形和加工过程中，对某种加工工艺的适应能力，是决定材料是否能够进行某种加工以及如何加工的重要决定因素。材料的工艺性能直接影响制造零件的工艺方法、质量及成本。

铸造性能取决于材料的流动性和收缩性。流动性好的材料较易充满模具型腔而获得完整而致密的铸件。收缩率小的材料，铸造冷却后，铸件缩孔小，表面无空洞，也不会因收缩不均匀而引起开裂，尺寸也比较稳定。

锻造性能是指金属进行锻造时，其塑性的好坏和变形抗力的大小。塑性抗力小的材料可以在不大的外力作用下进行变形。

焊接性能是指两种相同或不同的材料通过加热、加压或两者并用将其连接在一起的性能。影响焊接性能的因素很多，如导热性过高或过低、热胀系数大、塑性低的材料，一般焊接性能较差。焊接性能差的材料所形成的焊接接头，焊缝强度低，还可能出现变形和开裂。

热处理性能主要是钢材接受淬火的能力，用淬硬层深度来表示。不同钢种，接受淬火的能力不同，合金钢淬透性比碳钢好。

切削加工性能是指材料用切削刀具进行加工时所表现出的性能，该性能决定了刀具的使用寿命和被加工零件的表面粗糙度。凡是刀具使用寿命长且加工后表面粗糙度低的材料，其切削加工性能较好。

2.2 ■ 黑色金属及材料性能参数

黑色金属就是通常所说的钢铁材料，包括钢和铸铁两大类，都是以 Fe 和 C 为主要元素的合金。钢与铁相比，其 C 的质量分数较低，一般小于 2%。

2.2.1 钢

（1）钢的分类

钢材按照化学成分可分为碳钢、低合金钢、合金钢三大类。按照用途，钢材可分为结构钢、工具钢和特殊性能钢。按照钢中杂质元素硫、磷含量的高低可分为普通钢、优质钢、高级优质钢和特级优质钢等。

碳钢按照 C 的质量分数可分为低碳钢（C 的质量分数小于 0.25%）、中碳钢（C 的质量分数介于 0.25% 和 0.6% 之间）、高碳钢（C 的质量分数介于 0.6% 和 1% 之间）和超高碳钢（C 的质量分数大于 1%）。

合金钢按合金元素的质量分数可分为低合金钢（合金元素总量小于 5%）、中合金钢（合金元素总量介于 5% 和 10% 之间）和高合金钢（合金元素总量大于 10%）。

结构钢分为工程结构用钢和机械结构用钢。结构钢一般属于低碳钢、中碳钢、低合金钢、中合金钢，强调强度和韧性的配合。通常，工程结构用钢强调成形性、焊接性，如大型游乐设施中过山车轨道架搭设用钢等。机械结构用钢则强调淬透性，如齿轮、轴、螺钉、螺母等零件。

工具钢分为刃具钢、量具钢和模具钢。工具钢一般属于高碳钢和高合金钢，主要强调热硬性、尺寸稳定性和热疲劳等性能，如建造安装过程中所使用的钢尺、塞尺等量具用钢。

特殊性能钢包括耐蚀钢、耐磨钢、耐热钢和特殊物理性能钢，一般属于中合金钢和高合金钢。如大型游乐设施中过山车的轨道就需要使用耐磨钢制造，水上设备关键零件需要采用耐蚀钢进行制造。

普通钢中的硫的质量分数不超过 0.055%，磷的质量分数不超过 0.045%。优质钢中的硫和磷的质量分数均不应超过 0.035%。高级优质钢中硫的质量分数不超过 0.03%，磷的质量分数不超过 0.035%，高级优质钢在牌号后加符号 A。特级优质钢中硫的质量分数不超过 0.02%，磷的质量分数不超过 0.025%，特级优质钢在牌号后加符号 E。

（2）钢的牌号

钢的分类方法很多，种类繁多，为了便于生产、采购和使用，根据钢的用途和化学成分对钢进行编号，利用数字、化学元素符号和汉字字首拼音字母等的组合形成字符串，称为钢的牌号。因此，从牌号即可大致判断出钢材的用途和成分范围。

碳钢的编号方法如表 2.2 所示，合金钢的编号方法如表 2.3 所示。

表 2.2　碳钢的编号方法

分类	编号方法	
	举例	说明
碳素结构钢	Q235—A・F	Q 为"屈"字汉语拼音首位字母，后面的数字为钢的屈服强度数值（MPa）（钢材厚度或直径不大于 16mm）；A、B、C、D 为质量等级，从左至右质量依次提高；F、b、Z、TZ 分别表示沸腾钢、半镇静钢、镇静钢和特殊镇静钢。如 Q235—A・F 即表示屈服强度数值为 235MPa 的 A 级沸腾钢
优质碳素结构钢	45 60Mn	两位数字代表平均含碳量的万分之几，如钢号 45 表示平均 w_C 为 0.45% 的优质碳素结构钢；高级优质碳素结构钢则在优质钢牌号后加 A，如 45A 等。另一类 w_{Mn} 为 0.7% ~ 1.2% 的碳素钢亦属高级优质系列，但要在数字后加 Mn，如 60Mn
碳素工具钢	T8 T8A	T 为"碳"字汉语拼音字首，后面的数字表示钢中含碳量的千分之几。 高级优质工具钢也是在优质钢牌号后加 A，如 T10A
一般工程用铸造碳钢	ZG200—400	ZG 代表铸钢，其后第一组数字为钢的屈服强度数值（MPa）；第二位数字为钢的抗拉强度数值（MPa）。如 ZG200—400 表示屈服强度为 200MPa、抗拉强度为 400MPa 的碳素铸钢

表2.3 合金钢的编号方法

分类	编号方法	举例
低合金高强度钢	钢的牌号由代表屈服强度的汉语拼音首位字母 Q、屈服强度的数值、质量等级符号（A、B、C、D、E）三个部分按顺序排列	Q 345 C 质量等级符号 屈服强度数值 屈服强度"屈"字汉语拼音首位字母
合金结构钢	数字＋化学元素符号＋数字，前面的数字表示钢的平均w_C，以万分之几表示；后面的数字表示合金元素的含量，以平均含量的百分之几表示，含量不大于 1.5% 时一般不标；若为高级优质钢，则在钢号后面加 A 字。易切削钢的钢号前标以 Y 字，如 Y40Mn 表示平均w_C为 0.4%，平均w_{Mn}小于 1.5% 的易切削钢。 滚动轴承钢在钢号前面加 G，为"滚"字汉语拼音首位字母，平均w_{Cr}用千分之几表示	60 Si2 Mn 平均w_{Mn}≤1.5% 平均w_{Si}为2% 平均w_{Cr}为0.6% GCr15SiMn 表示平均w_{Cr}为 1.5%，w_{Si}、w_{Mn}＜1.5% 的滚动轴承钢
合金工具钢	为了避免与结构钢混淆，平均w_C≥1.0% 时不标出，小于 1.0% 时以千分之几表示；高速钢例外，其平均含量小于 1.0% 时也不标出。合金元素含量的表示方法与合金结构钢相同	5 CrMnMo w_{Cr}、w_{Mo}、w_{Mn}＜1.5% 平均w_C为0.5%
特殊性能钢	平均w_C以千分之几表示；但平均w_C≤0.03% 及 0.03%＜w_C≤0.08% 时，钢号前分别冠以 00 及 0 表示。合金元素含量的表示方法与合金结构钢相同	2 Cr13 平均w_{Cr}为13% 平均w_C为0.2%

（3）钢的应用

碳素结构钢分为普通碳素结构钢和优质碳素结构钢。碳素结构钢大多以型材（钢棒、钢板和各种型钢）形式供应，供货状态为热轧（或控制轧制状态、空冷），供方应保证力学性能，用户通常不再进行热处理。

碳素结构钢的质量等级分为 A、B、C、D 四级，A 级和 B 级为普通质量钢，C 级和 D 级为优质钢。碳素结构钢的力学性能随钢材厚度或直径的增加而降低，如 Q235 的钢材厚度或直径不大于 16mm 时，其屈服强度为 235MPa，断后伸长率为 26%；而当钢材厚度或直径大于 150mm 时，其屈服强度下降到 185MPa，断后伸长率降至 21%。这种性能随钢材厚度和直径增大而降低的现象称为质量效应。

在普通碳素结构钢中，Q195 和 Q215 的塑性较好，有一定的强度、通常轧制成薄板、钢筋、钢管、型钢等，用作桥梁、钢结构等，也可以用于制造受力不大的零件，如螺钉、螺母、开口销、拉杆、铆钉、地脚螺栓等，还可以用于焊接件、冲压件等。Q235 的强度较高，用于制造承受中等载荷的零件，如转轴、心轴、摇杆、连杆、吊钩、链条等。Q255 和 Q275 的强度更高，可用于制造轧辊、主轴、摩擦离合器、刹车钢带等。

优质碳素结构钢中有害杂质及非金属夹杂物含量较少，化学成分控制得也较严格，塑性和韧性较高，多用于制造较重要的零件。

在优质碳素钢中，08～25 钢为低碳钢，具有良好的塑性和韧性，强度、硬度较低，其压力加工性能和焊接性能优良，通常轧制成薄板或钢带，主要用于制造冲压件、焊接件和对强度要求不高的机器零件，如各种仪表板、容器和垫圈等。当对零件的表面硬度和耐磨性要求较高且有高韧性要求时，可经渗碳、淬火加低温回火处理（渗碳钢），用于要求表面硬度高、耐磨性好的零件（如轴、轴套、链轮等）。

30～55 钢为中碳钢，具有较高的强度、硬度和较好的塑性、韧性，通常通过淬火、高温回火（调制处理）后具有良好的综合力学性能，又称为调制钢。对于综合力学性能要求不高或截面尺寸很大、淬火效果差的工件，可采用正火代替调制。这类钢材不仅可作为建筑材料，还大量用于制造各种机械零件，如轴、齿轮、连杆等。

60～85 钢为高碳钢，具有更高的强度、硬度和耐磨性，但塑性、韧性、焊接性能及切削加工性能均较差。经过淬火、中温回火后具有较好的弹性，主要用于制造各种弹簧、弹簧垫圈、弹簧钢丝等。这类钢材还能通过淬火及低温回火来制造一些耐磨零件。

在碳钢中还有一类较为特殊的是以铸造方式成形的钢，称为铸钢。对于有些形状复杂、综合力学性能要求较高的大型零件，由于在工艺上难以用锻造方法成形，在性能上又不能用力学性能较低的铸铁制造，因而只能采用各种钢材并以铸造方式成形，如轧钢机机架，水压机横梁和气缸、机车车架、轨道车辆转向架中的摇枕、起重行车车轮、大型齿轮等。铸钢在重型机械制造、运输机械、国防部门中应用较多。

总之，碳钢的应用极为广泛，约占工业用钢总量的 80%，但是，由于碳钢淬透性差、强度低、屈强比低、回火稳定性差，不能满足耐腐蚀、耐热等特殊需要，通常会人为地在碳钢基础上添加一些锰、硅、铬、钼、钨、钒、钛、铌、镍等元素，以改善钢的性能，从而获得性能更好的合金钢。

（4）合金钢的应用

碳钢中加入合金元素，有一些合金元素会融入铁素体中形成合金铁素体，一般非碳化物形成元素，基本溶入铁素体内。凡溶入铁素体中的元素都不同程度地使其硬度、韧性发生变化。合金元素能引起强化的原因，是溶入元素的原子直径与铁的原子直径有差别，使铁素体晶格发生畸变，从而使塑性变形抗力提高。合金元素的原子半径与铁的原子半径相差越大，或两者晶格类型不同，则造成的晶格畸变愈大，其固溶强化的效果也愈显著。

另有一些合金元素和碳的亲和力较强，会溶入渗碳体 Fe_3C 内，增强 Fe 和 C 的亲和力，甚至有的会优先形成特殊碳化物，从而提高它的稳定性。碳化物的稳定性越高，热处理加热时，碳化物的溶解及奥氏体的均匀化则越困难，同时，在冷却过程中碳化物的析出及聚集长大也越困难。随着这些碳化物含量的增多，将使钢的强度、硬度显著增加，耐磨性提高，而塑性、韧性降低。但是，当钢中存在均匀的弥散分布的特殊碳化物时，钢的强度、硬度和耐磨性明显提高，而塑性、韧性还不降低，这对提高工具的性能非常有利。

合金钢按照用途可以分为合金结构钢、合金工具钢和特殊性能钢，如图 2.2 所示。

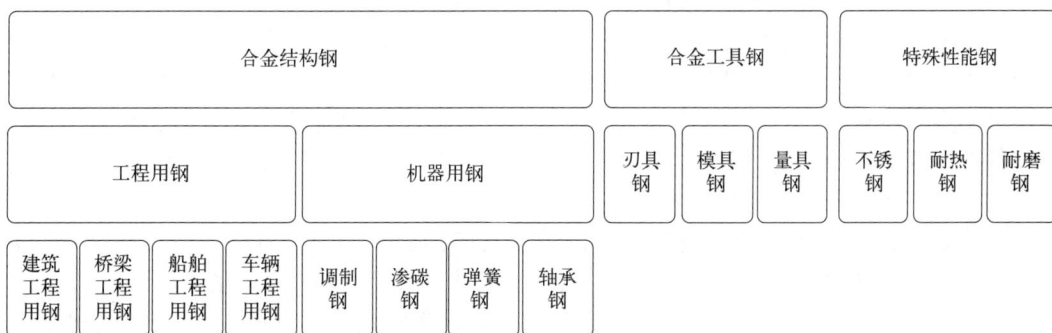

图 2.2　按照用途对合金钢进行分类

合金结构钢中的低合金高强度结构钢是一种低碳、低合金含量的结构钢，合金元素的含量小于 3%。这类钢材具有较好的塑性、韧性、焊接性和耐蚀性等，所以多用于制造桥梁、车辆、船舶、锅炉、高压容器、油罐、输油管等。低合金高强度结构钢通常在热轧后经退火或正火状态使用,焊接成形后不再进行热处理。低合金高强度结构钢的牌号主要有 Q345、Q390、Q420、Q460、Q500、Q550、Q620 和 Q690 等。

合金结构钢中的渗碳钢是为了满足零件表面的高硬度、高耐磨性以及零件芯部具有高韧性和高强度的要求而开发的钢种。渗碳钢常常采用低碳钢或低碳合金钢进行表面渗碳后经淬火和回火处理制作,用于在冲击载荷和表面受到强烈摩擦、磨损的条件下工作的零件,如汽车、拖拉机的变速齿轮,内燃机的凸轮等。

合金钢中的调制钢是指经调制处理后使用的合金结构钢,经过调制处理后的钢材具有良好的综合力学性能,即强度高、塑性和韧性好,广泛应用于制造各种受力复杂的、重要的机器零件,如齿轮、连杆、轴及螺栓等。

合金钢中的弹簧钢是制造各种弹性零件的主要材料,特别是制造各种机器、仪表中的弹簧。它主要用弹性变形来储存能量和缓和振动。弹簧一般在动载荷下工作,受到反复弯曲或拉、压应力,因此要求弹簧钢具有较高的弹性极限、疲劳强度,足够的塑性、韧性以及良好的表面加工质量,以减轻材料对缺口的敏感性,防止弹簧在高载荷下产生永久变形,还要具有良好的淬透性等。

合金钢中的滚动轴承钢主要用来制作各种轴承的内圈、外圈及滚动体或各种耐磨零件。滚动轴承在工作时承受较大的局部交变负荷,滚动体与套圈之间产生极大的接触应力。因此,需要轴承钢有很高的硬度、耐磨性以及良好的耐疲劳强度。此外,还需要有足够的韧性及耐腐蚀性能。

合金钢中的超高强度钢一般是指抗拉强度大于 1500MPa 或屈服强度大于 1380MPa 的钢材,具有优良的塑性和韧性,主要用于制造飞机起落架、机翼大梁、火箭及发动机壳体等。

合金工具钢是用于制造刃具、模具和量具等各种工具用钢的总称。工具钢一般都具有高硬度、高耐磨性、足够的韧性以及小的变形量等。

合金工具钢中的刃具钢用来制造各种切削刀具,如车刀、铣刀、绞刀等。刀具在切削时刃部承受很大的应力,并与切削之间发生严重的摩擦、磨损,又由于产生"切削热"而使刃部温度升高,有时可达 500 ~ 600℃,在切削的同时还要承受到较大的冲击和振动。因此要求刃具钢要有高硬度、高耐磨性、高的热硬性、足够的强度、塑性和韧性。

合金工具钢中的模具钢分为冷作模具钢和热作模具钢。冷作模具钢用于制造使金属在冷态下变形的模具,如冲压模等。大型冷作模具钢必须采用淬透性好、耐磨性高、热处理变形小的钢种,一般采用高碳高铬的钢种。热作模具钢主要用于制造热锻模具和热压模具。热作模具在工作时,除承受较大的各种机械外力外,还使模腔受到炽热金属和冷却介质的交替作用产生热应力,容易使模具龟裂,即热疲劳,因此,这种钢要具有较高的强度和韧性,并有足够的耐磨性和硬度,具有良好的抗热疲劳性,具有良好的导热性及回火稳定性,以利于始终保持模具良好的强度和韧性。同时,由于热作模具一般体积较大,为保证模具的整体性能均匀一致,还要求具有足够的淬透性。

合金钢中的量具钢是用于制造各种测量工具的钢种,如制作量规、块规、千分尺等。为保证量具的精确度,量具钢要有较好的尺寸稳定性、较高的硬度及耐磨性。

特殊性能钢是具有特殊的物理、化学性能的钢,在机械工程中应用比较多的是不锈钢、耐热钢、耐磨钢和低温用钢等。

不锈钢是指在空气、酸、碱或盐的水溶液等腐蚀介质中具有高度化学稳定性的钢。不锈钢并不是绝对不腐蚀,只不过是腐蚀速度慢一些。

耐热钢是指在高温下具有良好的化学稳定性或较高强度的钢,包括抗氧化钢和热强钢两种。抗氧化钢是通过向钢种加入 Cr、Si、Al 等元素，使钢的表面形成一层致密的 Cr_2O_3、SiO_2、Al_2O_3 等氧化膜，从而阻止表面氧化膜下的金属进一步氧化，产生高温抗氧化性。热强钢是在高温下具有较好的蠕变抗力，使金属不易随着时间的延长发生缓慢塑性变形，具有一定的抗氧化能力和较高高温强度以及良好组织稳定性。高温强度通常用蠕变极限和持久强度来评价。蠕变极限是指试样在一定温度下，经过一定时间后使其残余变形量达到一定数值的应力值。它表征了金属材料在高温下抵抗塑性变形的能力。如 $\sigma_{0.2/100}^{700}$ 表示金属试样在 700℃下经过 100h 产生 0.2% 残余变形量的最大应力值。其数值越高，则高温下的塑性变形抗力越大，热强性越高。而对于在使用中不考虑变形量大小，只要求在一定应力下具有一定使用寿命的零件，用持久强度来表征。持久强度是指试样在一定温度下，经过一定时间发生断裂的应力数值。如 σ_{100000}^{500} 表示金属试样在 500℃下经过 100000h 发生断裂的应力值。

耐磨钢是指在受强烈冲击或摩擦时具有很高的抗磨损能力的钢。在目前工业生产中，耐磨钢通常指的是高锰钢。这种钢的机械加工非常困难，一般都是铸造成型。经过铸造后缓慢冷却时，在奥氏体晶界处析出的碳化物，使钢变脆，耐磨性也差。为了改善性能，必须将高锰钢加热至 1050 ~ 1100℃保温，使碳化物全部溶解，然后迅速水冷，形成单相奥氏体组织，这种处理称为"水韧处理"。

低温用钢用于制造在低温下工作的零件，广泛用于冶金、化工、冷冻设备、海洋工程、液体燃料的制备与储运装置。

2.2.2　铸铁

与钢相比，铸铁的力学性能较低，强度、塑性、韧性比钢差，不能进行锻造，但它却具有优良的铸造性能，生产工艺及设备简单，价格低廉，还有良好的减摩性、消振性和切削加工性，以及缺口敏感性低等优点。因此，铸铁被广泛应用于机械制造、冶金、矿山、石油化工等部门。此外，高强度铸铁和特殊性能合金铸铁还可以代替部分昂贵的合金钢和有色金属材料。据统计，按重量百分比计算，在农业机械中铸铁占 40% ~ 60%，汽车和拖拉机中约占 50% ~ 70%，机床中约占 60% ~ 90%。铸铁之所以具有这些特性，除了因为它具有接近共晶的成分、熔点低、流动性好、易于铸造外，还因为其 C 和 Si 的质量分数高，且大部分的碳呈游离的石墨状态存在。

根据铸铁在结晶过程中石墨化程度的不同，铸铁可分为灰口铸铁、白口铸铁和麻口铸铁三大类。

灰口铸铁的性能除与成分及基体组织有关外，还取决于石墨的形状、大小、数量与分布。因此，灰口铸铁又可按照石墨的形状分为灰铸铁、可锻铸铁、球墨铸铁和蠕墨铸铁。

灰铸铁的组织可视为钢的基体加片状石墨。因石墨的强度低，故可把石墨片看作是一些微裂纹，把灰铸铁看作是含有许多微裂纹的钢。裂纹不仅分割了基体，而且在尖端处还会产生应力集中，所以灰铸铁的抗拉强度、塑性、韧性不如钢。灰铸铁具有收缩率低、切削加工性良好、减摩性好、消振性好、缺口敏感性小等优点。广泛用于制造各种承受压力和要求消振性好的机床、机架、箱体、壳体和经常受摩擦的导轨、缸体、活塞环等。

可锻铸铁是将含有碳、硅量不高的白口铸铁经高温长时间的石墨化退火而获得的有团絮状石墨的一种铸铁。

球墨铸铁是石墨呈球状的铸铁。它是向铁水中加入一定量的球化剂进行球化处理，并加入少量的孕育剂而制得的。由于球墨铸铁具有优良的力学性能，生产工艺简便，成本低廉，因此球墨铸铁近年来获得迅速的发展和广泛应用。球墨铸铁的组织特点是其石墨呈球状，因而石墨分割基体所引起应力集中的作用大为减少。球状石墨的数量越少，越细小，分布越均匀，力学性能则越高。而且同样具有灰铸铁的一系列优点，常用于制造曲轴、连杆、凸轮轴、机床主轴、水压机气缸等。球墨铸铁的缺点是凝固时的收缩较大，对原铁水的成分要求较严格，因而对熔炼和铸造工艺的要求较高，此外，它的消振能力比不上灰铸铁。

蠕墨铸铁的化学成分与球墨铸铁相似，蠕墨铸铁的生产是在铁水中加入一定量的蠕化剂，蠕化剂主要是稀土镁钛合金、硅铁和硅钙等。蠕墨铸铁的性能特点是其力学性能介于基体组织相同的优质灰铸铁和球墨铸铁之间，当成分一定时，蠕墨铸铁的抗拉强度、韧性、疲劳强度和耐磨性等都优于灰铸铁，对断面的敏感性也较小。此外，蠕墨铸铁还有优良的抗压性能、铸造性能、减振性能，其导热性能接近灰铸铁，但优于球墨铸铁。因此，广泛应用于制造电动机外壳、柴油机缸盖、机床床身、液压阀、机座、钢锭模等。

在铸铁中加入一些元素进行合金化，可以使铸铁在满足力学性能要求的同时具有一定的特殊性能，如耐磨、耐热、耐腐蚀等。这种铸铁即为合金铸铁。常用的合金铸铁包括耐磨铸铁、耐热铸铁、耐蚀铸铁等。耐磨铸铁包括在润滑和干摩擦条件下的减摩铸铁和抗磨铸铁两种。减摩铸铁是在软基体组织上嵌入有硬质的组成相，而抗磨铸铁要求具有较高的整体硬度。耐热铸铁要求在高温下具有较好的抗氧化和抗生长能力，能够有效地阻止氧化性气体沿石墨片的边缘和裂纹渗入铸铁内部造成氧化以及由 Fe_3C 分解而发生的石墨化引起铸件体积膨胀。耐蚀铸铁是在铸铁中加入大量的 Si、Al、Cr、Ni、Cu 等元素，提高耐蚀性，广泛应用于化工部门。

2.3 ▪ 有色金属及材料性能参数

有色金属材料是指除黑色金属材料（铁、铬、锰）之外的金属材料的统称，如铜及铜合金、锌及锌合金、镍及镍合金、铝及铝合金、镁及镁合金、钛及钛合金等。有色金属材料与黑色金属材料相比，具有密度小、比强度高的特点。随着现代化工、农业和科学技术的突飞猛进，有色金属的地位越来越重要。

（1）铜及铜合金

纯铜又称紫铜，密度为 8.96g/cm³，熔点为 1083.4℃，具有面心立方晶格结构，无磁性。纯铜的强度不高，塑性好。冷变形后，强度可达 400 ~ 500MPa，但伸长率会下降到 5% 以下。采用退火处理可消除铜的加工硬化。纯铜具有优良的导电性和导热性，其导电性仅次于银。纯铜在大气中耐蚀性良好，暴露在大气中的铜能在表面生成难溶于水、并与基底紧密结合的碱性硫酸铜（即铜绿）。

在铜中加入 Zn、Sn、Al、Mn、Ni、Fe 等合金元素制成铜合金。铜合金既保持了纯铜的优良特性，又具有较高的强度。按化学成分，铜合金主要分为黄铜、白铜和青铜三类。

黄铜是指以铜为基，锌为主要合金元素的铜合金。黄铜在大气、淡水或蒸汽中有很好的耐蚀性。脱锌和应力腐蚀破坏是黄铜最常见的两种腐蚀形式。黄铜又分为铅黄铜、锡黄铜、铝黄铜、锰黄铜等。铅黄铜具有极好的切削性能，耐磨、高强、耐蚀、导电性好，它以棒材、扁材、带材等广泛供应汽车、拖拉机、钟表、电器等工业，用以制造各种螺钉、螺母等。锡黄铜主要用于海轮、热电厂做高强耐蚀冷凝管、热交换器、船舶零件等。铅黄铜主要制成高强、耐蚀的管材，广泛用作海船和发电站的冷凝器。锰黄铜具有良好的力学性能、工艺性能和耐蚀性，已部分替代镍白铜应用于工业中。

白铜是指以铜为基，镍为主要合金元素的铜合金。在固态下，铜与镍无限固溶，因此工业白铜的组织为单相固溶体。白铜具有中等的强度和优良的塑性，可以冷、热变形，冷变形能提高白铜的强度和硬度。白铜的耐蚀性、耐热性、耐寒性好。白铜还具有很好的电学性能，电阻率较高，可作高电阻和热电偶合金。因此，白铜被广泛应用于海船、医疗器械、化工、电气仪表等领域。白铜按用途分为结构白铜和电工白铜。

青铜是指除黄铜和白铜之外的铜合金，又可分为锡青铜和无锡青铜。锡青铜是以锡为主要合金元素的铜合金。锡青铜在大气、水蒸气和海水中具有很高的化学稳定性，在海水中的耐蚀性比紫铜、黄铜优异。但是锡青铜易偏析，不致密，力学性能得不到保证。锡青铜在造船、化工、机械、仪表等工业中广泛应用，主要用作高强、弹性材料，如弹簧、弹片、弹性元件。锡青铜用作耐磨材料，如作滑动轴承的轴套、齿轮等耐磨零件，也可用来制作艺术品。

铝青铜是以铝为主要合金元素的铜合金。在铝青铜中同时添加镍和铁，有利于得到很好的力学性能。含镍和铁的铝青铜作为高强度合金在航空工业中广泛用来制造阀座和导向套筒，也在其他机械制造部门中用来制造齿轮和其他重要用途的零件。

（2）锌及锌合金

锌是一种外观呈银白色的金属，密度为 $7.14g/cm^3$，熔点为 $419.5℃$。在室温下，锌比较脆，在 $100 \sim 150℃$ 时变软，超过 $200℃$ 后又变脆。锌是第四常见的金属，仅次于铁、铝及铜。锌具有优良的抗大气腐蚀的性能，在常温下表面易生成一层保护膜，被主要用于钢材和铜结构件的表面镀层。

锌合金熔点较低，流动性好，可以压铸形状复杂、薄壁的精密件，铸件表面光滑，有很好的常温力学性能和耐磨性，易熔焊、钎焊、塑性加工，可进行表面处理，在大气中具有良好的耐腐蚀性能，残废料便于回收和重熔，广泛用于航空工业和汽车工业。

（3）镍及镍合金

纯镍是银白色的金属，强度较高、塑性好、导热性差、电阻大。镍表面在有机介质溶液中会形成钝化膜保护层而有极强的耐腐蚀性，特别是耐海水腐蚀能力突出。

镍合金是在镍中加入铜、铬、钼等而形成的，耐高温、耐酸碱腐蚀。镍合金按其特性和应用领域分为耐腐蚀镍合金、耐高温镍合金和功能镍合金等，可在化工、石油、船舶等领域作为阀门、泵、船舶紧固件、锅炉热交换器等。

（4）铝及铝合金

铝是一种轻金属，在金属品种中，是仅次于钢铁的第二大类金属。铝的密度为 $2.7g/cm^3$，约为铜的三分之一，是轻量化的良好材料。铝的力学性能不如钢铁，但它的比强度高，可以添加铜、镁、锰、铬等合金元素，制成铝合金，再经热处理，而得到很高的强度。强化后的铝合金的强度比普通钢好，甚至可以和特殊钢媲美。铝具有良好的导热性和导电性，具有良好的耐蚀性、耐候性和良好的耐低温性，在低温时，它的强度反而增加而无脆性，因此是理想的低温装置材料。铝还具有良好的塑性和加工性能，延展性优良，易于挤出形状复杂的中空型材和适于拉伸加工及其他各种冷热塑性成形。

铝合金是在纯铝中加入适量合金元素，通过冷变形、固溶时效热处理来改善性能的。铝合金分为变形铝合金和铸造铝合金两大类。

（5）镁及镁合金

镁及镁合金具有密度小、比强度大、弹性模量低、线收缩率很小、加工成形性好，阻尼性好、吸收能力强、导热性好等优点，在航空、汽车、家电、计算机等领域具有良好的应用前景。而且镁合金是非磁性屏蔽材料，电磁屏蔽性能好，抗电磁波干扰能力强，可用于手机通信领域。

（6）钛及钛合金

纯钛金属的强度低、熔点高，但比强度高，塑性及低温韧性好，耐腐蚀性好，容易加工成型。纯钛金属在大气和海水中有优良的耐腐蚀性，在硫酸、盐酸、硝酸等介质中都很稳定。

在纯钛中加入合金元素而形成钛合金，其强度、耐热性、耐腐蚀性高，具有无磁性、声波和振动的低阻尼特性，具有超导特性、形状记忆和吸氢特性等优异性能，但也存在加工性能差、抗磨性差等缺点。目前，只有碳纤维增强塑料的比强度高于钛合金，钛合金是比强度最高的金属材料。钛合金广泛应用于飞机发动机上，如压气机叶片、发动机罩及喷气管等。

2.4 ▪ 非金属材料

2.4.1 高分子材料及材料性能参数

高分子材料是以高分子化合物为主要成分，与各种添加剂配合而形成的材料。高分子化合物是指相对分子质量大于 10^4 的有机化合物。常见高分子材料的相对分子质量在 $10^4 \sim 10^6$ 之间。常用的高分子材料包括塑料、橡胶、合成纤维、胶黏剂、涂料等。

（1）塑料

塑料是以合成树脂为主要成分，添加能改善性能的填充剂、增塑剂、稳定剂、润滑剂、固化剂、发泡剂、着色剂、阻燃剂、防老化剂等制成的。

按照塑料受热时的性质可分为热塑性塑料和热固性塑料。热塑性塑料受热时软化或熔融、冷却后硬化，并可反复多次进行，包括聚乙烯、聚氯乙烯、聚苯乙烯、聚丙烯、聚四氟乙烯等。热固性塑料在加热、加压并经过一定时间后即固化为不熔融的坚硬制品，不可再生，常用的热固性塑料有酚醛树脂、氨基树脂、呋喃树脂、有机硅树脂等。

按照功能和用途，塑料可分为通用塑料、工程塑料和特种塑料。通用塑料是指产量大、用途广、价格低的塑料，如聚乙烯、聚氯乙烯、聚苯乙烯、聚丙烯、聚酰胺、聚甲醛、酚醛塑料等，产量占塑料总产量的 75% 以上。工程塑料是指具有较高性能，能替代金属用于制造机械零件和工程构件的塑料，主要有 ABS、聚酰胺、聚四氟乙烯、环氧树脂等。特种塑料是指具有特殊性能的塑料，如导电塑料、导磁塑料、感光塑料等。

塑料的成型方法很多，常用的有注射成型、挤出成型、吹塑成型和模压成型等。

聚乙烯无毒、无味、无臭，呈半透明状。聚乙烯强度低，耐热性不高，易燃烧，抗老化性能较差。具有良好的耐化学腐蚀性，除了强氧化剂外与大多数介质都不发生作用。具有优良的电绝缘性能。根据密度又分为低密度聚乙烯和高密度聚乙烯。低密度聚乙烯主要用作日用品、薄膜、软质包装材料、电线电缆包覆等。高密度聚乙烯主要用作硬质包装材料、化工管道、储槽、阀门、高频电缆绝缘层、各种异形材、衬套、小负荷齿轮、轴承等。

聚氯乙烯具有较高的机械强度、较大的刚性、良好的电绝缘性、良好的耐化学腐蚀性，能溶于四氢呋喃和环己酮等有机溶剂，具有阻燃性。但热稳定性较差，使用温度较低，介电常数、介电损耗较高。根据增塑剂用量的不同可分为硬质和软质聚氯乙烯。硬质聚氯乙烯主要用于工业管道系统、给排水系统、板件、管件、建筑及家居用防火材料、化工腐蚀设备及各种机械零件。软质聚氯乙烯主要用于薄膜、人造革、墙纸、电线电缆包覆及软管等。

聚苯乙烯是无毒、无味、无臭、无色的透明状固体。吸水性低，电绝缘性优良，介电损耗极小。耐化学腐蚀性优良，但不耐苯、汽油等有机溶剂。机械强度较低，硬度高，脆性大，不耐冲击，耐热性差，易燃。聚苯乙烯主要用于日用、装潢、包装及工业制品，如仪器仪表外壳、热灯罩、光学零件、装饰件、透明模具、玩具、化工储酸槽、包装及管道的保温层、冷冻绝缘层等。

聚丙烯是无毒、无味、无臭、半透明的蜡状固体，密度小，力学性能高于聚乙烯，耐热性良好，化学稳定性好，但不耐芳香族和氯化烃溶剂，耐寒性差，易老化。聚丙烯主要用于化工管道、容器、医疗器械、家用电器部件、家具、薄膜、绳缆、电线电缆包覆等，以及汽车及机械零部件，如车门、转向盘、齿轮、接头等。

聚酰胺又称为尼龙或锦纶。具有较高的强度和韧性，耐磨性和自润滑性良好，摩擦因数小。具有良好的电绝缘性、耐油性、耐溶剂性、阻燃性等。聚酰胺主要用于制造机械、化工、电气零部件，如轴承、齿轮、凸轮、泵叶轮、高压密封圈、阀门零件、包装材料、输油管、储油容器、汽车保险杠、门窗手柄等。

聚甲醛具有较高的强度、硬度、刚性、韧性、耐磨性和自润滑性，耐疲劳性能高，吸水性小，摩擦因数小，耐化学品腐蚀性好，电绝缘性能良好，但热稳定性差，易燃。聚甲醛具有较高的综合性能，因此可以用来替代一些金属和尼龙。聚甲醛主要用来制造轴承、齿轮、叶轮、垫圈、法兰、活塞环、导轨、阀门零件、仪表外壳、化工容器、汽车部件，特别适用于无润滑的轴承、齿轮等。

ABS 塑料是由丙烯腈（A）-丁二烯（B）-苯乙烯（S）三种单体共聚而成。其中，丙烯腈能提高强度、硬度、耐热性和耐腐蚀性，丁二烯能提高韧性，苯乙烯能提高电性能和成型加工性能。ABS 塑料具有较好的抗冲击性能、尺寸稳定性和耐磨性，成型性好，不易燃，耐腐蚀性好，但不耐酮、醛、酯、氯代烃类溶剂。主要用于电器外壳、汽车部件、轻载齿轮、轴承，各类容器、管道等。

聚四氟乙烯具有优良的化学稳定性，除熔融态金属钠和氟外，不受任何腐蚀介质的腐蚀。耐热性、耐寒性和电绝缘性能优良，热稳定性高、耐候性好、吸水性小、摩擦因数小，但强度低，尺寸稳定性差。主要用于减摩密封零件，如垫圈、密封圈、活塞环等，也用于化工耐蚀零件、绝缘材料等方面。

环氧塑料是以环氧树脂为基，加入填料及其他添加剂而制成的。环氧树脂的强度较高，成型性好，具有良好的耐热性、耐腐蚀性、尺寸稳定性，以及优良的电绝缘性能。环氧塑料主要用于仪表构件、塑料模具、精密量具、电子元件的密封和固定、黏合剂、复合材料等。

酚醛塑料是以酚醛为基，加入填料和其他添加剂而制成的。酚醛塑料具有一定的机械强度和硬度，良好的耐热性、耐磨性、耐腐蚀性，以及电绝缘性，且热导率低。

（2）橡胶

橡胶是以生胶为主要成分，添加各种配合剂和增强材料制成的。配合剂有硫化剂、硫化促进剂、活化剂、填充剂、增塑剂、防老剂等。硫化剂用来使生胶的结构由线型转变为交联型结构，从而使生胶变成具有一定强度、韧性、高弹性的硫化剂。硫化促进剂的作用是缩短硫化时间，降低硫化温度，改善橡胶性能。活化剂的作用是提高促进剂的活性。填充剂的作用是提高橡胶强度、改善工艺性能和降低成本。增塑剂的作用是增加橡胶的塑性和韧性。防老剂用来防止和延缓橡胶老化。

常用的橡胶包括天然橡胶、丁苯橡胶、丁基橡胶、氯丁橡胶、乙丙橡胶、聚硫橡胶等。

天然橡胶由橡树上流出的乳胶提炼而成。天然橡胶具有较好的综合性能，抗拉强度高于一般合成橡胶，弹性高，具有良好的耐磨性、耐寒性和工艺性能，电绝缘性好，价格低廉。但耐热性差，不耐臭氧，易老化，不耐油。天然橡胶被广泛用于制造轮胎、输送带、减震制品等。

丁苯橡胶是工业上用量最大的合成橡胶，由丁二烯和苯乙烯共聚而成。耐磨性高，透气性小，耐臭氧性、耐老化性、耐热性比天然橡胶好，介电性、耐腐蚀性和天然橡胶接近。丁苯橡胶主要用于制造轮胎、胶板、胶布等，但不适用于制造高速轮胎。

丁基橡胶由异丁烯和少量异戊二烯低温共聚而成。其气密性极好，耐老化性、耐热性和电绝缘性均较高，耐水性好，耐酸、碱，具有很好的抗重复弯曲的性能。主要用于制造内胎、外胎以及化工衬里，绝缘材料，防振动、防撞击材料。

氯丁橡胶由氯丁二烯以乳液聚合法制成。其物理和力学性能良好，耐油耐溶剂和耐老化性好，耐燃性好，电绝缘性差。主要用于制造电缆护套、胶管、胶带、胶黏剂、门窗嵌条等。

乙丙橡胶由乙烯、丙烯以及少量共轭二烯共聚而成。其具有优异的耐老化性、耐候性、耐臭氧性、耐水性、化学稳定性、耐热性、耐寒性、弹性、绝缘性能，比密度小，但抗拉强度较差，耐油性差，不易硫化。主要用于制造电线电缆护套、胶管、胶带、汽车配件、车辆密封条等。

聚硫橡胶是甲醛或二氯化物和多硫化钠的缩聚产物。其耐各种介质腐蚀性优良，耐老化性好，但强度低，变形大。主要用于制造油箱和建筑密封腻子等。

（3）合成纤维

纤维是指长度比直径大许多倍，具有一定柔韧性的纤细物质。合成纤维是由高分子化合物加工制成的。合成纤维的加工过程包括纺丝液的制备，纺丝和初生纤维的后加工等步骤。合成纤维种类很多，根据大分子主链的化学组成，可分为杂链纤维和碳链纤维。在这些纤维中，最主要的是锦纶、涤纶和腈纶三大类。锦纶是聚酰胺纤维，涤纶是聚酯纤维，这两种都属于杂链纤维。腈纶是聚丙烯腈纤维，属于碳链纤维。

锦纶纤维强度高，耐磨性好，耐冲击性好，弹性高，耐疲劳性能好，密度小，耐腐蚀，染色性好，但弹性模量小，耐热性和耐光性较差。主要用于工业用布、轮胎帘子线、传动带、帐篷、绳索、渔网、降落伞等的制作。

涤纶纤维耐热性好，弹性模量和强度高，冲击强度高，耐疲劳性好，耐磨性仅次于锦纶纤维，但染色性差，吸水性低，织物易起球。主要用于电机绝缘材料、运输带、传送带、输油软管、工业用布等。

腈纶纤维的弹性模量仅次于涤纶纤维，是锦纶纤维的 3～4 倍，耐光性和耐候性好，耐热性较高，能耐酸、氧化剂和有机溶剂，但耐碱性差。染色性和纺丝性较差。腈纶纤维蓬松柔软，保暖性好，广泛用来生产羊毛混纺及纺织品，还可用于帆布、帐篷等。

（4）胶黏剂

胶黏剂是能把两个固体表面粘合在一起，并且在胶接面处具有足够强度的物质。胶黏剂是以各种树脂、橡胶、淀粉等为基体材料，添加各种辅料而制成的。常用的辅料有增塑剂、固化剂、填料、溶剂、稳定剂、稀释剂、偶联剂、色料等。

聚合物之间、聚合物和非金属或金属之间、金属与金属和金属与非金属之间的胶结等都存在聚合物基料与不同材料之间界面胶结问题。胶结是综合性强、影响因素复杂的一类技术，现有的胶结理论都是从某一方面出发来阐述其原理，所以至今全面唯一的理论是没有的。将固体对胶黏剂的吸附视为胶结主要原因的理论，称为胶结的吸附理论，认为黏结力的主要来源是黏结体系的分子作用力，即范德华力和氢键力。当胶黏剂与被黏物分子间的距离达到 0.5～1nm 时，界面分子之间便产生相互吸引力，使分子间距离进一步缩短到处于最大稳定状态。根据计算，由于范德华力的作用，当两个理想的平面相距为 1nm 时，它们之间的强度可达 10 ～ 1000MPa，当距离为 0.3 ～ 0.4nm 时，可达 100 ～ 1000MPa。这个数值远超过现在最好的结构胶黏剂所能达到的强度。分子间作用力是提供黏结力的因素，但不是唯一因素。在某些情况下，其他因素也能起到主导作用。

常用的胶黏剂包括环氧树脂胶黏剂、酚醛树脂胶黏剂、聚氨酯树脂胶黏剂、氯丁橡胶胶黏剂等。

环氧树脂胶黏剂具有很高的黏结力，而且操作简便，不需要外力即可黏结，有良好的耐酸、碱、油及有机溶剂的性能。环氧树脂胶黏剂对金属、玻璃、陶瓷、塑料、橡胶、混凝土等均具有较好的黏合能力，常用于物品之间的黏结和修补，也可用于竹木和皮革、织物、纤维之间的黏结。

酚醛树脂胶黏剂具有较强的黏结能力，耐高温，但韧性低，剥离强度差。酚醛树脂主要用于木材、胶合板、泡沫塑料等，也可用于胶接金属、陶瓷。改性后的酚醛 - 缩醛胶具有较好的胶接强度和耐热性，主要用于金属、玻璃、陶瓷、塑料的胶接，也可用于玻璃纤维层压板的胶接。

聚氨酯树脂胶黏剂初黏结力大，常温触压即可固化，有利于黏结大面积柔软材料及难以加压的工件。耐低温性能很好，在 -250℃ 以下仍能保持较高的剥离强度，而且抗剪切强度随着温度下降而显著提高。聚氨酯树脂胶毒性较大，固化时间长，耐热性不高，易与水反应。聚氨酯树脂胶不但对金属、玻璃、陶瓷、橡胶、木材、皮革和极性塑料有很强的黏结力，对非极性的材料如聚苯乙烯等也有很高的黏结力，故以上物品之间的黏合都可采用这种胶，特别是超低温工件的黏结。

氯丁橡胶胶黏剂具有良好的弹性和柔韧性，初黏结力强，但强度较低，耐热性不高，储存稳定性差，耐寒性不佳，溶剂有毒。氯丁橡胶胶黏剂使用方便，价格低廉，广泛用于橡胶与橡胶、金属、纤维、木材、塑料之间的黏结。

（5）涂料

涂料是一种特殊的液体物质，它可以涂覆到物体的表面上，固化后形成一层连续致密的保护膜或特殊功能膜。涂料可以使被防护的材料表面避免外力碰伤、摩擦，以及水分、酸碱性气体等的侵蚀；涂料对制品还起装饰或标志的作用，使制品表面美观；涂料还具有某些特殊功能，如电绝缘、导电、防微生物的附着，抗紫外线，抗红外线、吸收雷达波、杀菌等。

涂料一般由成膜物质和稀释剂两大部分组成。成膜物质又可分为主要、次要和辅助成膜物质。主要的成膜物质是黏结剂，次要成膜物质是颜料，辅助成膜物质有催干剂、增塑剂、固化剂、稳定剂和润湿剂等。

常用的涂料包括传统涂料和新型涂料，传统涂料包括酚醛树脂涂料、环氧树脂涂料、氨基树脂涂料、丙烯酸涂料、聚氨酯涂料等；新型涂料包括水性涂料、高固体分涂料、粉末涂料和功能性涂料等。

酚醛树脂涂料常用的有清漆、绝缘漆、耐酸漆、地板漆等。

环氧树脂涂料是以环氧树脂为黏结剂的涂料，具有很强的附着力，涂层易于清洁，抗细菌、耐水、耐溶剂和耐化学品，耐冲击性、耐磨性和耐热性好，用于外墙及地板装饰。无溶剂环氧磁漆具有抗流挂性好、不收缩、化学性能良好、耐磨、无缩孔等特点。

氨基树脂涂料的主要品种为氨基醇酸烘漆。漆膜烘干后色泽丰满，耐磨、不燃、绝缘，有较好耐候性及化学稳定性。可用于汽车、自行车、缝纫机、仪器仪表、电冰箱、家用电器、医疗器械等的表面涂覆。

丙烯酸树脂涂料是由丙烯酸或甲基丙烯酸酯类、胺类、酰胺类单体聚合而成的，可制成热塑性和热固性两大类，丙烯酸涂料具有优良的综合性能，如耐久性、透明性、稳定性，能调节得到不同硬度、柔韧度和其他要求的性能。丙烯酸树脂涂料可做成溶剂型、水型、粉末型以及光敏型等多种涂料，用于汽车、飞机、电子、造纸、纺织、金属、塑料盒、木材等的保护和装饰。

聚氨酯涂料具有良好的物理和力学性能、防腐蚀性能，能室温固化，也可以加热固化，有良好的电绝缘性能，可和多种树脂配制成各种类型的涂料。

水性涂料是以水替代涂料中的有机溶剂，因而在安全、成本、毒性以及环境污染等方面都有很强的竞争力。目前已形成一个多品种、多性能、多用途的体系，其中以水溶性树脂涂料和乳胶涂料为主。

高固体分涂料具有涂膜丰满、一次涂装涂层厚、溶剂少、储存运输方便、对环境污染小等特点。主要用于家用电器、机械、电机、汽车等的涂装。

粉末涂料具有工序简单、节能、无环境污染、生产效率高等特点。主要用于家用电器、仪器仪表、汽车零部件、输油管道等金属器件的涂装。

光敏涂料具有固化速度快、生产效率高、无溶剂、污染小等特点。特别适用于不能受热的材料，主要用于木器、家具、纸张、塑料、皮革、食品罐头等装饰性涂装。

功能性涂料除具有保护和装饰两项基本功能外，还具有其他的一些特殊功能。按照涂料的功能和用途可分为机械功能涂料、电磁功能涂料、热功能涂料、光学功能涂料、生物功能涂料和界面功能涂料。机械功能涂料主要包括防碎裂、润滑、隔音防震等；电磁功能涂料包括电绝缘、导电、磁性涂料等；热功能涂料包括耐高温、防火、示温、隔热涂料等；光学功能涂料包括发光、荧光、太阳能吸收、伪装涂料等；生物功能涂料包括防霉、防污、防虫涂料等；界面功能涂料包括防雾涂料、防水涂料等。

2.4.2　陶瓷材料及材料性能参数

陶瓷属于无机非金属材料。无机非金属材料是除有机高分子材料和金属材料以外的所有材料的统称，包括由某些元素的氧化物、碳化物、氮化物、卤素化合物、硼化物以及硅酸盐、铝酸盐、磷酸盐、硼酸盐等物质组成的材料。

传统的陶瓷材料是以天然的岩石、矿物、黏土、石英、长石等硅酸盐类材料为原料制成的。现代陶瓷采用人工合成的高纯度无机化合物为原料，在严格控制的条件下经成型、烧结和其他处理而制成具有微细结晶组织的无机材料。它具有一系列优越的物理、化学和生物性能，其应用范围是传统陶瓷远远不能相比的，这类陶瓷又称为特种陶瓷或精细陶瓷。

工程中常用的陶瓷包括工程结构陶瓷、功能陶瓷和金属陶瓷等。

（1）工程结构陶瓷

常用的工程结构陶瓷包括普通陶瓷和特种陶瓷。特种陶瓷又包括氧化铝陶瓷、氮化硅陶瓷、碳化硅陶瓷、氮化硼陶瓷、氧化锆陶瓷等。

普通陶瓷是指以黏土、长石、石英等为原料烧结而成的陶瓷。这类陶瓷质地坚硬、不氧化、耐腐蚀、不导电、成本低，但强度较低，耐热性及绝缘性一般。普通日用陶瓷有长石陶瓷、绢云母陶瓷、日用滑石质陶瓷和骨质瓷等，主要用作器皿和瓷器。普通工业陶瓷有建筑陶瓷、电工陶瓷、化工陶瓷等。

特种陶瓷中的氧化铝陶瓷又称高铝陶瓷，其强度高于普通陶瓷，硬度很高，耐磨性很好，耐高温，可在1600℃高温下长期工作。具有良好的耐腐蚀性和绝缘性能，在高频下的电绝缘性能尤为突出。氧化铝陶瓷的韧性低、脆性大、抗热振性差。氧化铝陶瓷还具有光学特性和离子导电特性。氧化铝陶瓷用于制作内燃机的火花塞、电路基板、管座、石油化工泵的密封环、机轴套等。在真空下烧结的透明氧化铝陶瓷为光学陶瓷。

特种陶瓷中的氮化硅陶瓷根据制作方法可分为热压烧结陶瓷和反应烧结陶瓷。氮化硅陶瓷具有很高的硬度，摩擦因数小，耐磨性好，抗热振性大大高于其他陶瓷。它具有优良的化学稳定性，能耐除氢氟酸、氢氧化钠外的其他酸和碱性溶液的腐蚀，以及抗熔融金属的侵蚀，还具有优良的绝缘性能。热压烧结氮化硅陶瓷的强度、韧性都高于反应烧结氮化硅陶瓷，通常用于制造形状简单、精度要求不高的零件，如切削刀具、高温轴承等。反应烧结氮化硅陶瓷用于制造形状复杂、精度要求高的零件，用于要求耐磨、耐蚀、耐热、绝缘等场合，如高温轴承、电热塞等。氮化硅陶瓷还是制造新型陶瓷发动机的重要材料。

特种陶瓷中的碳化硅陶瓷按制造方法分为热压烧结陶瓷、反应烧结陶瓷和常压烧结陶瓷。碳化硅陶瓷具有很高的高温强度，在 1400℃时抗弯强度仍保持在 $500 \sim 600\text{MPa}$，工作温度可达 1700℃。具有很好的热稳定性、抗蠕变性、耐磨性、耐蚀性、良好的导热性等。碳化硅陶瓷可用于石油化工、钢铁、机械、电子、原子能等工业中，如制作火箭尾喷管喷嘴、浇注金属的浇道口、轴承、轴套等。

特种陶瓷中的氮化硼陶瓷可分为低压型和高压型两种。低压型为六方晶系，其结构与石墨相似，又称为白石墨。其硬度较低，具有自润滑性，具有良好的高温绝缘性、耐热性、导热性、化学稳定性。用于耐热润滑剂、高温轴承、高温容器等。高压型为立方晶系，硬度接近金刚石，用于制作磨料和金属切削刀具。

特种陶瓷中的氧化锆陶瓷热导率小，化学稳定性、耐腐蚀性好，可用于高温绝缘材料、耐火材料，如熔炼铂和铑等金属的坩埚、喷嘴、阀芯、密封器件等。氧化锆陶瓷硬度高，可用于制造切削刀具、模具、剪刀、高尔夫球棍头等。

（2）功能陶瓷

功能陶瓷是具有热、电、声、光、磁、化学、生物等功能的陶瓷。功能陶瓷大致可分为电功能陶瓷、磁功能陶瓷、光功能陶瓷、生化功能陶瓷等。

铁电陶瓷是在外电场的作用下，原本排列不规则的晶粒的取向统一转向电场方向，材料自发极化，在电场方向呈现一定电场强度。铁电陶瓷广泛应用于制作铁电陶瓷电容器、压电元件、热释电元件、电光元件、电热元件等。把铁氧体粉末与橡胶或塑料混炼可形成橡胶磁铁、塑料磁铁，用于磁性封条、磁性传动带及玩具等。

压电陶瓷在外加电场作用下出现宏观的压电效应，可用来制作压电换能器、压电马达、压电变压器、电声转换器件等。利用压电效应将机械能转换为电能或电能转换为机械能的元件称为换能器。

铁氧体磁性材料是一种非金属磁性材料，又称为磁性陶瓷，又可具体分为永磁铁氧体材料、矩磁铁氧体材料、压磁铁氧体材料等。永磁铁氧体材料是指材料被磁化后不易退磁，而能长期保留的一种铁氧体材料，可用于制作汽车上的雨刮器、玻璃窗升降器等用的电机、玩具马达、扬声器等。矩磁铁氧体材料是指具有矩形磁滞回线、矫顽力较小的铁氧体材料，主要用于电子计算机、自动控制和远程控制等尖端科学技术中，作为记忆元件，如计算机中的存储器、无触点继电器等。压磁铁氧体材料是指具有磁致伸缩效应的铁氧体材料，在外加磁场中能发生长度变化，因而在交变场中能产生机械振动，利用这一特性，可以将电磁能转变为机械能。压磁铁氧体在超声工程方面可用于制作超声波发声器、接收器、探伤器等，也可以利用压磁铁氧体的热磁效应制作热敏元件，用于自动电饭锅等。

半导体陶瓷可以通过在陶瓷材料中掺杂或者使化学计量比偏离，而造成晶格缺陷等方法来获得半导特性，可分为热敏半导体陶瓷、光敏半导体陶瓷、气敏半导体陶瓷等。热敏半导体陶瓷是一类电阻率随温度变化而明显发生变化的陶瓷。光敏半导体陶瓷是在光的照射下，能够产生光电导效应、光生伏特效应和光电发射效应等。气敏半导体陶瓷表面吸附气体分子时，半导体的电导率将随半导体类型和气体分子种类的不同而变化。

氧化铝陶瓷和氧化锆陶瓷与生物肌体有较好的相容性，耐腐蚀性和耐磨性都比较好，因此常被用于生物体中承受载荷部位的矫形修复，如人造骨骼、齿等。

（3）金属陶瓷

金属陶瓷是以金属氧化物或金属碳化物为主要成分，加入适量金属粉末，通过粉末冶金方法制成的，具有某些金属性质的陶瓷。典型的金属陶瓷就是硬质合金。

金属陶瓷兼有金属和陶瓷的优点，其密度小，硬度高，耐磨，导热性好，不会因为骤冷或骤热而脆裂。另外，在金属表面涂一层气密性好、熔点高、传热性能很差的陶瓷涂层，也能防止金属或合金在高温下氧化或腐蚀。

随着科学技术的发展，金属陶瓷的用途越来越广泛。利用金属陶瓷的耐热性和高温强度，可以做火箭、导弹、燃气涡轮、喷气发动机、核能锅炉的零件，熔炼金属的坩埚、高温轴承、密封环及涡轮机叶片及白炽灯丝等。利用其硬度，可以做金属切削刀具、拉丝模和轴承材料。利用其导电性能，可以做发热体和电刷等。

2.4.3 复合材料及材料性能参数

复合材料是指由两种或两种以上在物理和化学上不同的物质结合起来而得到的一种多相固体材料。复合材料是多相体系，通常分为两个基本组成相：一个相是连续相，称为基体相，主要起粘接和固定作用；另一个相是分散相，称为增强相，主要起承载作用。此外，基体相和增强相之间的界面特性对复合材料的性能也有很大影响。

按照基体材料分类，复合材料可分为树脂基复合材料、金属基复合材料、陶瓷基复合材料、水泥基和碳基复合材料。按照增强相的种类和形态分类，复合材料可分为纤维增强复合材料、颗粒增强复合材料、层叠复合材料、骨架复合材料，以及涂层复合材料等。纤维增强复合材料又有长纤维或连续纤维复合材料、短纤维或晶须纤维复合材料等。按复合材料的性能分类，复合材料可分为结构复合材料和功能复合材料。

复合材料的性能主要取决于基体相和增强相的性能、两相的比例、两相界面的性质和增强相的几何特征。复合材料既保持了组成材料各自的最佳特性，又有单一材料无法比拟的综合性能。比如，在力学性能方面，纤维增强复合材料具有较小的缺口敏感性，其纤维和基体间的界面能有效阻止疲劳裂纹的扩展，因此具有较高的疲劳极限，断裂安全性也好；大多数纤维增强复合材料具有良好的高温强度、高温弹性模量和抗蠕变性能；由于构件的自振频率与材料比模量的平方根成正比，复合材料的比模量高，因此其自振频率也高，在一般条件下不易发生共振，且具有较高的吸振能力，阻尼特性也好；复合材料的比强度和比模量比其他材料高。在物理和化学性能方面，复合材料密度低，膨胀系数小，一些复合材料具有导电、导热、压电效应、换能、吸收电磁波等特殊性能。有些复合材料还具有良好的耐热、耐蚀性和化学稳定性。

（1）增强材料及增强原理

复合材料常用的增强材料包括纤维增强材料、晶须增强材料和颗粒增强材料。

纤维增强材料有玻璃纤维、碳（石墨）纤维、硼纤维、芳纶纤维、碳化硅纤维、石棉纤维、氧化铝纤维等。晶须增强材料常用的有碳化硅晶须、氧化铝晶须、氮化硅晶须等。颗粒增强材料主要包括各种陶瓷材料颗粒，如 Al_2O_3、SiC、石墨等。

对纤维复合材料，基体材料将复合材料所受外载荷通过一定的方式传递并分布于增强纤维，增强纤维承担大部分外力，基体主要提供塑性和韧性。纤维处于基体之中，相隔离，表面受基体保护，不易损伤，受载时也不易产生裂纹。当部分纤维产生裂纹时，基体可以阻止裂纹迅速扩展并改变裂纹扩展方向，从而将荷载迅速重新分布到其他纤维上，提高了材料的强韧性。纤维增强复合材料的性能，既取决于基体和纤维的性能及相对数量，也与二者之间的结合状态及纤维在基体中的排列方式等因素有关。增强纤维在基体中的排列方式有连续纤维单向排列、长纤维正交排列、长纤维交叉排列、短纤维混杂排列等。

对颗粒增强复合材料，弥散增强复合材料颗粒尺寸小于 $0.1\mu m$，这些弥散于金属或合金基体中的颗粒，能有效地阻碍位错的运动，从而产生显著的强化作用。其复合强化机理与合金的沉淀强化机理类似，基体是承受载荷的主体。所不同的是，合金的沉淀强化弥散相质点是借助于相变而产生的，当超过一定温度时会粗化甚至重熔，导致合金高温强度降低；而弥散增强复合材料中颗粒随温度的升高仍可保持其原有尺寸，因此其增强效果在高温下可维持很长时间，使复合材料的抗蠕变性能明显优于所用的基体金属或合金。弥散增强颗粒的尺寸、形状、体积分数以及同基体的结合力都会影响增强效果。颗粒尺寸越小，增强效果越好，颗粒与基体间的结合力越大，增强的效果越明显。

（2）常用的复合材料

常用的复合材料有树脂基复合材料、金属基复合材料和陶瓷基复合材料。

树脂基复合材料包括玻璃纤维增强复合材料、碳纤维增强复合材料、硼纤维增强复合材料、芳纶纤维增强复合材料和碳化硅增强复合材料等。

金属基复合材料包括纤维增强铝基复合材料、纤维增强镁基复合材料、纤维增强铜基复合材料以及颗粒增强金属基复合材料等。

陶瓷基复合材料包括纤维、晶须补强增韧陶瓷基复合材料、颗粒补强增韧陶瓷基复合材料、晶须与颗粒复合补强增韧陶瓷材料等。

2.5 ▪ 工程材料的选用

2.5.1　选用工程材料的一般原则

材料选用的核心问题是在技术和经济合理的前提下，保证材料的使用性能与零件的设计功能相适应。选材的重要保证是要正确进行零件的失效分析，正确掌握材料的选用原则。

任何零件均具有一定的设计功能或寿命，如在载荷、温度、介质等作用下保持一定的几何形状和尺寸，实现规定的机械运动，传递力和能等。零件在使用过程中若失去原有的设计功能，无法正常工作，即为失效。失效可能导致零件完全破坏不能工作，或者工作危险性增大，或者虽能保证安全工作但不能完成设计功能。对零件进行失效分析就是要分析造成失效的原因，并提出相应的防止和改进措施，避免同类失效现象重复发生。

（1）失效的基本形式和原因

失效的基本形式主要有断裂失效、过量变形失效和表面损伤失效。

断裂是零件最危险的失效模式，指零件在工作过程中完全断裂而导致机械设备无法工作。断裂又可分为韧性断裂、低应力脆断、疲劳断裂和蠕变断裂。韧性断裂是指零件断裂前有明显塑性变形的失效，这是一种有先兆的断裂，可以防范，危险性小。低应力脆断是指零件在所受工作应力远低于屈服极限，在无明显塑性变形的情况下而产生突然的断裂。低应力脆断最为危险，常发生在有尖锐缺口或裂纹的高强度低韧性材料中，特别是在低温或冲击载荷下最容易发生。疲劳断裂是指零件在交变应力作用下，经过一定的周期后出现的断裂。蠕变断裂是指零件在温度与应力共同作用下，缓慢地产生塑性变形（蠕变）而最后导致材料的断裂。

过量变形失效是指零件在工作过程中产生超过允许的变形量而导致整个机械设备无法正常工作，或者虽能正常工作但产品质量严重下降的现象。主要包括过量弹性变形失效和过量塑性变形失效。

表面损伤是指零件因表面损伤而造成机械设备无法正常工作或失去精度的现象。主要包括磨损失效、接触疲劳失效和腐蚀失效等。

零件的失效可以由一种方式引起，也可以是多种失效方式的组合，但一般总有一种方式起主导作用。

造成零件失效的原因主要有设计、材料、加工和安装使用等四方面。

零件中如果存在尖角、尖锐缺口或过渡圆角小等结构或形状上的设计不合理之处，会造成过大的应力集中，从而导致零件失效。此外，在设计中对零件的工作条件估计错误，如对工作中的过载估计不足，也容易造成零件失效。

材料选用不当或材料本身的缺陷是材料方面导致零件失效的两个主要原因。设计时一般以材料的抗拉强度和屈服强度等常规性能指标为依据，而这些指标有时不能正确反映材料失效类型的失效抗力；或所选材料的性能指标不符合要求，而导致失效。另外，材料本身常见的气孔、疏松、夹杂物、缩孔等冶金缺陷都可能降低材料的总强度，而导致零件的失效。

零件加工成形过程中，由于采用的工艺不正确，可能造成种种缺陷，如切削加工中表面粗糙度过大、刀痕较深、磨削裂纹等；热处理不良造成过热、脱碳、淬火裂纹等，都是造成零件过早失效的原因。

零件安装时配合不当、维修不及时或操作违反规程，均可能导致零件在使用中失效。

（2）零件选材的一般原则

零件选材时要把握使用性原则、工艺性原则和经济性原则三项基本原则。

使用性能是材料满足使用需要所必备的性能，包括材料的力学性能、物理性能、化学性能等，是选材的最主要的原则。不同零件所要求的使用性能是不同的，即使是同一个零件，不同部位所要求的性能也是不同的。因此，选材之前要分析零件的工作条件、失效形式，从而准备判断零件所需要的使用性能，然后再确定所选材料的主要性能指标及具体数值并进行选材。零件的工作条件是指零件的受力情况，如载荷类型（静载荷、交变载荷、冲击载荷）、载荷形式（拉伸、压缩、扭转、剪切、弯曲或组合作用）、载荷大小及分布情况（均匀分布或有较大的局部应力集中）等；零件工作环境（温度、介质）；零件的特殊性能要求，如电性能、磁性能、热性能等。

材料的工艺性表示材料加工的难易程度。金属材料的工艺性能主要包括铸造性能、锻造性能、焊接性能、切削加工性能及热处理性能。对形状比较复杂、尺寸较大的零件，一般采用铸造或焊接成型，所选材料应具有良好的铸造性能和焊接性能，在结构上也要适应铸造或焊接的要求。对冲压、挤压等通过冷变形制造的零件，所选材料应具有较高的塑性，并要考虑变形对材料力学性能的影响。对于切削加工的零件，应主要考虑材料的切削加工性能。

在满足使用性能要求和保证加工质量的前提下，还需要考虑材料的经济性。所谓经济性原则，主要是指选择价格便宜、加工成本低的材料，其中材料成本问题是经济性原则的核心。尽量选用价格低廉、货源充足、加工方便、总成本低的材料，而且尽量减少所选材料的品种、规格，以简化供应、保管工作。此外，还应考虑零件的寿命及维修费用。如机器中的关键零件，其质量好坏直接影响整台机器的使用寿命，应该把材料的使用性能放在首要位置。这时选用性能好的材料，虽然价格较贵，但可延长使用寿命，降低维修费用，反而是经济的。另外，还容易被人所忽略的一点是材料的能源消耗，这个隐性成本也必须考虑。

（3）零件选材的一般过程

材料的选择是一个比较复杂的决策问题，需要设计者熟悉零件的工作条件和失效形式，掌握有关的工程材料理论及应用知识、机械加工工艺知识以及较丰富的生产实践经验。通过具体分析，结合必要的试验和选材方案对比，从而确定合理的材料。机械零件选材的一般步骤如图 2.3 所示。

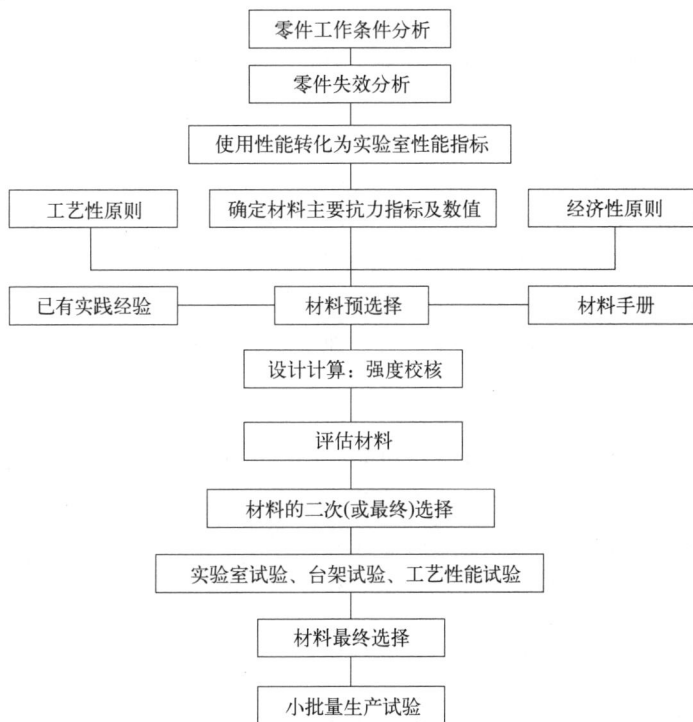

图 2.3　机械零件选材的基本过程

（4）典型零件的一般选材

机器设备中的典型零件包括轴、齿轮、箱体等。

① 轴　轴是各种机器中最基本且关键的零件，主要作用是支撑回转零件（如齿轮、带轮、凸轮等），并传递运动和动力。机床的主轴、花键轴、变速轴、丝杠，内燃机的曲轴、连杆，以及汽车的传动轴、半轴等都属于轴类零件。

轴类零件一般按照强度、刚度的计算进行零件设计和选材，同时考虑材料的冲击性能和表面耐磨性。常选用碳素结构钢或合金钢，一般以锻件或轧制型材为毛坯，有时可选用球墨铸铁。对于低速、轻载等受力较小、不重要的轴，主要考虑刚度，如芯轴、联轴节、拉杆、螺栓等，可选用普通碳素钢，通常无须热处理。对于受中等载荷而且精度要求一般的轴，主要考虑强度和耐磨性，如曲轴、连杆、普通机床主轴等，常用优质中碳结构钢，其中45 钢用量最多。一般进行正火或调质处理，需要耐磨时，则还需进行局部表面淬火和低温回火处理。对于受重交变载荷、冲击载荷、强烈摩擦或要求精度高的轴，如汽车的轴，应选用合金钢，并根据合金钢的种类进行恰当的热处理。对于形状复杂不便于加工且综合力学性能要求中等的中小内燃机的曲轴等，可选用球墨铸铁，可进行退火、正火、调质及表面淬火等热处理。

② 齿轮　齿轮是各类机械和仪表中应用极广泛的零件，其主要作用是传递力矩、改变运动速度方向，有些齿轮仅起分度定位作用，受力不大。

适用于制作齿轮的材料很多，选材时应全面考虑齿轮的具体工作条件，如载荷的性质与大小、传动方式的类型与传动速度、齿轮的形状与尺寸、工作精度的要求等。

多数情况下齿轮选用钢来制造。对于受力不大、在无润滑条件下工作的齿轮，可选用塑料制作。一般开式传动的齿轮多用铸铁材料制造。根据齿轮的性能要求，齿轮大多采用表面强化处理，要求较低时，进行表面淬火强化；要求较高时，采用表面化学热处理强化。

低速、轻载或中载、无冲击或冲击较小的不重要齿轮，如减速箱齿轮、机床等机械设备中不重要的齿轮，选用普通碳素钢。中速、中载、承受一定冲击载荷的齿轮，如普通变速箱和机床中的多数齿轮，采用中碳钢或合金调质钢。高速、中载或重载、承受冲击或较大冲击的齿轮，如汽车和拖拉机变速箱等，选用低碳合金钢。高速、低载、运行精度高的齿轮，如精密机床、数控机床的传动齿轮等，选用氮化钢，经调质处理后再进行表面渗氮处理。

③ 箱体　箱体类是机器或部件的基础零件，它将机器或部件中的轴、套、齿轮等有关零件组装成一个整体，使它们之间保持正确的相互位置，并按照一定的传动关系协调地传递运动或动力。这类零件一般形状复杂，体积较大，具有中空、壁薄的特点，箱体壁上多有尺寸精度和形位公差要求较高的轴承支撑孔及各种安装定位的螺纹孔、销钉孔等。毛坯大多使用铸造方法成型，有些可用焊接方法成型。

箱体类零件的首选材料是普通灰铸铁。对于一般的结构复杂、受力不大，主要承受静载荷的箱体都可采用灰铸铁。汽车和拖拉机的后桥壳体承受的应力较高，还承受一定的冲击载荷，可选用韧性较好的可锻铸铁或球墨铸铁。而对于受力较大，对强度和韧性同时有较高要求的箱体，可采用铸钢。由于铸钢的铸造性能较差，一般铸钢件壁厚较大，形体笨重。如果箱体所受冲击不大，但要求自重轻，导热性好，则可采用铸造铝合金等生产。

2.5.2　大型游乐设施的选材要求

在大型游乐设施的设计和建造中经常会使用到的材料包括钢材、有色金属和非金属材料。

在材料所涉及的标准中，GB 为国家强制标准，GB/T 为国家推荐标准，YB/T 为黑色冶金行业推荐标准，JB/T 为机械行业推荐标准。

（1）钢材

大型游乐设施中所采用的钢材应符合相应的国家现行标准的规定，其化学成分、力学性能、热处理性能、焊接性能均应满足工况使用要求。大型游乐设施中常用钢材的国家和行业标准如表 2.4 所示。

表 2.4　常用钢材的国家和行业标准

类别	标准号	标准名称
常用板材	GB/T 708	冷轧钢板和钢带的尺寸、外形、重量及允许偏差
	GB/T 709	热轧钢板和钢带的尺寸、外形、重量及允许偏差

续表

类别	标准号	标准名称
常用板材	GB/T 2518	连续热镀锌和锌合金镀层钢板及钢带
	GB/T 3280	不锈钢冷轧钢板和钢带
	GB/T 4237	不锈钢热轧钢板和钢带
	GB/T 5313	厚度方向性能钢板
	GB/T 4238	耐热钢钢板和钢带
	YB/T 4159	热轧花纹钢板和钢带
常用管材	GB/T 3091	低压流体输送用焊接钢管
	GB/T 3094	冷拔异型钢管
	GB/T 3639	冷拔或冷轧精密无缝钢管
	GB/T 8162	结构用无缝钢管
	GB/T 8163	输送流体用无缝钢管
	GB/T 12771	流体输送用不锈钢焊接钢管
	GB/T 13793	直缝电焊钢管
	GB/T 14975	结构用不锈钢无缝钢管
	GB/T 14976	流体输送用不锈钢无缝钢管
	GB/T 17395	无缝钢管尺寸、外形、重量及允许偏差
	YB/T 5209	传动轴用电焊钢管
常用棒材	GB/T 702	热轧钢棒尺寸、外形、重量及允许偏差
常用锻件	GB/T 17107	锻件用结构钢牌号和力学性能
	JB/T 6398	大型不锈、耐酸、耐热钢锻件 技术条件
常用铸钢	GB/T 2100	通用耐蚀钢铸件
	GB/T 7659	焊接结构用铸钢件
	GB/T 8492	一般用途耐热钢及合金铸件
	GB/T 11352	一般工程用铸造碳钢件
	GB/T 14408	一般工程与结构用低合金钢铸件
	JB/T 6402	大型低合金钢铸件 技术条件
常用铸铁	GB/T 9437	耐热铸铁件
	GB/T 9439	灰铸铁件
	GB/T 8491	高硅耐蚀铸铁件
常用钢材化学成分和力学性能	GB/T 699	优质碳素结构钢
	GB/T 700	碳素结构钢
	GB/T 1591	低合金高强度结构钢
	GB/T 3077	合金结构钢
	GB/T 1220	不锈钢棒
	GB/T 1221	耐热钢棒
常用型材	GB/T 706	热轧型钢
	GB/T 6723	通用冷弯开口型钢
	GB/T 6728	结构用冷弯空心型钢
	GB/T 11263	热轧 H 型钢和部分 T 型钢

大型游乐设施的结构件禁止使用沸腾钢，不宜采用 A 等级钢。沸腾钢是在钢材冶炼过程中脱氧不完全、性能不均匀的钢材，这种钢材生产成本低。A 等级钢中有害杂质及非金属夹杂物含量较多，化学成分控制严格性相对较差，因此在大型游乐设施的结构件中也不宜采用，而应当尽可能采用 C、D 等级的优质钢。

大型游乐设施中普遍存在一定的冲击载荷，因此，对钢的冲击韧性提出了较高的要求。

直接承受冲击载荷的焊接结构钢材，应具有常温冲击韧性的合格证明文件。当运行使用环境温度高于 -20℃ 但不超过 0℃ 时，Q235 钢和 Q345 钢应有 0℃ 冲击韧性的合格证明，Q390 钢和 Q420 钢应有 -20℃ 冲击韧性的合格证明文件；当运行的环境温度不高于 -20℃ 时，Q235 钢和 Q345 钢应有 -20℃ 冲击韧性的合格证明文件，Q390 钢和 Q420 钢应有 -40℃ 冲击韧性的合格证明文件。

直接承受冲击载荷的非焊接结构钢材，亦应具有常温冲击韧性的合格证明文件。当运行使用温度不高于 -20℃ 时，Q235 钢和 Q345 钢应有 0℃ 冲击韧性的合格证明文件，Q390 钢和 Q420 钢应有 -20℃ 冲击韧性的合格证明文件。

当焊接承重结构为防止钢材的层状撕裂而采用板件厚度不小于 40mm 的厚度方向性能钢板（Z 向钢）时，应提供符合 GB/T 5313 所规定的材质证明，其沿板厚方向断面收缩率不小于 Z15 级允许限值或提供 Z 向性能测试合格报告。一般厚钢板较易产生层状撕裂，因为钢板越厚，非金属夹杂缺陷越多，且焊缝也越厚，焊接应力和变形也越大。为了解决这个问题，最好采用 Z 向钢。这种钢板是在某一级结构钢的基础上，经过特殊冶炼、处理的钢材，其含硫量为一般钢材的 1/5 以下，截面收缩率在 15% 以上。钢板沿厚度方向的受力性能（主要是延性性能）称为 Z 向性能。钢板的 Z 向性能可通过做试样拉伸试验得到，一般用断面收缩率来度量。

（2）有色金属

有色金属的材料、化学成分、力学性能、尺寸公差应符合国家标准的规定。有色金属的耐磨性能、耐腐蚀性能、润滑性能均应满足工况使用要求。

大型游乐设施设计和建造中，所用的铝及铝合金、钛及钛合金、铜及铜合金应满足如表 2.5 所列的国家和行业标准的要求。

表 2.5　常用有色金属应满足的国家和行业标准

类别	标准号	标准名称
铝及铝合金	GB/T 3190	变形铝及铝合金化学成分
	GB/T 3191	铝及铝合金挤压棒材
	GB/T 3880	一般工业用铝及铝合金板、带材的一般要求、尺寸偏差、力学性能
	GB/T 6892	一般工业用铝及铝合金挤压型材
	GB/T 6893	铝及铝合金拉（轧）制管材
	GB/T 1173	铸造铝合金
	GB/T 15115	压铸铝合金
	GB/T 9438	铝合金铸件
钛及钛合金	GB/T 3621	钛及钛合金板材
	GB/T 3624	钛及钛合金无缝管
铜及铜合金	GB/T 2040	铜及铜合金板材
	GB/T 2059	铜及铜合金带材
	GB/T 1527	铜及铜合金拉制管
	GB/T 4423	铜及铜合金拉制棒
	YS/T 649	铜及铜合金挤制棒
	GB/T 1176	铸造铜及铜合金

（3）非金属材料

大型游乐设施中所选用的非金属材料应符合国家标准的规定，其力学性能、抗老化性能、环保性能以及易燃性等应满足工况使用要求。

在选用木材时，主要的受力构件的木质材料应选用天然缺陷少、强度好、不易开裂、干燥的木材。用在重要部位的木质材料，必要时应进行阻燃及防腐处理。木结构的设计应符合《木结构设计标准》（GB 50005）的规定，施工质量应符合《木结构工程施工质量验收规范》（GB 50206）的规定。

在选用工程塑料时，结构用工程塑料应符合国家标准的规定，其强度、耐冲击性、耐热性、硬度及抗老化性能应符合实际工况要求。驱动轮、支撑轮采用尼龙材料时，其力学性能满足表 2.6 的要求。

在选用橡胶时，驱动轮、支撑轮采用的橡胶，其性能应符合有关国家标准的规定，其力学性能满足表 2.6 的要求。采用橡胶充气轮时，充气压力应考虑温度的影响并符合该产品规定的压力值范围。

采用聚氨酯轮时，其性能应符合国家标准的规定，力学性能方面满足表 2.6。

在选用玻璃时，座舱的门窗玻璃应采用不易破碎的材料，包括有机玻璃和安全无机玻璃。有机玻璃应符合《浇铸型工业有机玻璃板材》（GB/T 7134）的规定，力学性能方面满足表 2.6 的要求。安全玻璃应符合《建筑用安全玻璃》（GB 15763）全部分册的要求。

在选用玻璃钢时，用于制作玻璃钢件的树脂应有良好的耐水性和良好的抗老化性。玻璃纤维应采用无碱玻璃纤维，纤维表面须有良好的浸润性。玻璃钢制件不允许有浸渍不良、固化不良、气泡、切割面分层、厚度不均匀等缺陷；表面不允许有裂纹、破碎、明显修补痕迹、布纹显露、皱纹、凸凹不平、色调不一致等缺陷，转角处过渡圆滑，不得有毛刺；玻璃钢件与受力件直接连接时应有足够的强度，否则应预埋满足强度要求的金属件。玻璃钢的力学性能符合表 2.6 的要求。

表 2.6　常用非金属材料的力学性能要求

指标	尼龙	橡胶	聚氨酯	浇铸型工业有机玻璃板	玻璃钢件
抗拉强度 /MPa	> 73.6	≥ 12	≥ 35	≥ 70	≥ 78
抗弯强度 /MPa	> 138	/	/	/	≥ 147
拉断伸长率 /%	/	≥ 400	≥ 450	≥ 3	/

2.6 ■ 紧固件

大型游乐设施中所使用的紧固件应符合《紧固件机械性能》（GB/T 3098）系列标准的要求及有关国家标准的规定。在 GB/T 3098 的系列标准中固定了工程常用紧固件所应达到的力学和物理性能。该系列标准中涵盖的紧固件包括螺栓、螺钉、螺柱、螺母、紧定螺钉、耐热用螺纹连接副、有效力矩型六角锁紧螺母等。

2.6.1　螺栓

6.8 级、8.8 级、10.9 级螺栓的预应力和拧紧力矩应按照设计要求进行计算，最大不应超过表 2.7 的规定。

表 2.7　螺栓最大允许预紧力和拧紧力矩

螺栓规格	允许预紧力 /kN			允许拧紧力矩 /Nm		
	6.8	8.8	10.9	6.8	8.8	10.9
M8	14	16	23	21	25	35
M10	22	26	37	41	49	69
M12	31	37	50	70	84	120
M16	60	71	100	176	206	350
M20	94	111	160	338	402	600
M22	116	138	190	456	539	900
M24	135	160	220	588	696	1100
M27	177	210	290	873	1030	1650
M30	216	257	350	1177	1422	2200
M33	275	326	459	1668	1977	2784
M36	323	382	510	2134	2524	3340

重要结构的螺栓连接宜选用钢结构用大六角螺栓、大六角螺母、垫圈，其技术条件应符合 GB/T 1231 的规定。承受冲击载荷的钢结构用高强度螺栓不宜直接承受剪切力。高强度螺栓最大允许预紧力不应超过表 2.8 规定。

表 2.8　高强度螺栓最大允许预紧力　　　　　单位：kN

螺栓的性能等级	螺栓公称直径 / mm					
	M16	M20	M22	M24	M27	M30
8.8 级	80	125	150	175	230	280
10.9 级	100	155	190	225	290	355

网架结构的螺栓连接宜采用网架用高强度螺母，其材质性能应符合国家标准的规定。

铆钉应采用 BL2 或 BL3 号钢制成。

高强度螺栓预紧力与拧紧力矩换算公式为：

$$T = \frac{kFd}{1000} \qquad (2-1)$$

式中，T 为拧紧力矩，N·m；k 为拧紧力矩系数，符合表 2.9 的规定；F 为预紧力，N；d 为螺纹的公称直径，mm。

表 2.9　拧紧力矩系数

摩擦表面状态		精加工表面	一般加工表面	表面氧化	镀锌	干燥粗加工表面
k 值	有润滑	0.10	0.13～0.15	0.20	0.18	—
	无润滑	0.12	0.18～0.21	0.24	0.22	0.26～0.30

2.6.2　螺母

螺母种类很多，可分为方形螺母、六角螺母和异形螺母。

方形螺母用扳手卡住不易打滑，用于粗糙、简单的结构。

六角螺母是应用最普遍的螺母。其中，扁螺母一般用于螺栓承受剪力为主，或结构、位置要求紧凑的地方。薄螺母的作用是在放松装置中用作副螺母，起锁紧作用。厚螺母主要用于经常拆卸的连接中。槽型螺母用于振动、变载荷等松动的地方，配以开口销放松。六角法兰面螺母防松性能好，不需要再用弹簧垫圈。带嵌件的六角锁紧螺母中的嵌件在靠拧紧时攻出螺纹，所以防松性能好，弹性也好。扣紧螺母用作锁紧，与六角螺母配合使用，防止螺母回松，防松效果好。

圆螺母多为细牙螺纹，常用于直径较大的连接，这种螺母便于使用钩头扳手装拆，一般要配用圆螺母止动垫圈，常与滚动轴承配合使用。小圆螺母由于外径和厚度较小，结构紧凑，适用于两件成组使用，可进行轴向微量调整。

钢结构用高强度大六角螺母可以与相应的钢结构用高强度大六角头螺栓、垫圈配套使用，用于钢结构。

六角开槽螺母则要配以开口销机械防松，工作可靠，用于振动变载荷等处。

2.6.3　垫圈

垫圈的主要种类有圆形垫圈、异形垫圈、弹簧垫圈、锁紧垫圈，以及止动垫圈等。

圆形垫圈又可细分为平垫圈、大垫圈、小垫圈、结构钢用高强度垫圈等。这类垫圈一般用于金属零件，以增加支撑面，遮盖较大的孔眼，以及防止损伤零件表面。大垫圈多用于木制零件。高强度垫圈通常与相应的高强度螺栓、螺母配套使用。

异形垫圈又可细分为工字钢用方斜垫圈、槽钢用方斜垫圈、球面垫圈和锥面垫圈等。工字钢用方斜垫圈和槽钢垫圈主要用来将槽钢、工字钢翼缘之类倾斜面垫平，使螺母支撑面垂直于螺杆，使螺杆免受弯曲。球面垫圈和锥面垫圈配合使用，具有自动调位的作用，多用于工装。

弹簧垫圈被广泛应用于经常拆开的连接处，通过弹性及斜口摩擦来防止紧固件的松动。

锁紧垫圈在圆周上具有许多翘刺、压刺在支撑面上，能可靠地阻止紧固件松动，弹力均匀，放松效果好，不宜用于材料较软或常拆卸处。内齿用于头部尺寸较小的螺钉头下，外齿应用较多，多用于螺栓沉头和螺母下，锥形垫圈则适用于沉孔中。

止动垫圈允许螺母拧紧在任意位置加以锁紧。其中圆螺母用止动垫圈与圆螺母配合使用，主要用于滚动轴承的固定。

思考题

1. 材料的静态力学性能包括哪些主要指标？可以用什么参数对其分别进行表征？
2. 材料的动态力学性能包括哪些主要指标？可以用什么参数对其分别进行表征？
3. 某指标可以作为度量材料承载能力的一个重要指标，该指标越高，同一零件的自重越小，该指标是什么？
4. 大型游乐设施中过山车的轨道适宜采用什么材料制造？
5. 材料选用的核心问题是什么？正确选材的重要保证是什么？零件选材的基本原则是什么？
6. 失效的基本形式有哪些？最危险的失效模式是什么？
7. 大型游乐设施的结构件禁止使用沸腾钢，不宜采用哪一个等级的钢？为什么？

第3章

大型游乐设施的设计基础

大型游乐设施的设计在具有一般机械设计的共性问题的同时，也具有设计的特殊性。设计的特殊性主要体现在设计中需要考虑较高的安全系数、较高的惯性载荷、较显著的疲劳失效等问题。

3.1 ■ 基本设计规定

大型游乐设施的设计应有设计说明书、计算书、使用维护保养说明书及符合国家有关标准的全套图纸、风险评估报告、设计验证大纲等，上述资料应至少保存至游乐设施报废为止。

游乐设施及其辅助设施的设计，应计算正确、结构合理，能保证乘客安全，无法进行精确计算时，可通过实验进行确认和验证。运营使用单位或设计委托方应当以书面形式提供给设计和制造单位当地的气象、供电、地震和地质等数据。

材料的选用应根据结构的重要性、载荷特征、结构形式、应力状态、制造工艺、连接方法和工作环境等因素综合考虑。重要的机械零件所使用的金属材料，其力学性能、热处理性能、焊接性能等均应满足工况要求。

游乐设施应规定整机及其主要部件的设计使用寿命。整机设计计算寿命应不少于35000h，其中含上下客时间。例如，以每天运行12h，每年运营360天计算，整机设计计算寿命不应低于98个月，即8年零两个月。

3.1.1 大型游乐设施的常见载荷

大型游乐设施中的常见载荷包括永久载荷、活载荷、乘客的支撑和约束反力、人员活动区域均布载荷、人员活动区域水平推力、驱动力和制动力、摩擦力、惯性力、碰撞力、风载荷、雪载荷、温度载荷、地震载荷、裹冰载荷、冲击载荷，以及其他载荷。

（1）永久载荷

永久载荷是其作用点、大小和方向不随时间变化而发生变化的载荷，如大型游乐设施中的结构自重，用 G_k 表示。

（2）活载荷

活载荷是指乘客本身的载荷，用 Q_1 表示。《大型游乐设施安全规范》（GB 8408—2018）中规定：

① 乘坐成人 1 至 2 人时按不低于 750N/ 人计算，2 人以上时按不低于 700N/ 人计算。

② 儿童（身高不超过 1.2m 或 10 岁以下）按不低于 400N/ 人计算。

③ 构件计算人数按构件设计承载人数计算，如飞椅单座椅系统按不低于 750N/ 人计算，整体塔架按不低于 700N/ 人计算。

（3）乘客的支撑和约束反力

乘客的支撑和约束反力用 Q_2 表示。在支撑物设计时，应考虑乘坐物在正常运行及启动、制动和紧急状况时乘客对扶手、支撑、脚蹬及靠背等装置处施加的力。成人应不小于 500N/ 人，儿童专用的游乐设施应不小于 300N/ 人。

（4）人员活动区域均布载荷

人员活动区域均布载荷用 Q_3 表示，是作用在大型游乐设施的站台、楼梯、出入口等人员活动区域的均布活载荷，其取值规定为：

① 站台、楼梯、出入口等站人的普通区域取值为 3.5kN/m²；

② 人群密集的看台、楼梯等站人的密集区域取值为 5kN/m²；

③ 不对外开放的楼板、楼梯、出入口等站人的非开放区域取值为 1.5kN/m²；

④ 若大型游乐设施规定了在一定区域的载客人数，则该区域的均布活载荷应以载客人数的集中活载荷来进行计算。

（5）人员活动区域水平推力

人员活动区域水平推力用 Q_4 表示，是作用在大型游乐设施的栅栏、扶手、墙板等及其他类似地方水平方向的推力，其取值规定如下：

① 在人员不密集区域内，作用点在栅栏等的高点处时，取值为 0.5kN/m；

② 在人员不密集区域内，作用点在栅栏等的一半高度处，取值为 0.1kN/m；

③ 在人员密集区域内，作用点在栅栏等的高点处时，取值为 1kN/m；

④ 在人员密集区域内，作用点在栅栏等的一半高度处，取值为 0.15kN/m；

⑤ 在非开放区域内，作用点在栅栏等的高点处时，取值为 0.3kN/m；

⑥ 在非开放区域内，作用点在栅栏等的一半高度处，取值为 0.1kN/m。

（6）驱动力和制动力

驱动力和制动力是用来驱动乘坐物运动或使其强行停止（减速）运动的力，用 Q_5 表示。

驱动力或制动力是被驱动部件的质量与活载荷总质量的和乘以启动或制动时的最大加速度而得到的，如式（3-1）所列。

$$Q_5=(m_1+m_2)a \tag{3-1}$$

式中，m_1 为被驱动部件的质量，kg；m_2 为活载荷的总质量，kg；a 为启动或制动最大加速，m/s²。

（7）摩擦力

摩擦力是相对运动物体之间在接触面上，由于摩擦产生的力，用 Q_6 表示。摩擦力如式（3-2）所列。

$$Q_6=\mu p \tag{3-2}$$

式中，μ 为摩擦系数；p 为施加在摩擦面上的正压力，N。

（8）惯性力

惯性力是由于运动速度的变化（数值和方向）而产生的力，应按照满载进行计算，用 Q_7 表示。惯性力如式（3-3）所列。

$$Q_7=ma \tag{3-3}$$

式中，m 为承受加速度的运动部件及活载荷的质量，kg；a 为加速度，m/s^2。

（9）碰撞力

碰撞力是在运动过程中发生碰撞的力，一般只验算直接发生碰撞的零件，且假设发生在最不利位置，且任何情况下碰撞力不应小于 0.3mg。应按照满载进行计算，碰撞力用 Q_8 表示，如式（3-4）所列。

$$Q_8=mg\sin\alpha \tag{3-4}$$

式中，m 为承受碰撞部件及载荷的质量，kg；g 为自由落体加速度，m/s^2；α 为碰撞角，（°）。

（10）风载荷

风载荷分为正常使用工况载荷和极限工况载荷。大型游乐设施的设计应按照最大允许风速 15m/s 来计算正常使用工况下的风载荷。对于在室内使用的游乐设施，可不计算风载荷。

在静止状态下（极限工况）应能承受当地气象数据提供的风载荷，风载荷用 Q_9 表示。风载荷的取值及计算法方法按照《建筑结构荷载规范》（GB 50009—2012）的规定执行。

垂直于建筑物表面上的风载荷标准值，应按照下列规定确定：

① 计算主要受力结构时，按照式（3-5）计算

$$w_k=\beta_z\mu_s\mu_z w_0 \tag{3-5}$$

式中　w_k——风载荷标准值，kN/m^2；

β_z——高度 z 处的风振系数；

μ_s——风载荷体型系数；

μ_z——风压高度变化系数；

w_0——基本风压，kN/m^2。

② 在计算护围结构时，按照式（3-6）计算

$$w_k=\beta_{gz}\mu_{sl}\mu_z w_0 \tag{3-6}$$

式中　β_{gz}——高度 z 处的阵风系数；

μ_{sl}——风载荷局部体型系数。

基本风压应按照《建筑结构荷载规范》（GB 50009—2012）中的方法确定，取 50 年重现期的风压，且不得小于 0.3kN/m^2。对于高层建筑、高耸结构以及对风载荷比较敏感的其他结构，基本风压的取值应适当提高，并应符合有关结构设计规范的规定。我国各城市的基本风压值可查阅该规范。如果在使用中，城市或建设地点的基本风压值在附录中未给定时，可根据基本风压的定义和当地年最大风速资料，通过统计分析确定，分析时应考虑样本数量影响。当地没有风速资料时，可根据附近地区规定的基本风压或长期资料，通过气象和地形条件的对比分析确定，也可按照全国风压分布图近似确定。

风压高度变化系数、风载荷体型系数、风振系数、阵风系数等都可按照规范查取或计算取值。

（11）雪载荷

大型游乐设施的设计，在静止状态下应能承受雪载荷，积雪厚度不超过 80mm 时，施

加在游乐设施总体表面上的雪载荷，按照 0.2kN/m² 的雪压进行计算。积雪厚度超过 80mm 时，其载荷计算方法按照《建筑结构荷载规范》（GB 50009—2012）的规定执行。雪载荷用 Q_{10} 表示。在无雪地区运行或者有防止积雪措施时，可不考虑雪载荷的影响。

按照规范获取雪载荷时，屋面水平投影面上的雪荷载标准用式（3-7）计算。

$$S_k = \mu_r S_0 \tag{3-7}$$

式中　S_k——雪载荷标准值，kN/m²；

　　　μ_r——屋面积雪分布系数；

　　　S_0——基本雪压。

基本雪压应采用按规范中规定的方法确定的 50 年重现期的雪压，对雪敏感的结构，应采用 100 年重现期的雪压。全国各城市的基本雪压值应按规范中重现期 R 为 50 年的值采用。当城市或建设地点的基本雪压值在规范中没有给出时，基本雪压值应按规范中规定的方法，根据当地年最大雪压或雪深资料，按基本雪压定义，通过统计分析确定，分析时应考虑样本数量的影响。当地没有雪压和雪深资料时，可根据附近地区规定的基本雪压或长期资料，通过气象和地形条件的对比分析确定；也可比照规范中全国基本雪压分布图近似确定。

山区的雪荷载应通过实际调查后确定。当无实测资料时，可按当地邻近空旷平坦地面的雪荷载值乘以系数 1.2 采用。

（12）温度载荷

温度载荷的取值和计算按照《建筑结构荷载规范》（GB 50009—2012）的规定执行。温度载荷用 Q_{11} 表示。

温度作用应考虑气温变化、太阳辐射及使用热源等因素，作用在结构或构件上的温度作用应采用其温度的变化来表示。计算结构或构件的温度作用效应时，应采用材料的线胀系数 α_T。常用材料的线胀系数可按表 3.1 采用。

表 3.1　常用材料的线胀系数

材料	线胀系数 α_T（×10⁻⁶/℃）	材料	线胀系数 α_T（×10⁻⁶/℃）
轻骨料混凝土	7	钢、锻铁、铸铁	12
普通混凝土	10	不锈钢	16
砌体	6～10	铝、铝合金	24

均匀温度作用的标准值应按照下列规定确定：

① 对结构最大温升的工况，均匀温度作用标准按照式（3-8）计算。

$$\Delta T_k = T_{s,\,max} - T_{0,\,min} \tag{3-8}$$

式中　T_k——均匀温度作用标准值，℃；

　　　$T_{s,\,max}$——结构最高平均温度，℃；

　　　$T_{0,\,min}$——结构最低初始平均温度，℃。

② 对结构最大温降的工况，均匀温度作用标准值按照式（3-9）计算。

$$\Delta T_k = T_{s,\,min} - T_{0,\,max} \tag{3-9}$$

式中　$T_{s,\,min}$——结构最低平均温度，℃；

　　　$T_{0,\,max}$——结构最高初始平均温度，℃。

结构的最高平均温度和最低平均温度宜分别根据基本气温最大值和最小值按热工学的原理确定。对于有围护的室内结构，结构平均温度应考虑室内外温差的影响。对于暴露于室外的结构，结构平均温度应考虑室内外温差大的影响。对于暴露于室外的结构或施工期间的结构，宜依据结构的朝向和表面吸热性质考虑太阳辐射的影响。

结构的最高初始平均温度和最低初始平均温度应根据结构的合拢或形成约束的时间确定，或根据施工时结构可能出现的温度按不利情况确定。

（13）地震载荷

大型、高耸结构和建筑物上的游乐设施，设计时应考虑地震引起的载荷，用 T 表示。计算方法按照《建筑抗震设计规范》（GB 50011—2010）的规定执行。

建筑所在地区遭受的地震影响，应采用相应于抗震设防烈度的设计基本地震加速度和特征周期表征。抗震设防烈度和设计基本地震加速度的对应关系，应符合表 3.2 的规定。

表 3.2　抗震设防烈度和设计基本地震加速度的对应关系

抗震设防烈度 / 度	6	7	8	9
设计基本地震加速度	0.05g	0.10（0.15）g	0.20（0.30）g	0.40g

设计基本地震加速度为 0.15g 和 0.30g 地区内的建筑，一般情况下，应分别按照抗震设防烈度 7 度和 8 度的要求进行抗震设计。

地震影响的特征周期应根据建筑所在地的设计地震分组和场地类别确定。按照《建筑抗震设计规范》（GB 50011—2010），设计地震共分为三组。

在结构的抗震计算中，对高度不超过 40m、以剪切变形为主且质量和刚度沿高度分布比较均匀的结构，以及近似于单质点体系的结构，可采用底部剪力法等简化方法，其他结构宜采用振型分解反应谱法。对特别不规则的建筑、甲类建筑和满足表 3.3 所列高度范围的高层建筑，应采用时程分析法进行多遇地震下的补充计算；当取三组加速度时程曲线输入时，计算结果选取时程法的包络值和振型分解反应谱法的较大值；当取七组及七组以上的时程曲线时，计算结果可取时程法的平均值和振型分解反应谱法的较大值。

采用时程分析法时，应按建筑场地类别和设计地震分组选用实际强震记录和人工模拟的加速度时程曲线，其中实际强震记录的数量不应少于总数的 2/3，多组时程曲线的平均地震影响系数曲线应与振型分解反应谱法所采用的地震影响系数曲线在统计意义上相符，其加速度时程的最大值可按表 3.4 采用。弹性时程分析时，每条时程曲线计算所得结构底部剪力不应小于振型分解反应谱法计算结果的 65%，多条时程曲线计算所得结构底部剪力的平均值不应小于振型分解反应谱法计算结果的 80%。

表 3.3　采用时程分析的房屋高度范围

烈度、场地类别	房屋高度范围 /m
8 度 I、II 类场地和 7 度	> 100
8 度 III、IV 类场地	> 80
9 度	> 60

表 3.4　时程分析所用地震加速度时程的最大值　　　　单位：cm/s²

地震影响	6 度	7 度	8 度	9 度
多遇地震	18	35（55）	70（110）	140
罕遇地震	125	220（310）	400（510）	620

（14）裹冰载荷

对于高度超过 40m，且安装在室外的游乐设施，结构件上有产生裹冰的可能时，应进行裹冰载荷计算，用 Q_{12} 表示。计算方法按照《高耸结构设计规范》（GB 50135—2019）的规定执行。

基本覆冰厚度应根据当地离地 10m 高度处的观测资料，取统计 50 年一遇的最大覆冰厚度为标准。当无观测资料时，应通过实地调查确定，或按下列经验数值分析采用：

① 重覆冰区：大凉山、川东北、川滇、秦岭、湘黔、闽赣等地区，基本覆冰厚度可取 10 ~ 30mm。

② 轻覆冰区：东北（部分）、华北（部分）、淮河流域等地区，基本覆冰厚度可取 5 ~ 10mm。

③ 覆冰气象条件按照规范要求同时风压为 0.15kN/m²，同时气温为 -5℃。

覆冰还会受地形和局部气候的影响，因此轻覆冰区内可能出现个别地点的重覆冰或无覆冰的情况；同样，重覆冰区内也可能出现个别地点的轻覆冰或超覆冰的情况。

管线及结构构件上的覆冰荷载的计算应符合下列规定：

① 圆截面的构件、拉绳、缆索、架空线等每单位长度上的覆冰荷载可按式（3-10）计算：

$$q_1 = \pi b \alpha_1 \alpha_2 (d + b \alpha_1 \alpha_2) \gamma \times 10^{-6} \quad (3-10)$$

式中　q_1——单位长度上的覆冰荷载，kN/m；

　　　b——基本覆冰厚度，mm；

　　　d——圆截面构件、拉绳、缆索、架空线的直径；

　　　α_1——与构件直径有关的覆冰厚度修正系数（表 3.5）；

　　　α_2——覆冰厚度的高度递增系数（表 3.6）；

　　　γ——覆冰重度，一般取 9kN/m³。

表 3.5　与构件直径有关的覆冰厚度修正系数 α_1

直径 /mm	5	10	20	30	40	50	60	70
α_1	1.1	1.0	0.9	0.8	0.75	0.7	0.63	0.6

表 3.6　覆冰厚度的高度递增系数 α_2

离地面高度 /m	10	50	100	150	200	250	300	> 300
α_2	1.0	1.6	2.0	2.2	2.4	2.6	2.7	2.8

② 非圆截面的其他构件每单位表面面积上的覆冰荷载 q_a（kN/m²）可按照式（3-11）计算

$$q_a = 0.6 b \alpha_2 \gamma \times 10^{-3} \quad (3-11)$$

式中　q_a——单位面积上的覆冰荷载，kN/m²。

（15）冲击载荷

大型游乐设施在运动过程中有可能出现冲击，从而产生冲击载荷（如滑行车类中，可能来自轨道连接处或磨损后轨道形成的凹坑），则运动部件受到的载荷（永久载荷和活载荷及所承受的惯性力）应乘以不小于 k_1=1.2 的冲击系数。对于速度低于 2m/s 的游乐设施，可不计算冲击载荷。

如果该运动部件在实际运行过程中会有更大的冲击力，而且也不能将冲击力降到设计要求范围内，那么就需要相应地提高冲击系数来进行修改计算。

在轨道上运行的游乐设施，当运行速度超过 20km/h 时，运行时轨道结构受到的载荷应乘以振动系数（不小于 k_2=1.2）。在轨道结构的支撑件或悬挂件上（如轨道的主支撑管、立

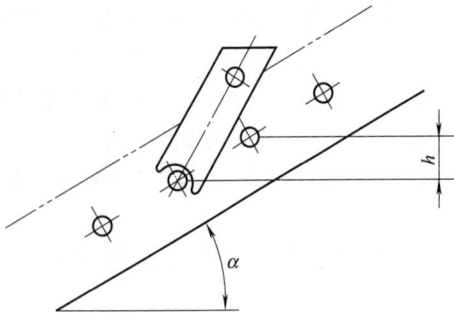

图 3.1 止逆装置向后行驶最大垂直高度

柱等），地面压力和地基沉降三种情况下可不考虑振动。

采用如图 3.1 所示的防倒车进行止逆的装置，设计时应考虑冲击系数。如果不进行其他精确计算，则该冲击系数的取值至少为向后行驶最大垂直高度（h，以 cm 为计量单位的数值，无量纲）的一半，并且不小于 2.0。

（16）其他载荷

大型游乐设施中除了上述常见的载荷外，在必要情况下还需要考虑但不限于以下载荷，即空气阻力、流体阻力，以及安装到游乐设施上的装饰件产生的附加力等。

3.1.2 工况分析和载荷组合

大型游乐设施的工况包括正常运行工况、非正常运行工况和极限状态工况。正常运行工况可参考游乐设施在设计的使用条件下所可能出现的设备空载、偏载以及满载等不同情况。非正常运行工况可参考游乐设施急停、应急救援、维护保养等不同情况。极限状态工况可参考游乐设施在极限风速、地震等当地极限条件下的不同情况。

在工况分析时，应对游乐设施进行运动学和动力学分析，以获取运行速度、加速度、受力和运行姿态等数据。

工况分析应至少考虑的情况包括：

① 设备运行的不同阶段，如上下客、正常运行、制动状态、维护保养等；

② 载荷的不同分布情况，如满载、偏载等；

③ 设备的不同姿态；

④ 可能出现的非正常运行和极限状态工况等。

在工况分析中需要对游乐设施的相关载荷进行组合。根据不同设备和工况分析，将游乐设施结构中所承受的永久载荷与其他载荷等组合成一个计算载荷，分别进行分析计算。

设备正常运行时，零部件强度、刚度和疲劳计算等应考虑下列载荷的组合。

在计算运动部件时，按照式（3-12）进行载荷组合。

$$P_1 = \sum k_1(G_{k1} + Q_1 + Q_7) + Q_2 + Q_5 + Q_6 + Q_8 + Q_9 \qquad (3\text{-}12)$$

在计算静止部件时，按照式（3-13）进行载荷组合。

$$P_1 = \sum k_1(G_{k1} + Q_1 + Q_7) + G_{k2} + Q_2 + Q_5 + Q_6 + Q_8 + Q_9 \qquad (3\text{-}13)$$

在计算轨道结构时，按照式（3-14）进行载荷组合。

$$P_1 = \sum k_1 k_2 (G_{k1} + Q_1 + Q_7) + G_{k3} + Q_2 + Q_5 + Q_6 + Q_8 + Q_9 \qquad (3\text{-}14)$$

在式（3-12）至式（3-14）中，P_1 为组合后的载荷；G_{k1} 为运动部件的永久载荷；G_{k2} 为静止部件的永久载荷；G_{k3} 为立柱重量；Q_1 为活载荷；Q_2 为乘客的支撑和约束反力；Q_5 为驱动力和制动力；Q_6 为摩擦力；Q_7 为惯性力；Q_8 为碰撞力；Q_9 为风载荷（取风速 ≤ 15m/s）；k_1 为冲击系数；k_2 为振动系数。

应根据非正常运行工况和极限状态工况等具体情况来进行载荷组合，不应使结构产生破坏和永久变形。

3.2 ▪ 速度和加速度

为了保护乘坐大型娱乐设施人员的安全，需要考虑人体对极限速度和加速度的承受能力。过大的加速度会导致人体血液转移、血压变化，心脏和大血管移位变形，产生加速度性意识丧失，也称为"加速度性晕厥"，同时，器官移位而受到牵拉和挤压，除引起疼痛不适外，还可直接影响其正常的功能活动。因此，在大型游乐设施的设计中需要对速度和加速度设置限值，保证乘坐人员在获得充分感官刺激的同时又不会产生极度不适感。

3.2.1 速度允许值

在运行中允许上下乘客的游乐设施，其相对允许速度应不大于 0.3m/s，如索道、缆车等。

小火车类等游乐设施，速度允许值如表 3.7 所示。

表 3.7　游乐设施速度允许值

序号	名称	运行特点	运行速度 /（km/h）	举例
1	小火车类	沿地面轨道运行	≤ 10	儿童小火车
2	碰碰车类	在固定场地上运行碰撞	≤ 10	碰碰车
3	赛车类	在地面规定路线上运行	≤ 20	小赛车
4	滑道	在槽内或轨道上运行	≤ 40	旱地滑道

3.2.2 加速度允许值

为使乘客不受到伤害，游乐设施乘客的加速度应限制在一定的范围内。图 3.2 给出了人体空间坐标系，计算或测量加速度的参考点一般应选取座席上方 600mm 处（或成人心脏大概位置），持续时间小于或等于 0.2s 的加速度为冲击加速度，持续时间大于 0.2s 的加速度为稳态加速度。

身体的前后方向构成 X 轴线。$+X$ 方向的最大加速度不超过 $6g$，$-X$ 方向的加速度最大不超过 $3.5g$。

身体的侧向构成 Y 轴线。Y 方向的加速度应符合图 3.3 的规定。

图 3.3 中，阴影部分为允许的加速度数值。横坐标 Δt 是加速度持续时间（s），纵坐标是重力加速度 g 的倍数值。1 为频率 10Hz 以上的区域，大于 4s 的加速度区域尚未有明确数据，需要进一步测试。

身体的高度方向构成 Z 轴线。垂直加速度应符合图 3.4 的规定。

图 3.2　人体空间坐标系

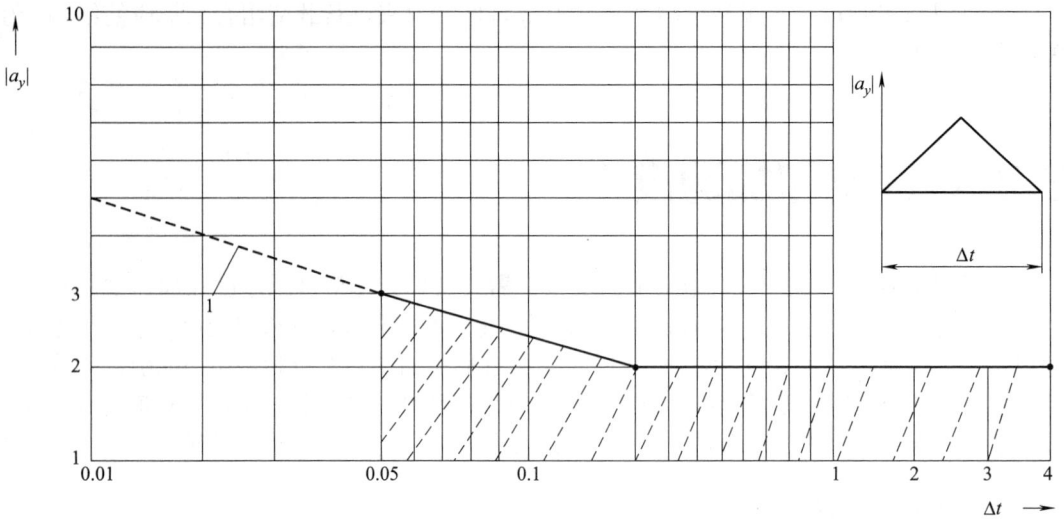

图 3.3　与持续时间有关的 Y 方向允许加速度

在图 3.4 中，阴影部分为允许的加速度。在图中，0.3s 所允许的加速度极限值是 $-1.7g$ 和 $+6.0g$。在有冲击载荷时，上述值应降低 10%。

当同时存在侧向加速度 a_y 和垂直加速度 a_z 时，还应满足图 3.5 的比值 $a_y/[a_y]$ 和 $a_z/[a_z]$。其中，a_y 是侧向实际加速度，a_z 是垂直实际加速度，$[a_y]$ 是侧向加速度允许值，$[a_z]$ 是垂直加速度允许值。图中画斜线的阴影区域为允许的区域。

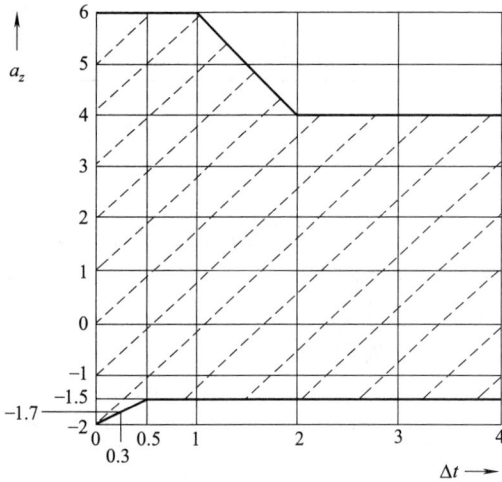

图 3.4　与持续时间有关的 Z 方向允许加速度

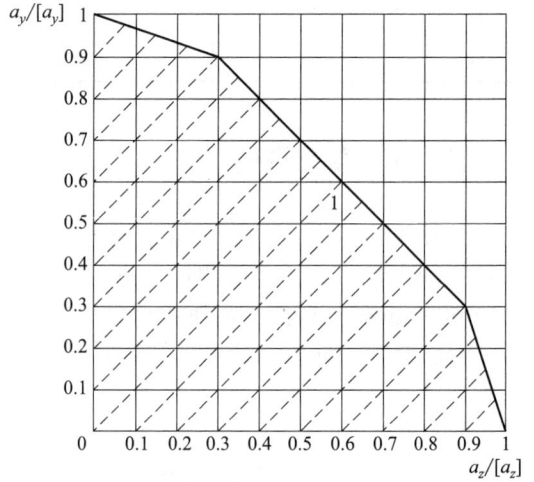

图 3.5　加速度 a_y 和 a_z 的组合

a_y 和 a_z 是在 0.3s 时间内承受的最大加速度值，也就是在 0.3s 时间差内出现的最大值，需要进行合成。图 3.6 给出了组合允许加速度值 a_y 和 a_z。

在图 3.6 中，三条折线分别表示当 a_y 和 a_z 同时存在时，在持续时间为 0.05s、0.1s 和 ≥ 0.2s 三种情况时，最大允许的加速度值。例如，当加速度持续时间为 0.05s 时，当 a_z 数值为 $1.8g$ 时，最大允许的 a_y 数值为 $2.7g$。

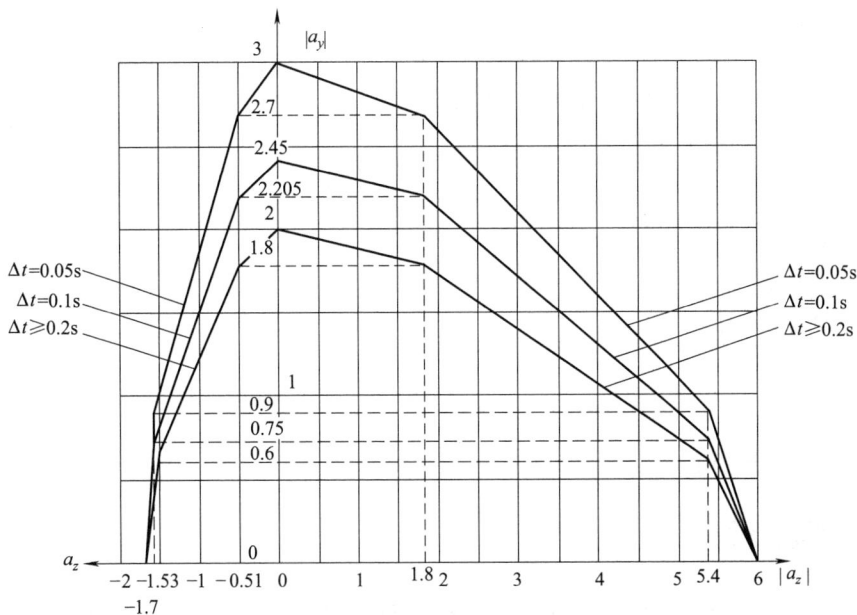

图 3.6　加速度 a_y 和 a_z 组合允许值（g）

3.3 ▪ 设计计算

大型游乐设施的设计计算包括刚度计算、静强度计算、疲劳强度计算、稳定性计算、防止倾覆计算、防止侧滑计算等。应根据具体结构和工况进行选择。

3.3.1　刚度计算

对游乐设施有变形要求的某些零件，应进行刚度计算，刚度计算包括弯曲刚度计算和扭转刚度计算。

零件在载荷作用下产生的弹性变形量 y（可广义代表任何形式的弹性变形量），小于或等于机器工作性能所允许的极限值 $[y]$（即许用变形量），就称为满足了刚度要求或符合了刚度设计准则。

在工程中，对弹性变形主要考虑由扭转变形引起的弹性变形和由弯曲引起的弹性变形。

在圆轴扭转时，根据使用条件，对其刚度要求是圆周的单位扭转角不能超过许用值。刚度条件可以表达为

$$\theta = \frac{M_n}{GI_p} \times \frac{180}{\pi} \leqslant [\theta] \tag{3-15}$$

式中　θ——单位扭转角；

　　　M_n——施加的扭矩；

　　　GI_p——抗扭刚度。

弯曲弹性变形可以通过挠度和转角来评价。梁的横截面形心沿竖直方向的位移 w 称为

挠度。变形后的轴线称为挠曲线。梁横截面对其原来位置转过的角度 θ 称为转角。在工程问题中，梁的转角一般很小，挠曲线是一条非常平坦的曲线，其刚度条件为挠度或转角不能超过许用值，可按照式（3-16）和式（3-17）计算。

$$\frac{f}{l} \leqslant \left[\frac{f}{l}\right] \text{ 或 } f \leqslant [f] \qquad (3\text{-}16)$$

式中　f——挠度；

　　　l——长度；

　　　$[f]$——挠度许用值。

$$\theta_{max} \leqslant [\theta] \qquad (3\text{-}17)$$

式中　θ——转角值；

　　　$[\theta]$——转角许用值。

3.3.2　静强度计算

采用 Q345 钢、20 钢、45 钢、40Cr、Q390 钢的结构的静强度计算可按照《大型游乐设施安全规范》（GB 8408—2018）中所列的极限状态设计法执行。

静强度计算是对有静强度要求的零部件及焊缝进行静应力分析，材料极限应力与其承受的最大应力的比值称为安全系数，得出的安全系数应不小于需用安全系数，如式（3-18）所列。

$$n = \frac{\sigma_b}{\sigma_{max}} \geqslant [n] \qquad (3\text{-}18)$$

式中　σ_b——材料的极限应力，MPa；

　　　σ_{max}——设计计算最大应力，MPa；

　　　$[n]$——许用安全系数。

许用安全系数应满足表 3.8 的要求。

表 3.8　许用安全系数 [n]

名称	[n]	备注
重要的轴、销轴	≥5	重要的销轴是指直接涉及人身和设备安全的轴和销轴，如：游乐设施主轴、中心轴、乘坐物支撑轴或吊挂轴、车轮轴、升降气缸（油缸）上下销轴、乘坐物升降臂上下销轴、肩式压杆轴、车辆连接器轴、防逆行或防倾覆装置的销轴等
Ⅰ级和Ⅱ级焊缝		Ⅰ级和Ⅱ级焊缝是直接涉及人身安全，失效后后果严重的焊缝
一般构件（非脆性材料）	≥3.5	一般构件包括运动部件（除重要的传动轴外），不直接涉及人身安全的轴、支撑臂、立柱、框架、桁架、轨道等构件
一般构件（脆性材料）	≥8	

3.3.3　疲劳强度计算

钢结构的构件及其连接的疲劳计算按照《钢结构设计规范》（GB 50017—2017）的要求进行。游乐设施的Ⅰ级、Ⅱ级焊缝应进行疲劳强度校核，对应力循环中不出现拉应力的部位不计算疲劳强度。

对常幅（所有应力循环内的应力幅保持常量）疲劳，按照式（3-19）计算。

$$\Delta\sigma \leqslant [\Delta\sigma] \qquad (3\text{-}19)$$

式中　$\Delta\sigma$——对焊接部位为应力幅，$\Delta\sigma = \sigma_{max} - \sigma_{min}$；对非焊接部位为折算应力 $\Delta\sigma = \sigma_{max} - 0.7\sigma_{min}$；

　　　σ_{max}——计算部位每次应力循环中的最大拉应力（取正值）；

　　　σ_{min}——计算部位每次应力循环中的最小拉应力或压应力（拉应力取正值，压应力取负值）；

　　　$[\Delta\sigma]$——常幅疲劳的容许应力幅（N/mm^2），可按照式（3-20）计算

$$[\Delta\sigma] = \left(\frac{C}{n}\right)^{1/\beta} \qquad (3\text{-}20)$$

式中　n——应力循环次数；

　　　C，β——与构件及其连接类别相关的参数，见表 3.9。

表 3.9　参数 C、β 的取值

构件和连接类别	1	2	3	4	5	6	7	8
$C(\times 10^{12})$	1940	861	3.26	2.18	1.47	0.96	0.65	0.41
β	4	4	3	3	3	3	3	3

表 3.9 中的构件及其连接类型参照表 3.10 确定。

表 3.10　疲劳计算的构件和连接类型

序号	简图	说明	类别
1		无连接处的主体金属 （1）轧制型钢 （2）钢板 a. 两边为轧制边或刨边 b. 两侧为自动、半自动切割边（切削质量标准应符合现行国家标准《钢结构工程施工质量验收规范》GB 50205）	1 1 2
2		横向对接焊缝附近的主体金属 （1）符合现行国家标准《钢结构工程施工质量验收规范》GB 50205 的一级焊缝 （2）经加工、磨平的一级焊缝	3 2
3		不同厚度（或宽度）横向对接焊缝附近的主体金属，焊缝加工成平滑过渡并符合一级焊缝标准	2
4		纵向对接焊缝附近的主体金属，焊缝符合二级焊缝标准	2

序号	简图	说明	类别
5		翼缘连接焊缝附近的主体金属 （1）翼缘板与腹板的连接焊缝 a. 自动焊，二级 T 形对接和角接组合焊缝 b. 自动焊，角焊缝，外观质量标准符合二级 c. 手工焊，角焊缝，外观质量标准符合二级 （2）双层翼缘板之间的连接焊缝 a. 自动焊，角焊缝，外观质量标准符合二级 b. 手工焊，角焊缝，外观质量标准符合二级	2 3 4 3 4
6		横向加劲肋端部附近的主体金属 （1）肋端不断弧（采用回焊） （2）肋端断弧	4 5
7		梯形节点板用对接焊缝焊于梁翼缘、腹板以及桁架构件处的主体金属，过渡处在焊后铲平、磨光、圆滑过渡，不得有焊接起弧、灭弧缺陷	5
8		矩形节点板焊接于构件翼缘或腹板处的主体金属，$l \geq 150mm$	7
9		翼缘板中断处的主体金属（板端有正面焊缝）	7
10		向正面角焊缝过渡处的主体金属	6
11		两侧面角焊缝连接端部的主体金属	8

续表

序号	简图	说明	类别
12		三面围焊的角焊缝端部主体金属	7
13		三面围焊或两侧面角焊缝连接的节点板主体金属 （节点板计算宽度按应力扩散角等于 30° 考虑）	7
14		K 形坡口 T 形对接与角接组合焊缝处的主体金属，两板轴线偏离小于 0.15t，焊缝为二级，焊趾角不超过 45°	5
15		十字接头角焊缝处的主体金属，两板轴线偏离小于 0.15t	7
16	角焊缝	按有效截面确定剪应力幅计算	8
17		铆钉连接处的主体金属	3
18		连接螺栓和虚孔处的主体金属	3
19		高强度螺栓摩擦型连接处的主体金属	2

对变幅（应力循环内的应力幅随机变化）疲劳，若能预测结构在使用寿命期间各种荷载的频率分布、应力幅水平以及频次分布总和所构成的设计应力谱，则可将其折算为等效常幅疲劳，按照式（3-21）计算。

$$\Delta\sigma_e \leqslant [\Delta\sigma] \tag{3-21}$$

式中　$\Delta\sigma_e$——变幅疲劳的等效应力幅，可按照式（3-22）计算

$$\Delta\sigma_e = \left[\frac{\sum n_t(\Delta\sigma_t)^\beta}{\sum n_t}\right]^{1,\beta} \quad (3-22)$$

式中　$\sum n_t$——以应力循环次数表示对结构的预期使用寿命；

　　　　n_t——预期寿命内应力幅水平达到 $\Delta\sigma_t$ 的应力循环次数；

　　　　β——支管与主管外径之比。

对于重级工作制吊车梁和重级、中级工作制吊车桁架（在大型游乐设施中，一些游乐设施的梁和桁架工作情况类似于吊车梁和桁架）的疲劳可作为常幅疲劳，按式（3-23）计算。

$$\alpha_t\Delta\sigma \leqslant [\Delta\sigma]_{2\times10^6} \quad (3-23)$$

式中　α_t——欠载效应的等效系数，按照表 3.11 取值；

$[\Delta\sigma]_{2\times10^6}$——循环次数 n 为 2×10^6 的容许应力幅，按照表 3.12 取值。

表 3.11　吊车梁和吊车桁架的欠载效应的等效系数

吊车类别	α_i
重级工作制硬钩吊车（如均热炉车间夹钳吊车）	1.0
重级工作制软钩吊车	0.8
中级工作制吊车	0.5

表 3.12　循环次数 n 为 2×10^6 的容许应力幅

构件和连接类别	1	2	3	4	5	6	7	8
$[\Delta\sigma]_{2\times10^6}$	176	144	118	103	90	78	69	59

轴的许用疲劳强度安全系数应满足表 3.13 的要求。

表 3.13　轴的许用疲劳强度安全系数

零部件	$[n_{-1}]$（对称循环）	$[n_0]$（脉动循环）
材料较均匀，载荷及应力计算较精确	≥ 1.3	≥ 1.73
材料不够均匀，载荷及应力计算精度较差	≥ 1.5～1.8	≥ 2.0～2.4
材料均匀度很差，计算精度很差	≥ 1.8～2.5	≥ 2.4～3.3

当循环载荷的最大计算应力小于材料的疲劳极限时，零部件为无限寿命；当循环载荷的最大计算应力大于材料的疲劳极限时，用疲劳载荷谱来计算零部件的使用寿命。

对不能设计为可拆卸结构的部件，其设计使用期限不能低于整机设计使用期限。

3.3.4　稳定性计算

为了防止结构失稳，需要对细长、薄壁结构件进行整体和局部稳定性计算。其中细长构件的稳定性计算也应符合《钢结构设计规范》（GB 50017—2017）中的相关规定。板件和壳体的稳定性计算应符合《起重机设计规范》（GB/T 3811—2008）的要求。

3.3.4.1　轴心受力构件的稳定性

实腹式轴心受压构件的稳定性按照式（3-24）进行计算。

$$\frac{N}{\varphi A} \leqslant f \tag{3-24}$$

式中　φ——轴心受压构件的稳定系数（取截面两主轴稳定系数的较小值），应根据构件的长细比、钢材屈服强度和表 3.14 和表 3.15 的截面分类按附录采用。

表 3.14　轴心受压构件的截面分类（板厚 $t < 40\text{mm}$）

截面形式	对 x 轴	对 y 轴
 轧制	a 类	a 类
 轧制，$b/h \leqslant 0.8$	a 类	b 类
 轧制，$b/h > 0.8$　　焊接，翼缘为焰切边　　焊接 轧制　　　　轧制等边角钢	b 类	b 类
 轧制，焊接(板件宽厚比>20)　　轧制或焊接 焊接　　　轧制截面和翼缘为焰切边的焊接截面 格构式　　　焊接，板件边缘焰切		

截面形式		对 x 轴	对 y 轴
焊接，翼缘为轧制或剪切边		b 类	c 类
焊接，板件边缘轧制或剪切	焊接，板件宽厚比≤20	c 类	c 类

表 3.15　轴心受压构件的截面分类（板厚 $t \geqslant 40\text{mm}$）

截面形式		对 x 轴	对 y 轴
轧制工字形或H形截面	$t < 80\text{mm}$	b 类	c 类
	$t \geqslant 80\text{mm}$	c 类	d 类
焊接工字形截面	翼缘为焰切边	b 类	b 类
	翼缘为轧制或剪切边	c 类	d 类
焊接矩形截面	板件宽厚比 > 20	b 类	b 类
	板件宽厚比≤ 20	c 类	c 类

构件长细比 λ 应按照下列规定确定：

① 截面为双轴对称或极对称的构件

$$\lambda_x = l_{0x}/i_x \quad \lambda_y = l_{0y}/i_y \tag{3-25}$$

式中　l_{0x}，l_{0y}——构件对主轴 x 和 y 的计算长度；

i_x，i_y——构件截面对主轴 x 和 y 的回转半径。

对双轴对称十字形截面构件，λ_x 或 λ_y 取值不得小于 $5.07b/t$（其中 b/t 为悬伸板件宽厚比）。

② 截面为单轴对称的构件，绕非对称轴的长细比 λ_x 仍按式（3-25）计算，但绕对称轴应取计及扭转效应的下列换算长细比代替 λ_y

$$\lambda_{yz} = \frac{1}{\sqrt{2}} \left[(\lambda_y^2 + \lambda_x^2) + \sqrt{(\lambda_y^2 + \lambda_x^2)^2 - 4(1 - e_0^2/i_0^2)\lambda_y^2 \lambda_x^2} \right]^{\frac{1}{2}} \tag{3-26}$$

$$\lambda_x^2 = i_0^2 A / (I_t / 25.7 + I_{tw} / l_w^2) \tag{3-27}$$

$$i_0^2 = e_0^2 + i_x^2 + i_y^2 \tag{3-28}$$

式中　e_0——截面形心至剪心的距离；

$\quad\quad i_0$——截面对剪心的极回转半径；

$\quad\quad \lambda_x$——构件对对称轴的长细比；

$\quad\quad \lambda_y$——扭转屈曲的换算长细比；

$\quad\quad I_t$——毛截面抗扭惯性矩；

$\quad\quad I_{tw}$——毛截面扇性惯性矩，对 T 形截面（轧制、双板焊接、双角钢组合）、十字形截面和角形截面可近似取 $I_{tw}=0$；

$\quad\quad A$——毛截面面积；

$\quad\quad l_w$——扭转屈曲的计算长度，对两端铰接端部截面可自由翘曲或两端嵌固端部截面的翘曲完全受到约束的构件，取 $l_w=l_{0y}$。

③ 单角钢截面和双角钢组合 T 形截面绕对称轴的 λ_{ya} 可采用下列简化方法确定：

a. 等边单角钢截面 [图 3.7 (a)]。

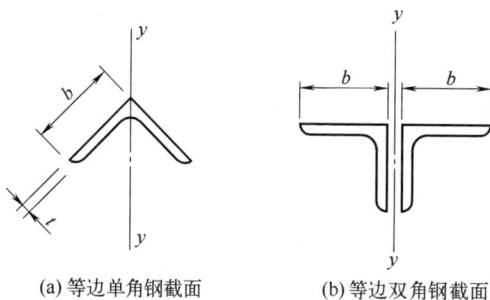

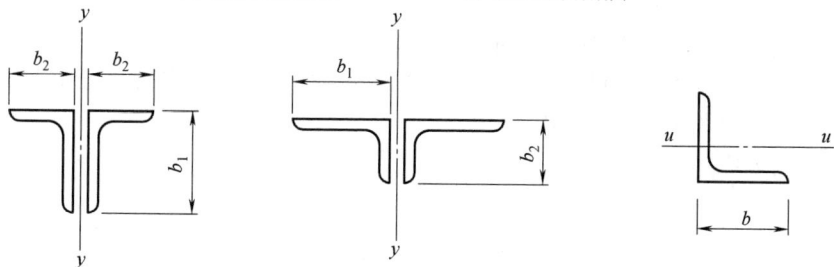

(a) 等边单角钢截面　　　　(b) 等边双角钢截面

(c) 长肢相并的不等边双角钢截面　　(d) 短肢相并的不等边双角钢截面　　(e) 等边单角钢绕平行轴稳定

图 3.7　单角钢截面和双角钢组合 T 形截面

图中，b 为等边角钢肢宽度，b_1 为不等边角钢长肢宽度，b_2 为不等边角钢短肢宽度。

当 $b/t \leqslant 0.54 l_{0y}/b$ 时

$$\lambda_{yz} = \lambda_y \left(1 + \frac{0.85 b^4}{l_{0y}^2 t^2} \right) \tag{3-29}$$

当 $b/t > 0.54 l_{0y}/b$ 时

$$\lambda_{yz} = 4.78 \frac{b}{t} \left(1 + \frac{l_{0y}^2 t^2}{13.5 b^4} \right) \tag{3-30}$$

式中，b 为角钢肢的宽度；t 为角钢肢的厚度

b. 等边双角钢截面 [图 3.7（b）]。

当 $b/t \leqslant 0.58 l_{0y}/b$ 时

$$\lambda_{yz} = \lambda_y \left(1 + \frac{0.475 b^4}{l_{0y}^2 t^2} \right) \qquad (3\text{-}31)$$

当 $b/t > 0.58 l_{0y}/b$ 时

$$\lambda_{yz} = 3.9 \frac{b}{t} \left(1 + \frac{l_{0y}^2 t^2}{18.6 b^4} \right) \qquad (3\text{-}32)$$

c. 长肢相并对不等边双角钢截面 [图 3.7（c）]。

当 $b_2/t \leqslant 0.48 l_{0y}/b_2$ 时

$$\lambda_{yz} = \lambda_y \left(1 + \frac{1.09 b_2^4}{l_{0y}^2 t^2} \right) \qquad (3\text{-}33)$$

当 $b_2/t > 0.48 l_{0y}/b_2$ 时

$$\lambda_{yz} = 5.1 \frac{b_2}{t} \left(1 + \frac{l_{0y}^2 t^2}{17.4 b_2^4} \right) \qquad (3\text{-}34)$$

d. 短肢相并的不等边双角钢截面 [图 3.7（d）]。

当 $b_1/t \leqslant 0.56 l_{0y}/b_1$ 时，可近似取 $\lambda_{yz} = \lambda_y$。否则取

$$\lambda_{yz} = 3.7 \frac{b_1}{t} \left(1 + \frac{l_{0y}^2 t^2}{52.7 b_1^4} \right)$$

④ 单轴对称的轴心压杆在绕非对称主轴以外的任一轴失稳时，应按照弯扭屈曲计算其稳定性。当计算等边角钢构件绕平行轴 [图 3.7（e）的 u 轴] 稳定时，可用下列公式计算其换算长细比 λ_{uz}，并按 b 类截面确定 φ 值：

当 $b/t \leqslant 0.69 l_{0u}/b$ 时

$$\lambda_{uz} = \lambda_u \left(1 + \frac{0.25 b^4}{l_{0u}^2 t^2} \right) \qquad (3\text{-}35)$$

当 $b/t > 0.69 l_{0u}/b$ 时

$$\lambda_{uz} = 5.4 b/t \qquad (3\text{-}36)$$

式中，$\lambda_u = l_{0u}/i_u$；l_{0u} 为构件对 u 轴的计算长度；i_u 为构件截面对 u 轴的回转半径。

在分析时，无任何对称轴且又非极对称的截面（单面连续的不等边单角钢除外）不宜用作轴心受压构件。对单面连续的单角钢轴心受压构件，在考虑折减系数后，可不考虑弯扭效应。当槽形截面用于格构式构件的分肢，计算分肢绕对称轴（y 轴）的稳定性时，不必考虑扭转效应，直接用 λ_y 查出 φ_y 值。

3.3.4.2 受弯构件的稳定性

（1）受弯作用下的整体稳定性计算 梁的整体稳定性在下列两种情况下可不计算。第

一种情况是有铺板（各种钢筋混凝土板和钢板）密铺在梁的受压翼缘上并与其牢固相连、能阻止梁受压翼缘的侧向位移。第二种情况是 H 型钢或等截面工字形简支梁受压翼缘的自由长度与宽度的比值 l_1/b_1 不超过表 3.16 所规定的数值。

表 3.16　H 型钢或等截面工字形简支梁不需要计算整体稳定性的最大 l_1/b_1 值

钢号	跨中无侧向支承点的梁		跨中受压翼缘有侧向支承点的梁（不论荷载作用于何处）
	荷载作用在上翼缘	荷载作用在下翼缘	
Q235	18.0	20.0	16.0
Q345	10.5	16.5	13.0
Q390	10.0	15.5	12.5
Q420	9.5	15.0	12.0

注：其他钢号的梁不需要计算整体稳定性的最大 l_1/b_1 值，应取为 Q235 钢的数值乘以 $\sqrt{235/f_y}$ 。

对于跨中无侧向支承点的梁，l_1 为其跨度；对跨中有侧向支承点的梁，l_1 为受压翼缘侧向支承点之间的距离（梁的支座处视为有侧向支撑）。

在最大刚度主平面内受弯的构件，其整体稳定性应按照式（3-37）计算。

$$\frac{M_x}{\varphi_b W_x} \leq f \tag{3-37}$$

式中　M_x——绕强轴作用的最大弯矩；

　　　W_x——按受压纤维确定的梁的毛截面模量；

　　　φ_b——梁的整体稳定性系数，可参阅现行的《钢结构设计规范》（GB 50017）附录 B。

（2）受弯作用下的局部稳定性计算　承受静力荷载和间接承受动力荷载的组合梁宜考虑腹板屈曲后强度，按规定计算其抗弯和抗剪承载力；而直接承受动力荷载的吊车梁及类似构件或其他不考虑屈曲后强度的组合梁，应按照规定配置加劲肋。组合梁腹板配置加强肋应按照图 3.8 的要求进行布置。在图 3.8 中，1 所代表的为横向加劲肋，2 所代表的为纵向加劲肋，3 所代表的为短加劲肋。

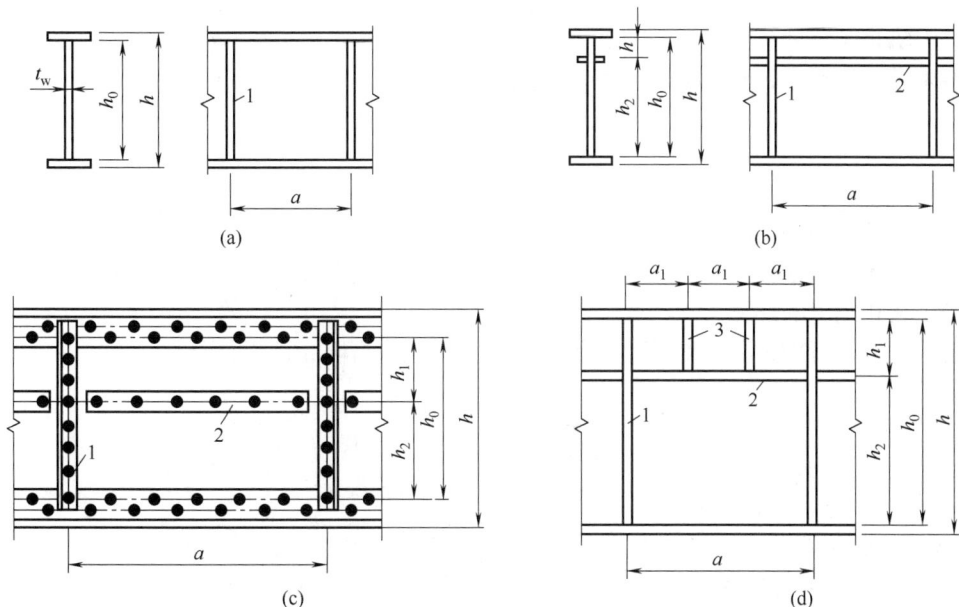

图 3.8　加劲肋布置图

腹板的计算高度 h_0 和腹板的厚度 t_w 的比值 h_0/t_w 是判断是否需要配置加劲肋的主要依据。当 $h_0/t_w \leqslant \sqrt{235/f_y}$ 时，对有局部压应力（$\sigma_c \neq 0$）的梁，应按构造配置横向加劲肋，但对无局部压应力（$\sigma_c = 0$）的梁，可不配置加劲肋。当 $h_0/t_w > 80\sqrt{235 f_y}$ 时，应配置横向加劲肋。其中，当 $h_0/t_w > 170\sqrt{235 f_y}$（受压翼缘扭转受到约束，如连有刚性铺板、制动板或焊有钢轨时）或当 $h_0/t_w > 150\sqrt{235 f_y}$（受压翼缘扭转未受到约束）时，或者在按照计算需要的情况下，应在弯曲应力较大区格的受压区增加配置纵向加劲肋。对于局部受压应力很大的梁，必要时宜在受压区配置短加劲肋。需要注意的是，在任何情况下，都必须保 $h_0/t_w \leqslant 250$。

在梁的支座处和上翼缘受有较大固定集中荷载处，宜设置支承加劲肋。

对于仅配置横向加劲肋的腹板，其各区格的局部稳定性可按照式（3-38）计算。

$$\left(\frac{\sigma}{\sigma_{cr}}\right)^2 + \left(\frac{\tau}{\tau_{cr}}\right)^2 + \frac{\sigma_c}{\sigma_{c,cr}} \leqslant 1 \qquad (3\text{-}38)$$

式中　　σ——所计算腹板区格内，由平均弯矩产生的腹板计算高度边缘的弯曲应力；

　　　　τ——所计算腹板区格内，由平均剪切力产生的腹板平均应力，应按照 $\tau = V/(h_w t_w)$ 计算；

　　　　σ_c——腹板计算高度边缘的局部压应力；

$\sigma_{cr}, \tau_{cr}, \sigma_{c,cr}$——在各种应力单独作用下的临界应力，其数值可参考现行的《钢结构设计规范》（GB 50017）的第 4 章节内容。

对于同时用横向加劲肋和纵向加劲肋加强的腹板，其局部稳定性可按式（3-39）计算。

$$\frac{\sigma}{\sigma_{crl}} + \left(\frac{\tau}{\tau_{crl}}\right)^2 + \left(\frac{\sigma_c}{\sigma_{c,crl}}\right)^2 \leqslant 1 \qquad (3\text{-}39)$$

3.3.5　防止倾覆与防止侧滑的计算

（1）防止倾覆计算

游乐设施运行中，有可能发生整体倾覆时应进行计算。

$$\sum M_1 \geqslant \sum r M_2 \qquad (3\text{-}40)$$

式中　r——安全系数；

　　M_1——稳定力矩值；

　　M_2——倾覆力矩。

（2）防止侧滑的计算

游乐设施运行中，有可能发生整体侧向滑移时应进行防止侧滑计算。

$$\sum \mu N \geqslant \sum r H \qquad (3\text{-}41)$$

式中　r——安全系数；

　　μ——摩擦系数；

　　N——垂直载荷分量；

　　H——水平载荷分量。

防止倾覆及侧滑的安全系数如表 3.17 所示。

表 3.17　防止倾覆及侧滑的安全系数

序号	载荷	安全系数 r
1	静载荷为有利作用因素	1
2	静载荷为不利作用因素	1.1
3	风载荷为不利作用因素	1.2
4	除 2 项、3 项以外的其他载荷为不利作用因素	1.3

3.4 ■ 焊接设计

3.4.1　焊接接头的形式

在进行焊接接头设计时，焊缝金属应与主体金属相适应。当不同强度的钢材连接时，宜采用与低强度钢材相适应的焊接材料。焊接接头坡口和尺寸应符合 GB/T 985.1 和 GB/T 985.2 的规定。对于不等厚焊件或不等宽度焊件相焊时，两者在一侧相差 4mm 以上时，应分别在宽度或厚度方向从一侧或两侧做成坡度不小于 1 ∶ 4 的斜角，如图 3.9 所示。

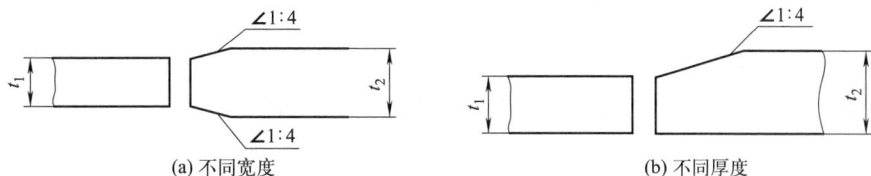

(a) 不同宽度　　　　(b) 不同厚度

图 3.9　不同宽度或厚度的钢板拼接

在满足设计的前提下，宜减少焊缝的数量和应力集中区域，焊缝宜避免密集布置，避免十字焊缝，以及双向、三向相交，避开结构上高工作应力部位、机械加工面等。焊缝周围宜留有足够空间，便于焊接操作和焊后检测。

在工程中常见的焊接接头有对接焊缝、角焊缝、对接接头，以及 T 形接头组合焊缝，如图 3.10、图 3.11 所示。

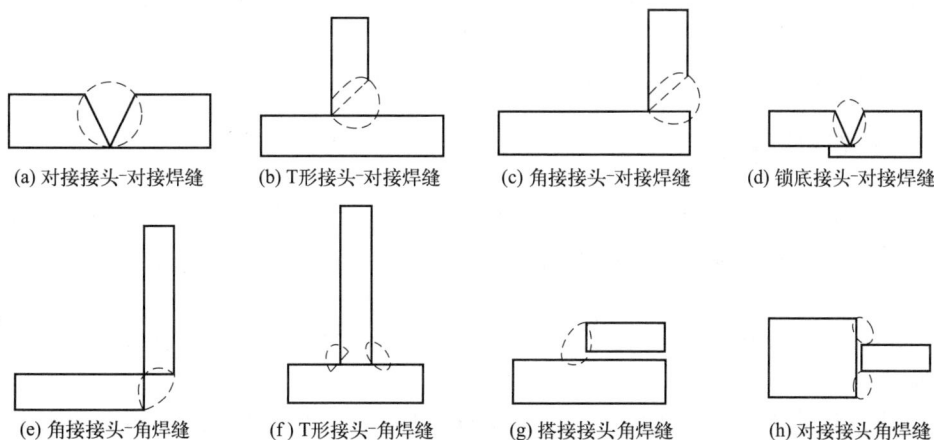

(a) 对接接头-对接焊缝　(b) T形接头-对接焊缝　(c) 角接接头-对接焊缝　(d) 锁底接头-对接焊缝

(e) 角接接头-角焊缝　(f) T形接头-角焊缝　(g) 搭接接头角焊缝　(h) 对接接头角焊缝

图 3.10　对接焊缝、角焊缝与对接接头形式

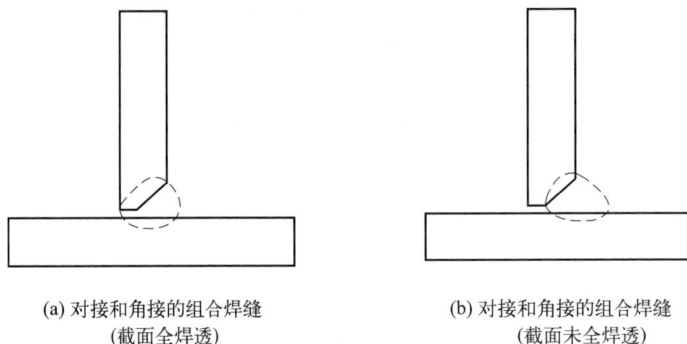

(a) 对接和角接的组合焊缝
(截面全焊透)
(b) 对接和角接的组合焊缝
(截面未全焊透)

图 3.11 T 形接头组合焊缝形式

3.4.2 焊缝的分级

焊缝应经过风险评价确定其级别。风险评价中需考虑焊缝失效的可能性、失效后果的严重性、焊缝的可检验性等因素。焊缝失效的可能性与载荷特性、焊缝形式、工作环境以及应力状态相关联。焊缝失效后果的严重性是指是否直接涉及人身安全。焊缝的可检验性是指焊缝是否便于检验检测。

焊缝经风险评价可分为四个等级，如表 3.18 所示。

表 3.18 焊缝的风险等级

焊缝等级	失效后果的严重性	失效的可能性（受力及接头形式）
Ⅰ级焊缝	直接涉及人身安全	承受拉力且作用力垂直于焊缝长度方向的对接焊缝或 T 形对接和角接组合焊缝
Ⅱ级焊缝	直接涉及人身安全	除上述焊缝外的其他焊缝
Ⅲ级焊缝	不直接涉及人身安全	承受拉力且作用力垂直于焊缝长度方向的对接焊缝或 T 形对接和角接组合焊缝
Ⅳ级焊缝	不直接涉及人身安全	除上述焊缝外的其他焊缝

在上述焊缝的四个等级中，Ⅰ级焊缝和Ⅱ级焊缝为重要焊缝，其余等级为一般焊缝。如果焊缝日常不方便检查或者涉及异种材料焊接等特殊情况，则应适当提升该焊缝级别。

大型游乐设施钢结构的焊接要满足《钢结构焊接规范》（GB 50661—2011）的相关规定。例如，组焊焊件节点，防止板材产生层状撕裂的节点，制作与安装焊接构造节点，以及承受动载与抗震的焊接构造等的设计都必须满足该规范要求。

3.4.3 焊缝强度计算

在进行对接焊缝的强度计算时，承受轴向拉力或压力的对接焊缝，应计算其纵向拉、压的应力。承受弯矩和剪力联合作用的对接焊缝，应计算其危险点的最大正应力和最大剪应力。

在进行角焊缝的强度计算时，应计算其抗剪强度。当角焊缝受复合内力作用时，应计算出合应力。

焊缝强度计算中的安全系数为计算的破断应力与其承受的最大计算应力的比值。得出的安全系数 n 应满足表 3.19 的要求。

表 3.19　焊缝计算破断应力表达公式

焊缝等级	接头形式								
	对接焊缝				对接和角接组合焊缝				角焊缝
	抗压	抗拉	抗剪	组合应力	抗压	抗拉	抗剪	组合应力	抗拉、抗压和抗剪
I	σ_b	σ_b	$\sigma_b/\sqrt{2}$	σ_b	σ_b	σ_b	$\sigma_b/\sqrt{2}$	σ_b	—
II	σ_b	$0.8\sigma_b$	$0.8\sigma_b/\sqrt{2}$	$0.8\sigma_b$	$0.8\sigma_b/\sqrt{2}$				
III									
IV									

在表 3.19 中，σ_b 为焊接母材的破断强度，当母材强度等级不同时，按低强度选取。

3.4.4　焊缝检测要求

对于游乐设施中的焊缝，应根据受检设备的材质、结构、制造方法、使用环境、使用条件和损伤模式，预计可能产生的缺陷种类、形状、部位和方向，选择适宜的无损检测方法。游乐设施常用的无损检测方法包括目视检测、磁粉检测、渗透检测、超声检测、射线检测等。

目视检测是指用人的眼睛或借助于某种目视辅助器材对被检测件进行的检测，是观察、分析和评价被检件状况的一种无损检测方法。目视检测应按照《游乐设施无损检测第 2 部分：目视检测》（GB/T 34370.2—2017）进行，主要用于观察各种材质零部件和焊缝等的腐蚀、开裂、破损、变形等宏观损伤，匹配异常，过热，渗漏的痕迹，焊缝的宏观缺欠等。目视检测技术包括直接目视检测、间接目视检测和透光目视检测。直接目视检测不依靠辅助工具（照明光源、放大镜除外）直接用肉眼进行观测。间接目视检测可以借助反光镜、望远镜、内窥镜、光导纤维、照相机、视频系统、自动系统、机器人以及其他时候的目视辅助器材进行检测。透光目视检测可对透明、半透明材料内部进行检测。各级焊缝应达到的质量等级要求应符合 GB/T 19418 的规定。其中，对于 I 级焊缝外观质量应达到 B 级要求，II 级焊缝外观质量应达到 C 级要求，III 级和 IV 级焊缝外观质量应达到 D 级要求。

除对焊缝进行 100% 的目视检测外，I 级焊缝还要进行 100% 表面无损检测和 100% 内部无损检测；II 级焊缝还要进行 100% 表面无损检测，对接焊缝还应做 20% 的内部无损检测；III 级焊缝还应进行 20% 的表面无损检测。对于工艺上无法进行内部无损检测的焊缝，应有详细的施焊记录和图片见证。

思考题

1. 大型游乐设施设计中常见的载荷包括哪些？同一型号的游乐设施随着安装场地不同，哪些载荷会出现较大差异？

2. 在防倒车止逆装置的设计中，如何确定冲击系数？

3. 大型游乐设施的工况分析应包括哪几类工况？在分析时，应获取的数据包括哪些？

4. 大型游乐设施的工况分析中，对静止部件和运动部件进行荷载组合的异同之处是什么？

5. 为了避免游客受到伤害，游乐设施乘客的加速度应限制在一定的范围内，在分析时所建立的人体空间坐标系中，计算或测量加速度的参考点一般应如何选取？

6. 在设计大型游乐设施海盗船时，海盗船的中心轴、支撑立柱、吊挂悬臂的销应选用的安全系数分别是多少？

第**4**章

大型游乐设施的结构设计

大型游乐设施的主体结构复杂多样，不同类型游乐设施的结构差异较大。由于结构庞大，在设计中需要合理划分结构单元，并设计相应的连接形式。现代设计中，已广泛使用计算机辅助设计、计算机辅助分析等方法通过三维建模完成设计及相应的运动学和力学分析。结合 3D 打印技术，可以方便地制作缩小比例的模型，验证设计的合理性。随着技术进步，虚拟现实等技术应用于游乐设施设计，将能够带来更为直观的设计体验。

大型游乐设施结构设计的核心是对主要部件进行设计。所谓主要部件，是指重要的传动轴、车轮轴、乘人部分连接器销轴、轨道等。重要焊缝是指乘坐物支撑件焊缝、车轮轴连接焊缝、乘人部分连接器焊缝等。

4.1 ▪ 结构设计的基本要求

4.1.1 一般性要求

通常情况下，所设计游乐设施的整机使用寿命不小于 35000h。对重要的结构应根据其特点进行相应的应力计算、刚度计算和疲劳强度计算。重要的轴、销轴除做应力计算外，应根据载荷应力幅情况决定是否进行疲劳强度校核，并且对于难以拆卸的重要轴及销轴，应按无限寿命设计。

（1）转马类游乐设施

转马类游乐设施的主要运动特点是乘人部分围绕垂直轴旋转运动。

转马类游乐设施的轨道、立轴和转动平台的设计必须符合《钢结构设计规范》（GB 50017）第 8 章"构造要求"的规定。

周边传动的轨道表面应平整，轨道对接间隙不大于 2mm，其高低差不应超过 1mm。曲线轨道应过渡平滑，运行过程中轨道不允许有异常晃动。型钢和钢管轨道的磨损允许值应符合《大型游乐设施安全规范》（GB 8408）的规定。立轴的中心线对水平面的垂直度公差不大于 1/1000。转动平台应有防滑措施，转动平台与固定部分之间间隙不应大于 30mm。

（2）滑行车类游乐设施

滑行车类游乐设施主要运动特征是沿着刚性轨道有惯性地滑行。

滑行车类游乐设施设计时应通过计算或试验确定车体的质量、质心位置，并应在轨道展开图上标明速度值。轨道在设计时，应计算轨道管平面或轨的中心线的几何参数。当管或轨的中心线由空间点连接成的曲线时，应提供所有点的坐标值。滑行车类游乐设施的设计应根据结构和实际工况进行应力计算、刚度计算或疲劳强度计算等。

重要的轴及关键焊缝除进行应力计算外，还应进行疲劳强度验算，两者都应满足给定的安全系数；对难以拆卸的重要轴，应按无限寿命设计。

车体、轨道及支撑立柱的焊接结构应采用可焊性好的钢材，普通碳素钢含碳量在 0.27% 以下，低合金钢的含碳量应小于 0.4%，不宜采用异种金属焊接。

滑行车类游乐设施设计的额定提升速度不宜大于 2m/s，对提升速度大于 2m/s 的设备应采取有效措施防止提升时产生的冲击。游乐设施中的易损件在正常运行情况下，其寿命不应低于 6 个月。

（3）陀螺类游乐设施

陀螺类游乐设施的主要运动特征是乘人部分绕可变倾角的轴旋转或类似运动。

陀螺类游乐设施的设计计算应结合设计工况条件确定。重要轴、销轴除做应力计算外，应根据载荷应力幅情况决定是否进行疲劳强度校核，计算结果应满足《大型游乐设施安全规范》（GB 8408）中给定的安全系数，对难以拆卸的重要轴及销轴，应按无限寿命设计。在设计时，还应充分考虑设备运行中发生故障时的乘客疏导措施。

（4）飞行塔类游乐设施

飞行塔类游乐设施的主要运动特征是乘人部分通过挠性挂件，边升降边绕垂直轴回转或做类似运动。

飞行塔类游乐设施在设计时，设备运行条件应分别考虑空载、偏载、满载情况，其中偏载量由设计确定，但不应低于满载量的 10%，偏载要考虑对整体结构最不利的受力情况。乘人部分为联排座椅形式的游乐设施，除了考虑偏载对整体结构的影响，还要考虑联排座椅的一端受载时对导轨或吊挂结构的偏载影响。

飞行塔类游乐设施的永久载荷主要包括乘客约束物和乘人部分载荷，非卷绕的吊挂装置如吊挂钢丝绳、吊挂圆环链等也可作为永久载荷考虑。可变载荷主要是乘客、卷绕的吊挂装置如卷绕钢丝绳等。

飞行塔类游乐设施的强度和刚度分析应考虑受力可能导致结构构件产生塑性变形的极限工况。重要的轴、销轴除做应力计算外，应根据载荷应力幅情况决定是否进行疲劳强度校核，应满足《大型游乐设施安全规范》（GB 8408）中给定的安全系数。对难以拆卸的重要轴及销轴应按无限寿命设计。在设计中，也要充分考虑设备运行中发生故障时的乘客疏导措施。高度大于 20m 的飞行塔类游乐设施还必须考虑风载荷对结构稳定性和地基的影响，应计算结构的刚度、稳定性和防止侧倾覆安全系数。

承受交变载荷结构的材料不宜采用铸铁件，对冲击较大的飞行塔类游乐设施所选择的材料应有冲击性能合格保证。在用户未特别提出时，室外工作的飞行塔类游乐设施的机构工作环境温度，可取为安装使用地点的年最低日平均温度。

（5）观览车类游乐设施

观览车类游乐设施的主要运动形式是乘人部分围绕水平轴转动或类似运动。观览车的计算，必须考虑因温度变化导致应力变化引起的载荷，设计应计算正确，结构合理，以保证乘人安全。观览车类游乐设施的各典型结构的支承轴承及不易拆装的重要轴的设计应按无限寿命计算。

大型游乐设施的结构设计应根据游乐设施的性能和受力选取合适的结构形式，并尽量减少结构应力集中。在结构设计中，还应考虑游乐设施的可检验性，对无法进行检验的结构应有保证其安全的措施。在使用期间需要定期检查和无损检测的零部件，应便于检查和检测。需要拆卸的，应便于拆卸。

大型游乐设施形体较大，应依据受力、运输、存放和吊装等条件，划分合理的结构单元。结构件的排水措施应有效，其外表面及结构件内部不应有渗透水或残留积水。结构件安装吊点的设置应保持其在吊装过程中不产生塑性变形。对箱式、筒式等封闭机构要合理设置检查孔和人孔，检查孔和人孔的几何尺寸应满足检查需要，且应有防止积水的措施。乘客部分的支撑、轿厢、车辆等受力框架，应采用金属材料或其他高强度性能的非金属材料制成，在整体上应为坚固的结构。

重要螺栓连接应能满足载荷要求，同时应采取防止螺栓松动的措施。螺栓安装后应有明显的防松标识。重要零部件间的销轴连接应有防脱落措施。重要的轴和销轴，其配合面的表面粗糙度应满足工况要求。重要的轴及销轴应避免应力集中，如尽量小的截面变化、轴肩等位置需要有尽可能大的圆角等。

此外，在必要时，对大型游乐设施的结构应采取措施避免共振。

4.1.2 结构件设计

大型游乐设施的结构多为钢结构，既有普通的钢架结构、钢管结构，也有危险性较大的高耸结构。结构件受力状况复杂多变，其中的受力构件可分为受弯构件、轴心受力构件和拉弯、压弯构件等。

游乐设施中的承重结构必须按照承载能力极限状态和正常使用极限状态进行设计。承载能力极限状态包括构件和连接的强度破坏、疲劳破坏和因过度变形而不适于继续承载，结构和构件丧失稳定，结构转变为机动体系和机构倾覆。正常使用极限状态包括影响结构、构件和非结构构件正常使用或外观的变形，影响正常使用的振动，影响正常使用或耐久性能的局部损坏（包括混凝土裂缝）。按承载能力极限状态设计钢结构时，应考虑荷载效应的基本组合，必要时还应考虑荷载效应的偶然组合。按正常使用极限状态设计钢结构时，应考虑荷载效应的标准组合。对钢与混凝土组合梁，应考虑准永久组合。

计算结构或构件的强度、稳定性以及连接的强度时，应采用荷载设计值（荷载标准值乘以荷载分项系数），而计算疲劳时，应采用荷载标准值。对于直接承受动力荷载的结构，在计算强度和稳定性时，动力荷载设计值应乘动力系数，而在计算疲劳和变形时，动力荷载标准值不乘动力系数。计算吊车梁或吊车桁架及其制动结构的疲劳和挠度时，吊车荷载应按作用在跨间内荷载效应最大的一台吊车确定。

设计钢结构时，荷载的标准值、荷载分项系数、荷载组合值系数、动力荷载的动力系数等，应按照现行国家标准《建筑结构荷载规范》（GB 50009）的规定采用。结构的重要性系数 γ_0 应按照现行国家标准《建筑结构可靠度设计统一标准》（GB 50068）的规定采用，其中对于设计使用年限为 25 年的结构件，γ_0 的取值不应小于 0.95。

结构的计算模型和基本假定应尽量与构件连接的实际性能相符合。结构的内力一般按结构静力学方法进行弹性分析，而对于符合条件的超静定结构，可采用塑性分析。采用弹性分析的结构中，构件截面允许有塑性变形发展。

框架结构中，梁与柱的钢结构连接应符合受力过程中梁柱间交角不变的假定，同时连接应具有充分的强度承受交汇构件端部传递的所有最不利内力。梁与柱铰接时，应使连接具有充分的转动能力，且能有效地传递横向剪力与轴心力。梁与柱的半刚性连接只具有有限的转动刚度，在承受弯矩的同时会产生相应的交角变化，在内力分析时，必须预先确定连接的弯矩 - 转角特性曲线，以便考虑连接变形的影响。

（1）框架结构的内力分析

框架结构中，除山形门式钢架或其他类似的结构以及需进行塑性设计的框架结构，一般框架结构内力分析可采用一阶弹性分析。但对于满足式（4-1）的框架结构宜采用二阶弹性分析。

$$\frac{\sum N\Delta u}{\sum Hh} > 0.1 \tag{4-1}$$

采用二阶弹性分析时，应在每层柱顶附加考虑假想水平力，假想水平力可按照式（4-2）获得。

$$H_{ni} = \frac{\alpha_y Q_i}{250}\sqrt{0.2 + \frac{1}{n_s}} \tag{4-2}$$

式中　H_{ni}——二阶弹性分析时，施加在每层柱顶的附加假想水平力；

　　　Q_i——第 i 楼层的总重力荷载设计值；

　　　n_s——框架总层数，当 $\sqrt{0.2 + (1/n_s)} > 1$ 时，取此根号值为 1.0；

　　　α_y——钢材强度影响系数，取值为：Q235 钢取值为 1.0，Q345 钢取值为 1.1，Q390 钢取值为 1.2，Q420 钢取值为 1.25。

而对于无支撑的框架结构，当采用二阶弹性分析时，各杆件的杆端的弯矩可用近似式（4-3）和式（4-4）计算。

$$M_n = M_{1b} + \alpha_{2i}M_{1s} \tag{4-3}$$

$$\alpha_{2i} = \frac{1}{1 - \dfrac{\sum N\Delta u}{\sum Hh}} \tag{4-4}$$

式中　$\sum N$——所计算各楼层各柱轴心压力设计值之和；

　　　$\sum H$——产生层间侧移 Δu 的所计算楼层及以上各层的水平力之和；

　　　Δu——按一阶弹性分析求得的所计算楼层的层间侧移，当确定是否采用二阶弹性分析时，Δu 可近似采用层间相对位移的容许值，容许值可参阅现行的《钢结构设计规范》（GB 50017）附录 A；

　　　h——所计算楼层的高度；

　　　M_n——采用二阶弹性分析时，各杆件的杆端的弯矩；

　　　M_{1b}——假定框架无侧移时按一阶弹性分析求得的各杆件端弯矩；

　　　M_{1s}——框架各节点侧移时按照一阶弹性分析求得的杆件端弯矩；

　　　α_{2i}——考虑二阶效应时，第 i 层杆件的侧移弯矩增大系数，当其取值大于 1.33 时，宜增大框架结构的刚度。

（2）受弯构件的计算

受弯构件的分析计算包括强度计算、整体稳定性计算、局部稳定性计算等。

在主平面内受弯的实腹构件，其抗弯强度可按照式（4-5）进行计算。

$$\frac{M_{x}}{\gamma_{x}W_{nx}} + \frac{M_{y}}{\gamma_{y}W_{ny}} \leqslant f \qquad (4\text{-}5)$$

式中 M_{x}，M_{y}——同一截面处绕 x 轴和 y 轴的弯矩（对工字形截面，x 轴为强轴，y 轴为弱轴）；

$\qquad$ W_{nx}，W_{ny}——对 x 轴和 y 轴的净截面模量；

$\qquad$ γ_{x}，γ_{y}——截面塑性发展系数，对工字钢截面，$\gamma_{x}=1.05$，$\gamma_{y}=1.20$；对箱形截面，$\gamma_{x}=\gamma_{y}=1.05$；

$\qquad$ f——钢材的抗弯强度设计值。

当梁受压翼缘的自由外伸宽度与其厚度之比大于 $13\sqrt{235/f_{y}}$ 而不超过 $15\sqrt{235/f_{y}}$ 时，应取 $\gamma_{x}=1.0$。f_{y} 为钢材牌号所指屈服点。对于需要计算疲劳的梁，宜取 $\gamma_{x}=\gamma_{y}=1.0$。

在主平面内受弯的实腹构件，其抗剪强度可按照式（4-6）进行计算。

$$\tau = \frac{VS}{It_{w}} \leqslant f_{v} \qquad (4\text{-}6)$$

式中 V——计算截面沿腹板平面作用的剪力；

$\qquad$ S——计算剪应力处以上毛截面对中和轴的面积矩；

$\qquad$ I——毛截面惯性矩；

$\qquad$ t_{w}——腹板厚度；

$\qquad$ f_{v}——钢材的抗剪强度设计值。

（3）轴心受力构件

轴心受拉构件和轴心受压构件的强度，除高强度螺栓摩擦型连接处之外，应按式（4-7）计算，高强度螺栓摩擦型连接处的强度则按照式（4-8）计算。

$$\sigma = \frac{N}{A_{n}} \leqslant f \qquad (4\text{-}7)$$

$$\sigma = \frac{N}{A} = \left(1 - 0.5\frac{n_{1}}{n}\right)\frac{N}{A_{n}} \leqslant f \qquad (4\text{-}8)$$

式中 N——轴心拉力或轴心压力；

$\qquad$ A_{n}——构件的净截面面积；

$\qquad$ A——构件的毛截面面积；

$\qquad$ n——在节点或拼接处，构件一端连接的高强度螺栓数目；

$\qquad$ n_{1}——所计算截面（最外列螺栓处）上的高强度螺栓数目。

4.1.3 连接计算

在大型游乐设施结构中，构件的连接方式主要是焊缝连接和螺栓连接。

（1）焊缝连接

焊缝应根据结构的重要性、荷载特性、焊缝形式、工作环境以及应力状态等情况，选择不同的质量等级。在需要进行疲劳计算的构件中，所有对接焊缝均应焊透，其中，作用力垂直焊缝长度方向的横向对接焊缝或 T 形对接与角接组合焊缝，受拉时应为一级，受压时应为二级；而作用力平行于焊缝长度方向的纵向对接焊缝应为二级。在不需要计算疲劳的构件中，凡要求与母材等强度的对接焊缝应焊透，其质量等级当受拉时应不低于二级，受压时宜为二级。重级工作制和起重量不低于 50t 的中级工作制吊车梁的腹板与上翼缘之间以及吊车桁架上弦杆与节点板之间的 T 形接头焊缝质量等级也不应低于二级。

在对接接头和 T 形接头中，垂直于轴心拉力或轴心压力的对接焊缝或对接与角接组合焊缝，其强度应按式（4-9）或式（4-10）计算。

$$\sigma = \frac{N}{l_{\mathrm{w}} t} \leqslant f_{\mathrm{t}}^{\mathrm{w}} \tag{4-9}$$

$$\sigma = \frac{N}{l_{\mathrm{w}} t} \leqslant f_{\mathrm{c}}^{\mathrm{w}} \tag{4-10}$$

式中　N——轴心拉力或轴心压力；

　　　l_{w}——焊缝长度；

　　　t——在对接接头中为连接件的较小厚度，在 T 形接头中为腹板的厚度；

　$f_{\mathrm{t}}^{\mathrm{w}}$，$f_{\mathrm{c}}^{\mathrm{w}}$——对接焊缝的抗拉、抗压强度设计值。

在对接接头和 T 形接头中，承受弯矩和剪力共同作用的对接焊缝或对接与角接组合焊缝，其正应力和剪应力分别进行计算。但在同时受有较大正应力和剪应力处，可按照式（4-11）折算应力。

$$\sqrt{\sigma^2 + 3\tau^2} \leqslant 1.1 f_{\mathrm{t}}^{\mathrm{w}} \tag{4-11}$$

对于直角焊缝的强度计算，如图 4.1 所示。在通过焊缝形心的拉力、压力或剪力作用下，正面角焊缝的正应力按照式（4-12）计算，侧面角焊缝的剪应力按照式（4-13）计算。

$$\sigma_{\mathrm{f}} = \frac{N}{h_{\mathrm{c}} l_{\mathrm{w}}} \leqslant \beta_{\mathrm{f}} f_{\mathrm{f}}^{\mathrm{w}} \tag{4-12}$$

$$\tau_{\mathrm{f}} = \frac{N}{h_{\mathrm{c}} l_{\mathrm{w}}} \leqslant f_{\mathrm{f}}^{\mathrm{w}} \tag{4-13}$$

式中　h_{c}——角焊缝的计算厚度，对直角角焊缝等于 $0.7 h_{\mathrm{f}}$，h_{f} 为焊脚尺寸，如图 4.1 所示；

　　　l_{w}——角焊缝的计算长度，对每条焊缝取其实际长度减去 $2 h_{\mathrm{f}}$；

　　　$f_{\mathrm{f}}^{\mathrm{w}}$——角焊缝的强度设计值；

　　　β_{f}——正面角焊缝的强度设计值增大系数。对承受静力荷载和间接承受动力荷载的结构，$\beta_{\mathrm{f}}=1.22$，对直接承受动力荷载的结构，$\beta_{\mathrm{f}}=1.0$。

在各种力综合作用下，σ_{f} 和 τ_{f} 共同作用处应满足式（4-14）。

$$\sqrt{\left(\frac{\sigma_{\mathrm{f}}}{\beta_{\mathrm{f}}}\right)^2 + \tau_{\mathrm{f}}^2} \leqslant f_{\mathrm{f}}^{\mathrm{w}} \tag{4-14}$$

式中　σ_{f}——按焊缝有效截面（$h_{\mathrm{c}} l_{\mathrm{w}}$）计算，垂直于焊缝长度方向的应力；

　　　τ_{f}——按焊缝有效截面计算，沿焊缝长度方向的剪应力。

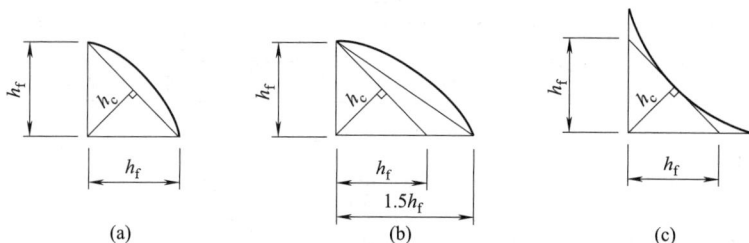

图 4.1　直角焊缝的截面尺寸

（2）螺栓连接

在普通螺栓受剪的连接中，每个普通螺栓的承载力设计值应取受剪和承压承载力设计中的较小者。普通螺栓受剪承载力设计值按照式（4-15）计算，承压承载力设计值按照式（4-16）计算。

$$N_v^b = n_v \frac{\pi d^2}{4} f_v^b \qquad (4\text{-}15)$$

$$N_c^b = d \sum t \cdot f_c^b \qquad (4\text{-}16)$$

式中　n_v——受剪面数目；

　　　d——螺栓杆直径；

　　　$\sum t$——在不同受力方向中一个受力方向承压构件总厚度的较小值；

　　　f_v^b，f_c^b——螺栓的抗剪和承压强度设计值。

在普通螺栓杆轴方向受拉的连接中，每个普通螺栓的承载力设计值应按照式（4-17）计算。

$$N_t^b = \frac{\pi d_e^2}{4} f_t^b \qquad (4\text{-}17)$$

式中　d_e——螺栓在螺纹处的有效直径。

同时承受剪力和杆轴方向拉力的普通螺栓，则应该符合式（4-18）和式（4-19）的要求。

$$\sqrt{\left(\frac{N_v}{N_v^b}\right)^2 + \left(\frac{N_t}{N_t^b}\right)} \leqslant 1 \qquad (4\text{-}18)$$

$$N_v \leqslant N_c^b \qquad (4\text{-}19)$$

式中　N_v，N_t——某个普通螺栓所承受的剪力和拉力；

　　　N_v^b，N_t^b，N_c^b——一个普通螺栓的受剪、受拉和承压承载力设计值。

对于高强度螺栓摩擦型连接，如果用于抗剪连接，则每个高强度螺栓的承载力设计值应按照式（4-20）计算。

$$N_v^b = 0.9 n_f \mu P \qquad (4\text{-}20)$$

式中　n_f——传力摩擦面数目；

　　　μ——摩擦面的抗滑移系数，如表 4.1 所示；

　　　P——单个高强度螺栓的预拉力，如表 4.2 所示。

表 4.1　摩擦面的抗滑移系数

在连接处构件接触面的处理方法	构件的钢号		
	Q235 钢	Q345 钢、Q390 钢	Q420 钢
喷砂（丸）	0.45	0.50	0.50
喷砂（丸）后涂无机高锌漆	0.35	0.40	0.40
喷砂（丸）后生赤锈	0.45	0.50	0.50
钢丝刷清除浮锈或未经处理的干净轧制表面	0.30	0.35	0.40

表 4.2　单个高强度螺栓的预拉力　　　　　　　　　　　　　　单位 : kN

螺栓的性能等级	螺栓公称直径 /mm					
	M16	M20	M22	M24	M27	M30
8.8 级	80	125	150	175	230	280
10.9 级	100	155	190	225	290	355

在螺栓杆轴方向受拉的连接中，每个高强度螺栓的承载力设计值取为 $N_t^b=0.8P$。

当高强度螺栓摩擦型连接同时承受摩擦面间的剪力和螺栓杆方向的外拉力时，其承载力应按照式（4-21）计算。

$$\frac{N_v}{N_v^b}+\frac{N_t}{N_t^b}\leqslant 1 \tag{4-21}$$

式中　N_v，N_t——某个高强度螺栓所承受的剪力和拉力；

　　　N_v^b，N_t^b——单个高强度螺栓的受剪、受拉承载力设计值。

4.1.4　钢结构构造的一般要求

钢结构的构造应便于制作、运输、安装、维护并使结构受力简单明确，减小应力集中，避免材料三向受拉。以受风载荷为主的空腹结构，应尽量减小受风面积。在钢结构的受力构件及其连接中，不宜采用厚度小于 4mm 的钢板、壁厚小于 3mm 的钢管、截面小于 45×4 或 56×36×4 的角钢或截面小于 50×5 的角钢（用于螺栓连接时）。结构应根据其形式、组成和荷载的不同情况，设置可靠的支撑系统。在建筑物每一个温度区段或分期建设的区段中，应分别设置独立的空间稳定的支撑系统。

（1）连接的一般要求

焊接结构是否需要采用焊前预热或焊后热处理等特殊措施，应根据材质、焊件厚度、焊接工艺、施焊时气温以及结构的性能要求等综合因素来确定，并在设计说明中加以说明。

对于螺栓连接，每一个杆件在节点上以及拼接接头的一端，永久性的螺栓数不少于 2 个。高强度螺栓孔应采用钻成孔。摩擦型连接的高强度螺栓的孔径比螺栓公称直径大 1.5 ～ 2.0mm，承压型连接的高强度螺栓的孔径比螺栓公称直径大 1.0 ～ 1.5mm。

对于直接承受动力荷载的普通螺栓受拉连接应采用双螺母或其他能防止螺母松动的有效措施。沿杆轴方向受拉的螺栓连接中的端板（法兰板）应适当增强其刚度（如设置加劲肋），以减少对螺栓抗拉承载力的不利影响。

（2）结构件的一般要求

格构式柱或大型实腹式柱，在受有较大水平力处和运送单元的端部应设置横隔，横隔的间距不得大于柱截面长边尺寸的 9 倍和 8m。

焊接桁架应以杆件形心线为轴线，螺栓连接的桁架可采用靠近杆件形心线的螺栓准线为轴线，在节点处各轴线应交于一点（钢管结构除外）。分析桁架杆件内力时，可将节点视为铰链。对用节点板连接的桁架，当杆件为 H 形、箱形等刚度较大的截面，且在桁架平面内的杆件截面高度与其几何长度（节点中心间的距离）之比大于 1/10（对弦杆）或大于 1/15（对腹杆）时，应考虑节点刚性引起的次弯矩。跨度大于 36m 的两端铰支承的桁架，在竖向荷载作用下，下弦弹性伸长对支承构件产生水平推力时，应考虑其影响。

焊接梁的翼缘一般采用一层钢板制作，当采用两层钢板时，外层钢板与内层钢板厚度之比宜为 0.5 ～ 1.0。不沿梁通长设置的外层钢板，其理论截断点处的外伸长度 l_1 在端部有正面角焊缝时，$l_1 \geqslant b$（当 $h_t \geqslant 0.75t$）或 $l_1 \geqslant 1.5b$（当 $h_t < 0.75t$），而在端部无正面角焊缝时，$l_1 \geqslant 2b$。其中，b 为外层翼缘板的宽度，t 为外层翼缘板的厚度，h_t 为侧面角焊缝和正面角焊缝的焊脚尺寸。

（3）其他要求

结构运送单元的划分，除应考虑结构受力条件外，尚应注意经济合理，便于运输、堆放和易于拼装。结构的安装连接应采用传力可靠、制作方便、连接简单、便于调整的构造形式。安装连接采用焊接时，应考虑定位措施，将构件临时固定。

钢结构除必须采取防锈措施（除锈后涂以油漆或金属镀层）外，尚应在构造上尽量避免出现难于检查、清刷和喷涂油漆之处以及能积留湿气和大量灰尘的死角或凹槽。闭口截面构件应沿全长和端部焊接封闭。

钢结构防锈和防腐蚀采用的涂料、钢材表面的除锈等级以及防腐蚀对钢结构的构造要求等，应符合现行相关国家标准的要求。在设计文件中应注明所要求的钢材除锈等级和所要用的涂料及涂层厚度。除特殊需要外，设计中一般不应因考虑锈蚀而再加大钢材截面的厚度。

4.1.5 钢管结构

钢管结构区别于一般的型钢结构，在分析计算中有其特点。对于不直接承受动力荷载，在节点处直接焊接的钢管（圆钢、方管或矩形管）桁架结构中，圆钢管的外径与壁厚之比不应超过 100（$235/f_y$），方管或矩形管的最大外缘尺寸与壁厚的比不应超过 40（$235/f_y$）。热加工管材和冷成型管材不应采用屈服强度 f_y 超过 345N/mm² 以及屈强比 $f_y/f_u > 0.8$ 的钢材，且钢管壁厚不宜大于 25mm。

钢管节点的构造应符合下列要求：

① 主管的外部尺寸不应小于支管的外部尺寸，主管的壁厚不应小于支管的壁厚，在支管和主管连接处不得将支管插入主管内；

② 主管与支管或两支管轴线之间的夹角不应小于 30°；

③ 支管与主管的连接节点处，除搭接型节点外，应尽可能避免偏心；

④ 支管与主管连接焊缝，应沿全周连续焊接并平滑过渡；

⑤ 支管端部宜使用自动切管机切割，支管壁厚小于 6mm 时可不切坡口。

在搭接节点中，当支管厚度不同时，薄壁管应搭在厚壁管上。当支管钢材强度等级不同时，低强度管应搭在高强度管上。支管和主管之间的连接可沿全周用角焊缝或部分采用对接焊缝、部分采用角焊缝。支管管壁与主管管壁之间的夹角大于或等于 120° 的区域宜用对接焊缝或带坡口的角焊缝。角焊缝的焊脚尺寸不宜大于支管壁厚的 2 倍。

钢管构件在承受较大横向荷载的部位应采取适当的加强措施，防止产生过大的局部变形。构件的主要受力部位应避免开孔，如必须开孔时，应采取适当的补强措施。

4.2 ▪ **结构设计的辅助工具**

设计辅助工具主要包括计算机辅助设计软件、计算机辅助分析软件等工具，以及用于快速设计验证的 3D 打印技术等。

4.2.1　计算机辅助设计

计算机辅助设计软件，也可称为 CAD 软件，分为二维制图软件和三维建模软件。计算机辅助设计软件中，常用的二维制图软件包括 AUTOCAD 等，常用的三维建模软件包括 UG、Pro/E、Solidworks、CATIA 等。

二维制图软件可以实现传统手绘图纸工作方式转变为计算机绘图，有利于提高绘图效率和绘图规范性，也有利于对图纸进行信息化管理，提高检索效率。因此，在计算机发展的初期，二维制图软件获得了广泛关注和长足发展，逐渐成为设计工作的必备软件之一。但二维制图软件不能为设计者提供直观的零件形貌，对设计内容正确性的判断极大地依赖于使用者自身制图能力。图 4.2 所示为 AUTOCAD 软件的设计展示。

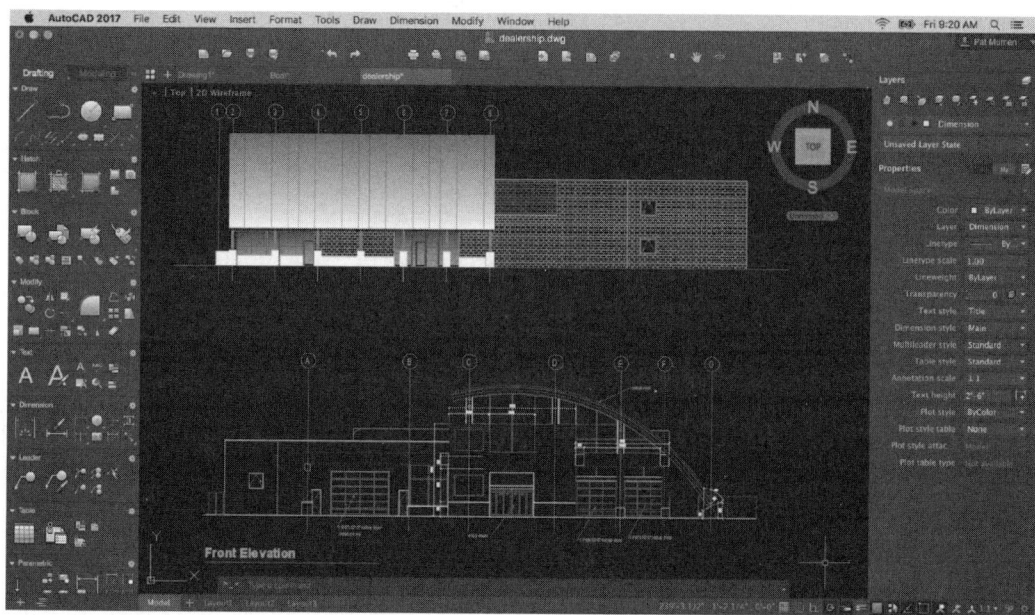

图 4.2　AUTOCAD 软件的设计展示

三维建模软件可以方便地进行三维实体建模，构建零件，并对零件进行装配，在此基本功能的基础上，还可以进一步对装配体进行运动仿真、优化设计以及数控加工指令生成等。通过这类软件，一方面可以直观地完成零件设计与装配，检查设计的可行性，另一方面，软件生成的三维实体模型可以通过多种格式导出，为诸如有限元方法的计算机辅助分析提供模型。因此，随着计算机硬件水平的提高和软件开发能力的提高，三维建模软件正逐渐成为设计工作者的首选工具，特别是其对后续数控加工等方面的便捷化处理，极大推动了在机械制造行业中的快速普及。图 4.3 所示为 Solidworks 软件的设计展示。

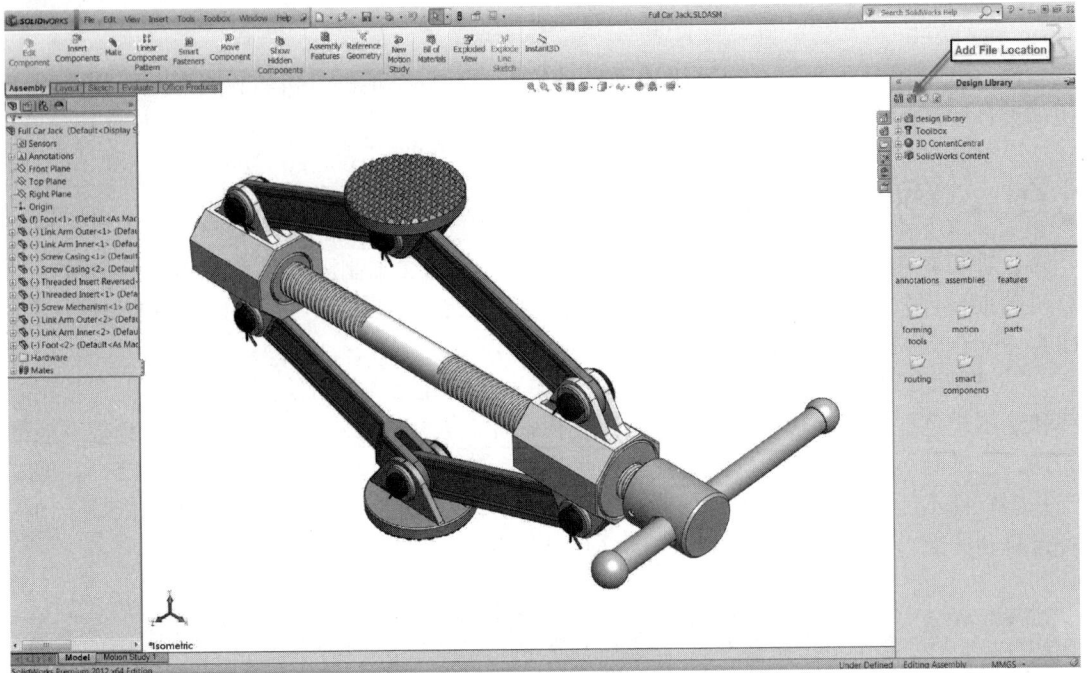

图 4.3　Solidworks 软件的设计展示

在大型游乐设施的设计中，采用三维计算机辅助设计软件，可以直观地显示设计结果，检查装配干涉，进行运动分析，并可生产工程图纸。

4.2.2　计算机辅助分析

计算机辅助分析软件，也可称为 CAE 软件，包括工程和制造业信息化的所有方面，但是传统的计算机辅助分析主要指用计算机对工程和产品进行性能与安全可靠性分析，对其未来的工作状态和运行行为进行模拟，及早发现设计缺陷，并证实未来工程、产品功能和性能的可用性和可靠性。

计算机辅助分析软件可以分为两类。一类是针对特定类型的工程或产品所开发的用于产品性能分析、预测和优化的软件，称之为专用 CAE 软件；另一类是可以对多种类型的工程和产品的物理、力学性能进行分析、模拟和预测、评价和优化，以实现产品技术创新的软件，称之为通用 CAE 软件。

计算机辅助分析软件的主体是有限元分析软件，如 ANSYS、ABAQUS、ADINA 等。计算机辅助分析软件可采用 CAD 技术来建立 CAE 的几何模型和物理模型，完成分析数据的输入，通常称此过程为 CAE 的前处理。同样，CAE 的结果也需要用 CAD 技术生成形象的图形输出，如生成位移图、应力、温度、压力分布的等值线图，表示应力、温度、压力分布的云图，通常称此过程为 CAE 的后处理。针对不同的应用，也可用 CAE 仿真模拟零件、部件、装置（整机）乃至生产线、工厂的运动和运行状态。

图 4.4 所示为 ANSYS Workbench 的分析结果展示。

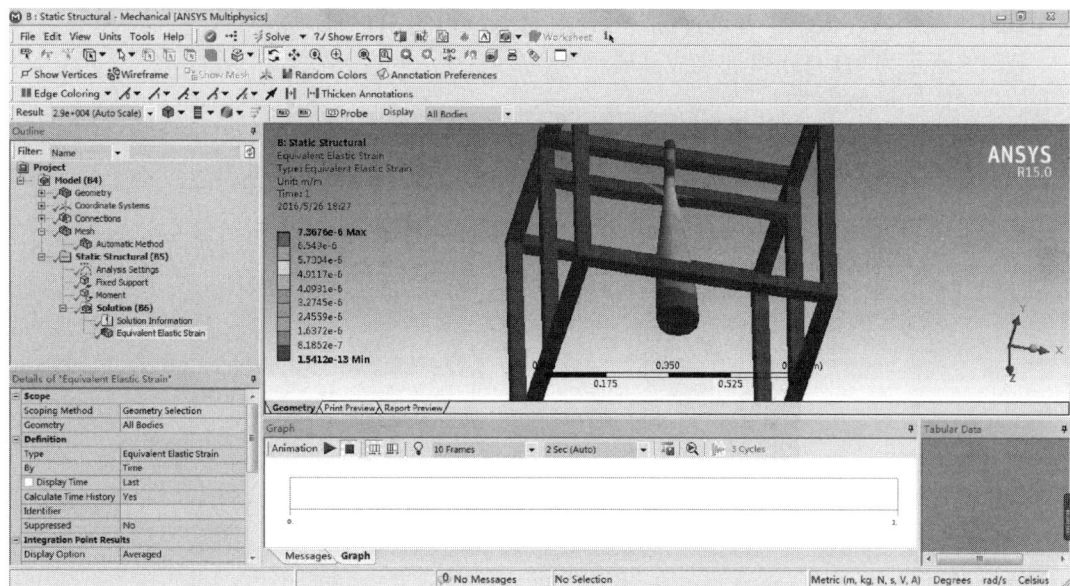

图 4.4　ANSYS Workbench 的分析结果展示

4.2.3　3D 打印

3D 打印是快速成型技术的一种，又称增材制造，它是一种以数字模型文件为基础，运用粉末状金属或塑料等可粘合材料，通过逐层打印的方式来构造物体的技术。通过 3D 打印可以在完成零件的三维模型设计后，快速地进行原型实物制造，可用于产品展示，或对其进行相关的测试。

3D 打印的设计过程是先通过计算机建模软件建模，再将建成的三维模型"分区"成逐层的截面，即切片，从而指导打印机逐层打印。设计软件和打印机之间协作的标准文件格式是 STL 文件格式。一个 STL 文件使用三角面来近似模拟物体的表面。三角面越小其生成的表面分辨率越高。3D 打印机通过读取文件中的横截面信息，用液体状、粉状或片状的材料将这些截面逐层地打印出来，再将各层截面以各种方式粘合起来从而制造出一个实体。这种技术的特点在于其几乎可以造出任何形状的物品。

3D 打印机打出的截面的厚度（即 Z 方向）以及平面方向即 X-Y 方向的分辨率是以 dpi（像素 / 英寸）或者 μm 来计算的。目前，3D 打印机的厚度打印精度一般为 100μm，即 0.1mm，也有部分高精度的 3D 打印机可以打印出 16μm 薄的一层。3D 打印机的分辨率对大多数应用来说已经足够（在弯曲的表面上，打印效果可能会比较粗糙，像图像上的锯齿一样），如果要获得更高分辨率的物品，则可以先用当前的三维打印机打出稍大一点的物体，再稍微经过表面打磨即可得到表面光滑的"高分辨率"物品。

用 3D 打印的技术可以极大地缩短零件的制造时间，并且不需要传统加工中所需的模具等辅助工具，具有极高的加工柔性，适用范围广泛。常在模具制造、工业设计等领域被用于制造模型，后逐渐用于一些产品的直接制造，已经有使用这种技术打印而成的零部件。该技术在珠宝、鞋类、工业设计、建筑、工程和施工、汽车、航空航天、牙科和医疗产业、教育、地理信息系统、土木工程、枪支以及其他领域都有所应用。2020 年 5 月 5 日，中国首飞成功的长征五号 B 运载火箭上，搭载着"3D 打印机"。这是中国首次太空 3D 打印实验，也是国际上第一次在太空中开展连续纤维增强复合材料的 3D 打印实验。

图 4.5 所示为 3D 打印机加工成品展示。

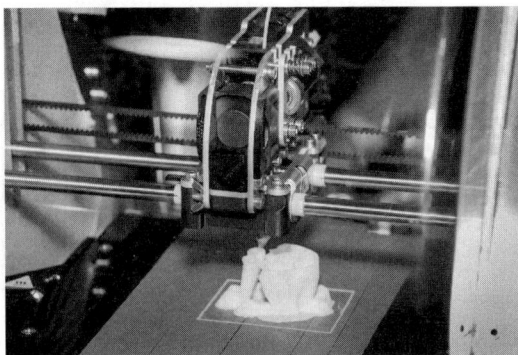

图 4.5　3D 打印机加工成品展示

4.3 ▪ 典型游乐设施的结构设计

4.3.1　旋转木马的结构设计

旋转木马是具有代表性的转马类游乐设施。大型旋转木马不仅建筑面积大，而且建筑总高度也较高。

上海迪士尼奇幻花园旋转木马为钢框架结构，如图 4.6 所示。建筑面积 60.4m²，建筑总高度 11.68m，屋顶为八角形棱角、弧形斜屋面，最大坡度为 41°，坡长 8.66m。屋顶上部为钢结构穹顶，穹顶高度 5.18m，穹顶四周为 1.2m 高的玻璃纤维增强塑料（GRP）制作的皇冠形构件。

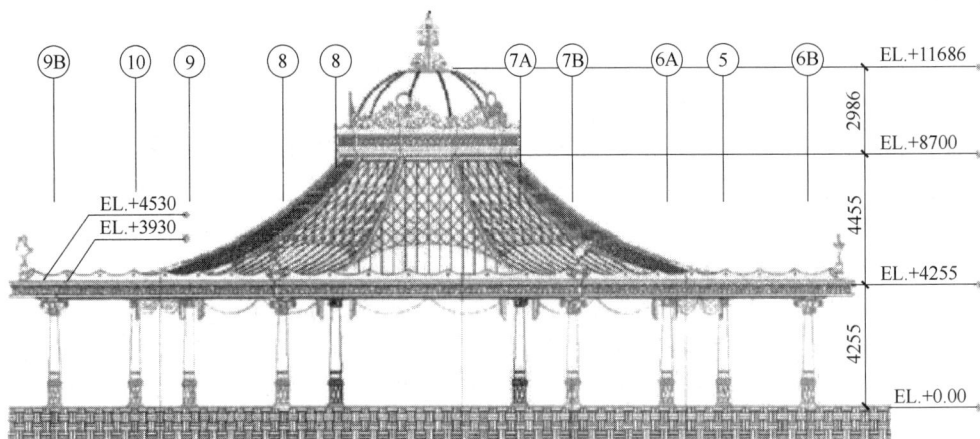

图 4.6　旋转木马结构立面图

旋转木马的主体结构是框架式钢结构，构成木马承载平台、立柱和顶盖。旋转木马的轨道、立轴和旋转平台固定在框架式钢结构上，实现旋转木马的运转。

4.3.2　滑行车类游乐设施的结构设计

过山车是有代表性的滑行车类游乐设施。过山车主要是由轨道和运载小车组成的。

过山车轨道的空间组成结构，决定着过山车的刺激性和受欢迎的程度。典型的三环过山车的轨道长度达数百米，由一个提升段、一个立环、两个螺旋环、倾斜直线段站台、数段圆弧段等连接形成空间复杂轨道。其中，轨道最高处距离地面约 25m。轨道的结构由左右轨道、轨枕和支撑管等组成。其截面图如图 4.7 所示。整个轨道曲线如图 4.8 所示。

运载小车作为过山车的重要组成部分，其零部件有上百个之多。运载小车的主要结构包括车轮、轮架、车桥、车底架、车厢、连接器等。其中，每节车厢包含左、右对称的两个轮架，每个轮架上分别装有两个承重轮，主要起承重作用，两个侧导轮和一个倒挂轮，主要起导向作用，保证车厢不会在运行过程中因受载过大而脱轨。过山车车轮由尼龙制成。过山车运载小车的主要部件如图 4.9 所示。

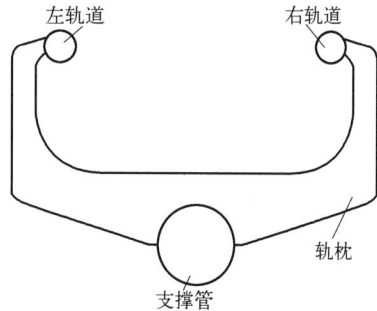

图 4.7　典型的过山车轨道截面

运载小车由首车、牵引车、中间车、尾车、连接器等组成。在运载小车运行过程中，每列小车由连接杆和连接叉连接起来，完成小车和小车之间的牵引运动。由于过山车轨道只有一个爬升段，当运载小车运行到此处时受轨道处牵引链条的作用力向上作爬升运动，其余部分运载小车只受自身重力和摩擦阻力运动。

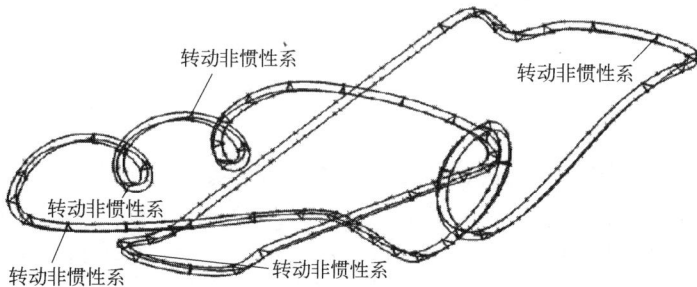

图 4.8　典型的三环过山车轨道曲线简图

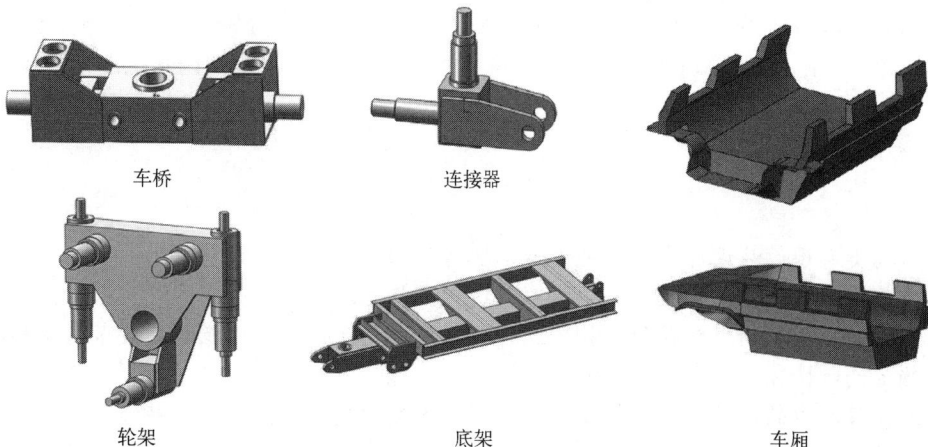

图 4.9　过山车运载小车的主要部件

4.3.3 观览车类游乐设施的结构设计

山东潍坊白浪河的 125m 直径无轴式摩天轮采用桥梁与摩天轮结合的形式，总高度 145m，运行一周需要 30min，如图 4.10 所示。

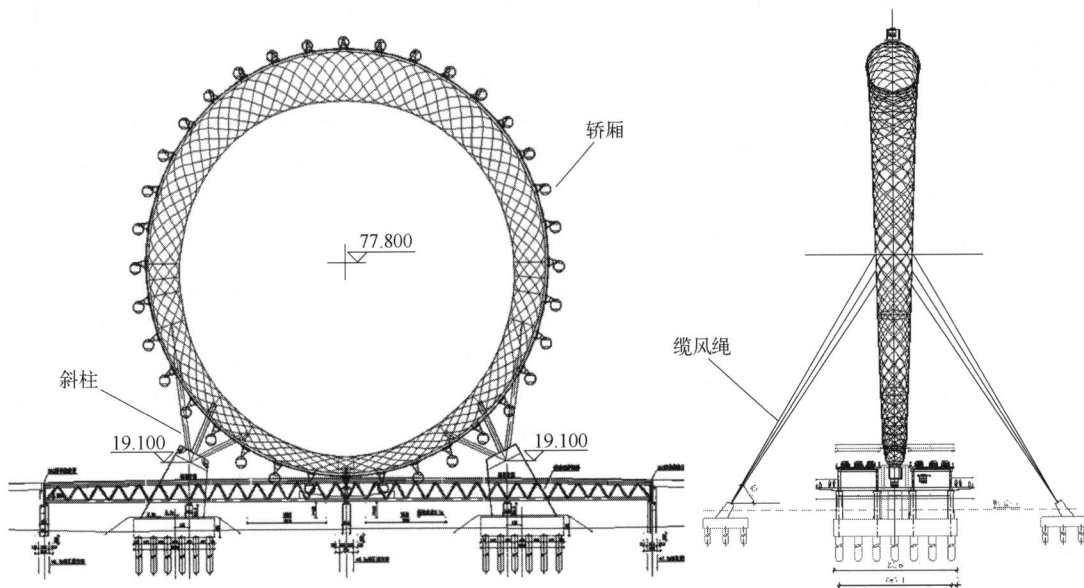

图 4.10 山东潍坊白浪河摩天轮结构

该摩天轮在结构上突破了传统摩天轮的辐条形造型，采用了创新的固定圆环的结构形式。轮盘钢环外侧安装轨道，摩天轮轿厢带有动力装置，沿轨道绕摩天轮转动，实现了观光摩天轮的功能。

该摩天轮的转盘采用固定轮盘式转盘，轿厢为带调整装置的重力平衡式轿厢，每个轿厢均带有独立的动力装置。摩天轮共设置 12 根斜柱支架和 12 根缆风绳。轿厢数量共计 36 个，每个轿厢成员数量为 10 人，可实现 360 人同时观览。摩天轮轿厢的线速度为 0.22m/s。

轮盘网格构件采用圆钢管截面，根据受力不同，直径范围为 351 ~ 914mm。外弦杆直径 630mm，部分受力较大区域加粗到 914mm。轮盘内侧布置通长的内弦杆以增加结构刚度，内弦杆直径 914mm。斜柱直径 1.5m，根据受力不同，柱壁厚分别为 70mm 与 45mm 两种，柱间净间距 4.9m，以保障轿厢通过。每侧轮盘两侧布置有 12 根略向内张拉的拉索。

🔖 思考题

1. 转马类游乐设施设计中，对周边传动轨道表面有什么具体设计要求？

2. 游乐设施的承重结构设计必须按照哪些极限状态进行设计？

3. 对于直接承受动力载荷的结构，在计算强度和稳定性时，以及计算疲劳和变形时，应该如何确定两种情况下的动力系数？

4. 游乐设施中的焊接结构是否需要采用焊前预处理或焊后热处理等特殊措施？应根据哪些因素来确定？

第5章

大型游乐设施的传动系统设计

大型游乐设施中的主要传动形式包括机械传动、液压和气动系统等。传动系统的设计，应保证系统在失效的情况下，游乐设施处于安全状态，例如摩擦传动应有压紧力可调的装置或措施。

5.1 ▪ 机械传动

工作机械一般都要靠原动机供给一定形式的能量（多数是机械能）才能工作。但是，把原动机和工作机械直接连接起来的情况是很少的，往往需要在二者之间加入传递动力或者改变运动状态的传动装置。根据工作原理的不同，可将传动分为两类：机械传动（机械能不能改变为另一种形式能的传动）和电传动（机械能改变为电能，或电能改变为机械能的传动）。

在工业生产中，机械传动是一种最基本的传动方式。分析一台机器时，不论是车床、内燃机还是液压机等，其工作过程实际上包含着多种机构和部件的运动过程。例如：经常应用摩擦轮、带轮、齿轮、链轮、螺杆和蜗杆等，组成各种形式的传动装置来传递能量。

大型游乐设施的种类繁多，运行工况比较复杂。机械传动系统的设计必须符合实际工况，并符合国家标准的规定。机械传动的传动方式主要包括齿轮传动、带传动、链传动、蜗杆传动、摩擦轮传动等。各类传动机构中的零部件设计和选型必须保证足够的安全裕度。

5.1.1 齿轮传动

（1）齿轮传动的应用特点

① 齿轮、齿轮副与齿轮传动。齿轮是任意一个有齿的机械元件，它利用齿与另一个有齿元件连续啮合，从而将运动传递给后者，或者从后者接受运动。

齿轮副是由两个互相啮合的齿轮组成的基本机构，两齿轮轴线相对位置不变，并各绕其自身的轴线转动。

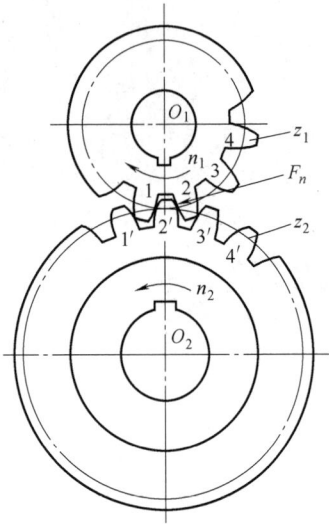

图 5.1 齿轮传动

齿轮传动是利用齿轮副来传递运动和（或）动力的一种机械传动，如图 5.1 所示。齿轮副的轮齿依次交替地接触，从而实现一定规律的相对运动的过程和形态称为啮合。齿轮传动属于啮合传动。当齿轮副工作时，主动轮 O_1 的轮齿 1，2，3，4，…，通过啮合点（两齿轮轮齿的接触点）处的法向作用力 F_n，逐个推动从动轮 O_2 的轮齿 1′，2′，3′，4′，…，使从动轮转动并带动从动轴回转，从而实现将主动轴的运动和动力传递给从动轴。

② 传动比。齿轮传动的传动比是指主动齿轮与从动齿轮角速度（或转速）的比值，也等于两齿轮齿数的反比，即

$$i_{12} = \frac{w_1}{w_2} = \frac{n_1}{n_2} = \frac{z_2}{z_1} \quad\quad (5\text{-}1)$$

式中　w_1，n_1——主动齿轮的角速度和转速；

　　　w_2，n_2——从动齿轮的角速度和转速；

　　　z_1——主动齿轮齿数；

　　　z_2——从动齿轮齿数。

齿轮副的传动比不宜过大，否则会使结构尺寸过大，不利于制造和安装。通常情况下，圆柱齿轮副的传动比 $i \leqslant 8$，圆锥齿轮副的传动比 $i \leqslant 5$。

（2）齿轮传动的常用类型

齿轮的种类很多，齿轮传动可以按不同方法进行分类。

① 根据齿轮副两传动轴的相对位置不同，齿轮传动可分为平行轴齿轮传动（见图 5.2）、相交轴齿轮传动（见图 5.3）和交错轴齿轮传动三种。平行轴齿轮传动属于平面传动，相交轴齿轮传动和交错轴齿轮传动属于空间传动。

② 根据齿轮分度曲面不同，齿轮传动可分为圆柱齿轮传动（见图 5.2）和锥齿轮传动（见图 5.3）。

③ 根据齿线形状不同，齿轮传动可分为直齿齿轮传动 [见图 5.2（a）、（d）、（e）和图 5.3（a）]、斜齿齿轮传动 [见图 5.2（b）、图 5.3（b）] 和曲齿齿轮传动 [见图 5.3（c）]。

④ 根据工作条件不同，齿轮传动可分为闭式齿轮传动、开式齿轮传动和半开式齿轮传动。前者齿轮副封闭在刚性箱体内，并能保证良好的润滑。后者齿轮副外露，易受灰尘及有害物质侵袭，且不能保证良好的润滑。

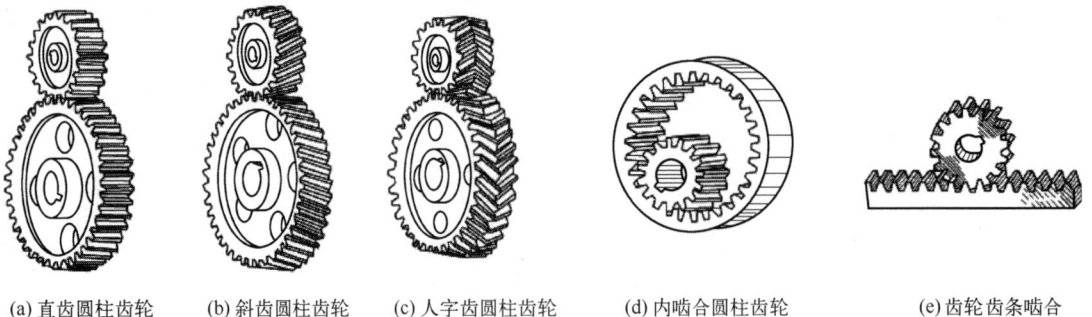

(a) 直齿圆柱齿轮　　(b) 斜齿圆柱齿轮　　(c) 人字齿圆柱齿轮　　(d) 内啮合圆柱齿轮　　(e) 齿轮齿条啮合

图 5.2　平行轴齿轮传动

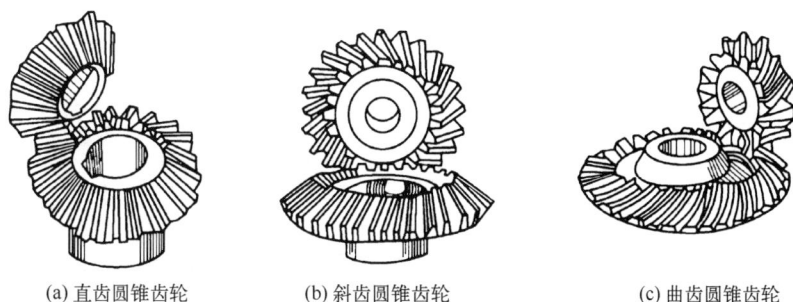

(a) 直齿圆锥齿轮　　　　　(b) 斜齿圆锥齿轮　　　　　(c) 曲齿圆锥齿轮

图 5.3　相交轴齿轮传动

⑤ 按使用情况不同，齿轮传动可分为动力齿轮传动（以动力传输为主，常为高速重载或低速重载传动）和传动齿轮传动（以运动准确为主，一般为轻载高精度传动）。

⑥ 按齿面硬度不同，齿轮传动可分为软齿面齿轮（齿面硬度≤ 350HBW）传动和硬齿面齿轮（齿面硬度＞ 350HBW）传动。

⑦ 根据轮齿齿廓曲线不同，齿轮传动可分为渐开线齿轮传动、摆线齿轮传动和圆弧齿轮传动等，其中渐开线齿轮传动应用最广。齿轮的基本参数包括模数、中心距、基本齿廓、变位系数等。其中，直齿圆柱齿轮的几何要素如图 5.4 所示。图中，b 为齿宽，h_a 为齿顶高，h_f 为齿根高，s 为齿宽，e 为齿槽宽，p 为齿距，d_f 为齿根圆直径，d 为分度圆直径，d_a 为齿顶圆直径。

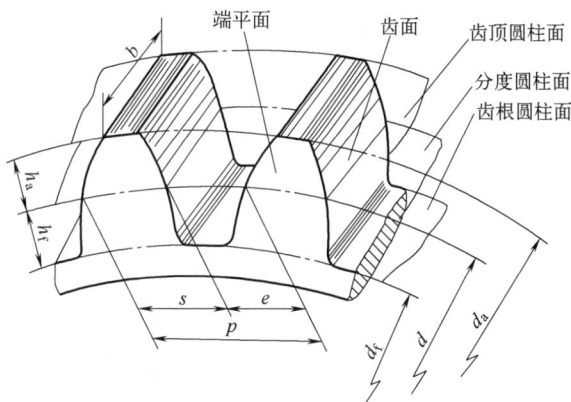

图 5.4　直齿圆柱齿轮的几何要素

5.1.2　带传动

（1）带传动类型及其工作原理

带传动是一种通过中间挠性体（传动带），将主动轴上的运动和动力传递给从动轴的机械传动形式（图 5.5）。带传动由主动带轮 1、从动带轮 2、传动带 3 和机架组成。带传动的特点是传动带具有挠性，可以起到缓冲和吸振的作用，传动平稳无噪声，能够实现较大距离间两轴的传动，通过改变带长，能适合不同的中心距要求。

根据工作原理不同，带传动可分为摩擦型带传动、啮合型带传动两种。

摩擦型带传动具备除带传动的一般特点以外，还具有过载时带沿着带轮工作面打滑（起到安全保护作用）、结构简单、制造成本低、拆装方便等优点，以及带与带轮面之间存在弹性滑动、传动效率较低、传动比不准确、带的寿命较短等缺点。

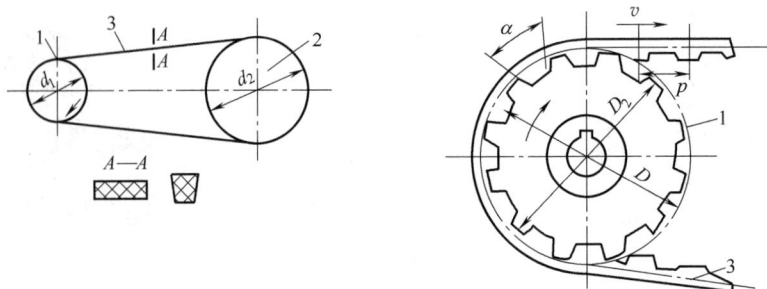

图 5.5　带传动

1—主动带轮；2—从动带轮；3—传动带

图 5.5 中，d_1 为小带轮直径，d_2 为大带轮直径，v 为带速，α 为齿间夹角，D_2 为齿顶圆直径，D 为分度圆直径，p 为同步带节距。

啮合型带传动也称同步带传动，它是依靠同步带上的齿与带轮齿槽之间的啮合来传递运动和动力的。同步带传动兼有带传动和啮合传动的优点，但主要用于中小功率、传动比要求精确的场合，在游乐设施中应用较少，只是使用在一些同步控制的传感器的驱动上。

（2）V 带轮传动结构

V 带轮传动属于典型盘类零件，由轮缘、轮毂和轮辐（或腹板）三部分组成。V 带轮传动结构形式分为：实体式、腹板式、孔板式和轮辐式（图 5.6）。

带传动的张紧装置分为定期张紧装置、自动张紧装置、利用张紧轮方式三种（图 5.7）。

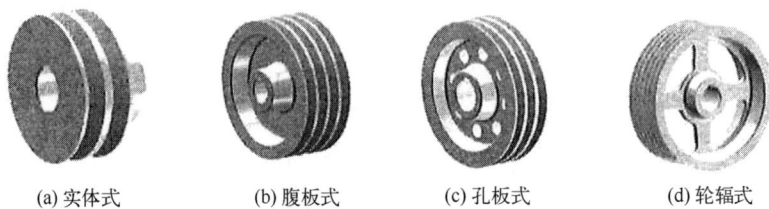

(a) 实体式　　　(b) 腹板式　　　(c) 孔板式　　　(d) 轮辐式

图 5.6　V 带轮结构

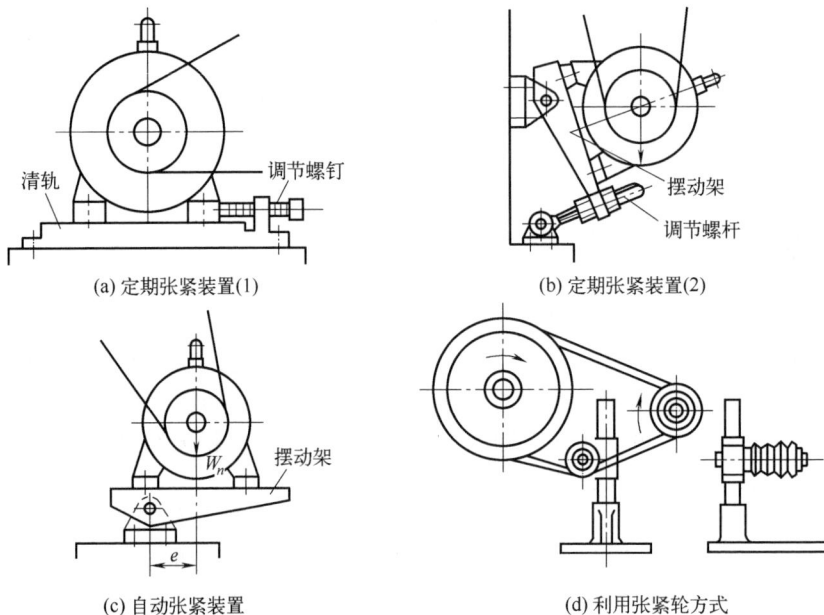

(a) 定期张紧装置(1)　　　　　　　(b) 定期张紧装置(2)

(c) 自动张紧装置　　　　　　　(d) 利用张紧轮方式

图 5.7　张紧装置

5.1.3　链传动

（1）链传动及其传动比

链传动是由链条和具有特殊齿形的链轮组成的传递运动和（或）动力的传动。它是一种具有中间挠性件（链条）的啮合传动。如图 5.8 所示，当主动链轮 1 回转时，依靠链条 3 与两链轮之间的啮合力，使从动链轮 2 回转，进而实现运动和（或）动力的传递。

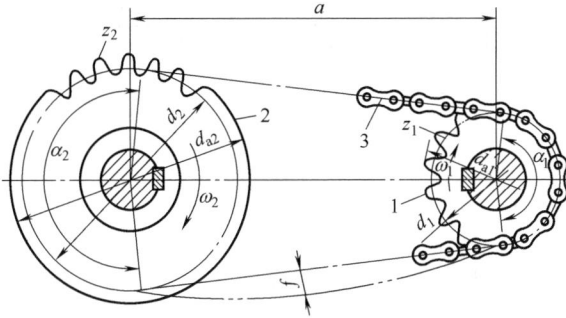

图 5.8　链传动简图
1—主动链轮；2—从动链轮；3—链条

图 5.8 中，z_1 为小链轮齿数，z_2 为大链轮齿数，α_1 为小链轮包角，α_2 为大链轮包角，d_1 为小链轮分度圆直径，d_2 为大链轮分度圆直径，d_{a1} 为小链轮齿顶圆直径，d_{a2} 为大链轮齿顶圆直径，ω_1 为小链轮转速，ω_2 为大链轮转速。

（2）链传动的常用类型

链传动的类型很多，如图 5.9 所示，最常用的是滚子链和齿形链。

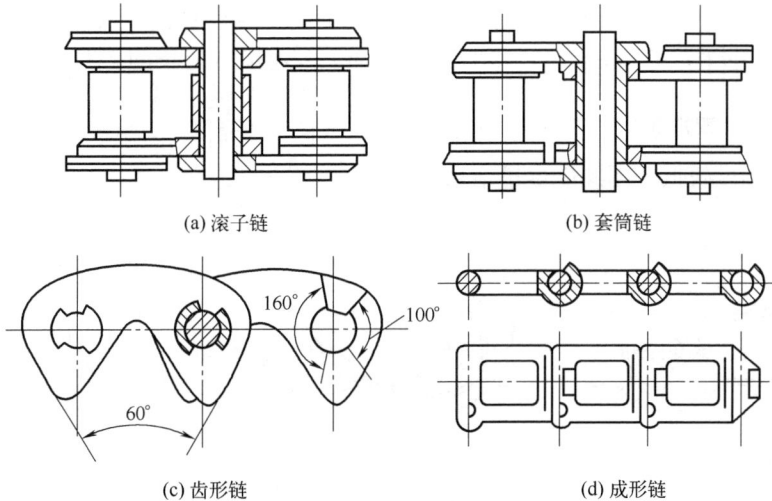

(a) 滚子链　　(b) 套筒链

(c) 齿形链　　(d) 成形链

图 5.9　链传动的类型

图 5.10 所示为滚子链（套筒滚子链），由外链板、内链板、销轴、套筒和滚子组成。销轴与外链板、套筒与内链板分别采用过盈配合连接组成外链节、内链节，销轴与套筒之间采用间隙配合构成外、内链节的铰链副（转动副），当链条屈伸时，内、外链节之间就能相对转动。滚子装在套筒上，可以自由转动，当链条与链轮啮合时，滚子与链轮轮齿相对滚动，

两者之间主要是滚动摩擦，从而减小了链条和链轮轮齿的磨损。

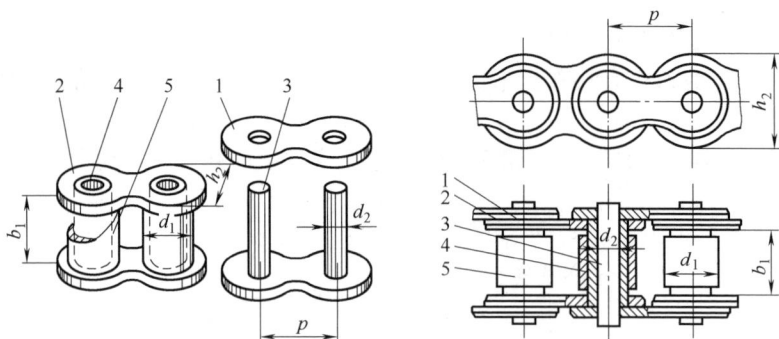

图 5.10　滚子链的结构
1—外链板；2—内链板；3—销轴；4—套筒；5—滚子

图 5.10 中，b_1 为内链节内宽，h_2 为内链板高度，d_1 为滚子直径，d_2 为销轴直径，p 为链的节距。

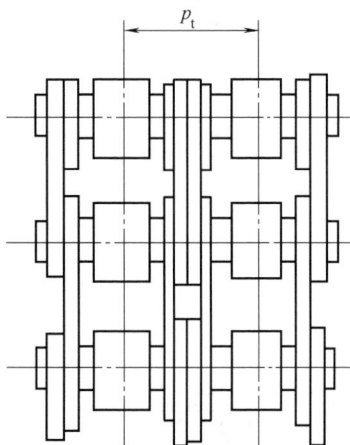

图 5.11　双排链

当需要承受较大载荷、传递较大功率时，可使用多排链。多排链相当于几个普通的单排链彼此之间用长销轴连接而成。其承载能力与排数成正比，但排数越多，越难使各排受力均匀，因此排数不宜过多，常用的有双排链（见图 5.11）和三排链。当载荷大而要求排数多时，可采用两根或两根以上的双排或三排链。

滚子链的连接使用连接链节或过渡链节：当链条两端均为内链节时使用由外链板和销轴组成的可拆卸连接链节，用开口销（钢丝锁销）或弹性锁片连接［见图 5.12（a）、（b）］，连接后链条的链节数为偶数。当链条一端为内链节，另一端为外链节时，使用过渡链节连接［见图 5.12（c）］，连接后链条的链节数为奇数。由于过渡链节的抗拉强度较低，因此应尽量不采用。

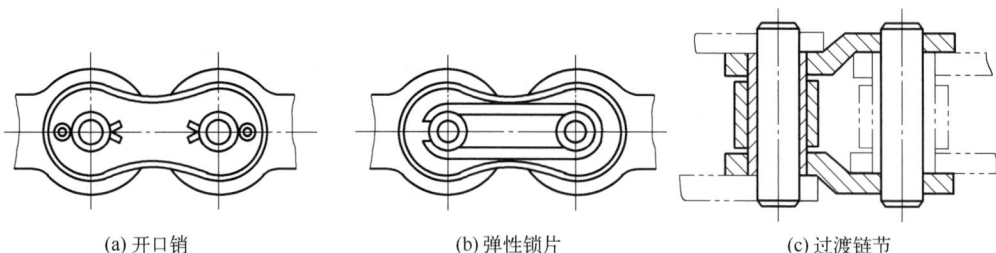

(a) 开口销　　　　　　　　(b) 弹性锁片　　　　　　　　(c) 过渡链节

图 5.12　链条接头处的固定形式

链轮的结构如图 5.13 所示。小直径的链轮制成实心式［见图 5.13（a）］；中等直径的链轮可制成孔板式［见图 5.13（b）］；大直径的链轮可采用组合式［见图 5.13（c）］。

（3）链传动的应用特点

链传动中，链条的前进速度和上下抖动速度是周期性变化的，链轮的节距越大，齿数越少，链速的变化就越大。当主动链轮匀速转动时，从动链轮的角速度以及

| (a) 实心式 | (b) 孔板式 | (c) 组合式 |

图 5.13　链轮的结构

链传动的瞬时传动比都是周期性变化的，因此链传动不宜用于对运动精度有较高要求的场合。链传动的不均匀性特征，是由围绕在链轮上的链条形成了正多边形这一特点所造成的，故称为链传动的多边形效应。

链轮的转速越高、节距越大、齿数越少，则传动的动载荷就越大。链节和链轮啮合瞬间的相对速度，也将引起冲击和动载荷。链节距越大，链轮的转速越高，则冲击越强烈。

5.1.4　蜗杆传动

（1）蜗杆、蜗轮及其传动

① 蜗杆、蜗轮、蜗杆副等有关术语

a. 蜗杆：一个齿轮，当它只具有一个或几个螺旋齿，并且与蜗轮啮合而组成交错轴齿轮副时，称为蜗杆。蜗杆的分度曲面可以是圆柱面、圆锥面或圆环面。

b. 蜗轮：一个齿轮，它作为交错轴齿轮副中的大轮而与配对蜗杆相啮合时，称为蜗轮。蜗轮的分度曲面可以是圆柱面、圆锥面或圆环面。通常，它和配对的蜗杆呈线接触状态。

c. 蜗杆副：由蜗杆及其配对蜗轮组成的交错轴齿轮副称为蜗杆副。

d. 圆柱蜗杆：分度曲面为圆柱面的蜗杆。

e. 圆柱蜗杆副：由圆柱蜗杆及其配对的蜗轮组成的交错轴齿轮副。除常用的圆柱蜗杆和圆柱蜗杆副外，还有环面蜗杆（分度曲面是圆环面的蜗杆）和环面蜗杆副（见图 5.14）；锥蜗杆（分度曲面为圆锥面的蜗杆）和锥蜗杆副（见图 5.15）。

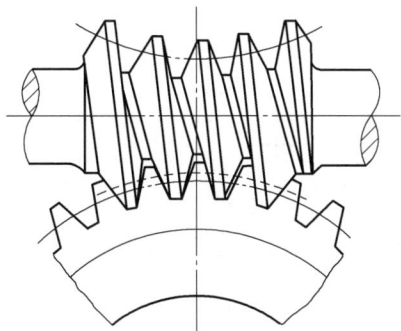

图 5.14　环面蜗杆副

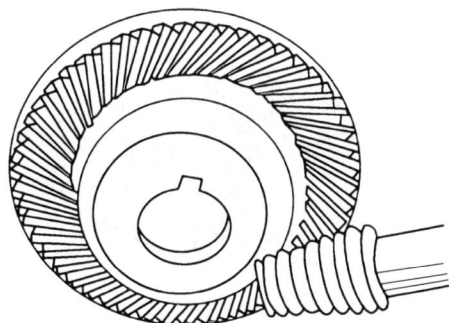

图 5.15　锥蜗杆和锥蜗杆副

② 圆柱蜗杆的分类

a. 阿基米德蜗杆（ZA 蜗杆）：齿面为阿基米德螺旋面的圆柱蜗杆，其端面齿廓是阿基米德螺旋线，轴向齿廓是直线，所以又称为轴向直廓蜗杆（见图 5.16）。

b. 渐开线蜗杆（ZI 蜗杆）：齿面为渐开螺旋面的圆柱蜗杆，其端面齿廓是渐开线。

c. 法向直廓蜗杆（ZN 蜗杆）：在垂直于齿线的法平面内，或垂直于齿槽中点螺旋线的法平面内，或垂直于齿厚中点螺旋线的法平面内的齿廓为直线的圆柱蜗杆，均被称为法向直廓蜗杆。

d. 锥面包络圆柱蜗杆（ZK 蜗杆）。

e. 圆弧圆柱蜗杆（ZC 蜗杆）。

注意：阿基米德蜗杆的加工方法与车削梯形螺纹的方法类似，工艺性能较好，制造和测量均很方便，是应用最为广泛的一种圆柱蜗杆。图 5.16 中，γ 为导程角，α 为齿形角。

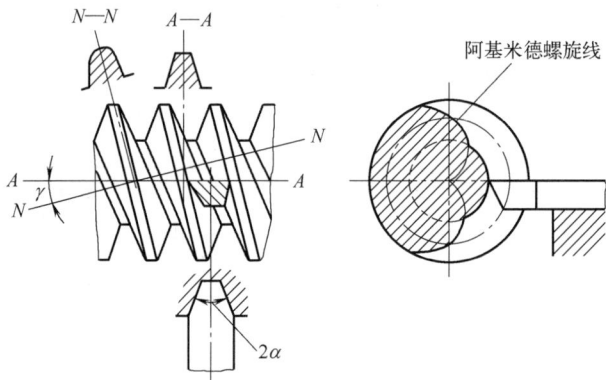

图 5.16　阿基米德蜗杆

③蜗杆传动

a. 蜗杆传动的组成。蜗杆传动是利用蜗杆副传递运动和（或）动力的一种机械传动。蜗杆传动是由交错轴斜齿轮传动演变而成的。蜗杆与蜗轮的轴线在空间互相垂直交错成 90°，即轴交角 $\Sigma=90°$（见图 5.17），通常情况下，蜗杆是主动件，蜗轮是从动件。蜗杆传动类似于螺旋传动。按蜗杆轮齿的螺旋方向不同，蜗杆有右旋和左旋之分，蜗杆螺旋线符合螺旋右手定则，即为右旋（R），反之为左旋（L），常用的为右旋蜗杆。蜗杆副中配对的蜗轮，其旋向与蜗杆相同。蜗杆轮齿的总数（蜗杆的齿数）称为蜗杆头数 z_1。只有 1 个齿的蜗杆称为单头蜗杆，有两个或两个以上齿的蜗杆称为多头蜗杆（通常蜗杆头数 $z_1=1 \sim 4$）。

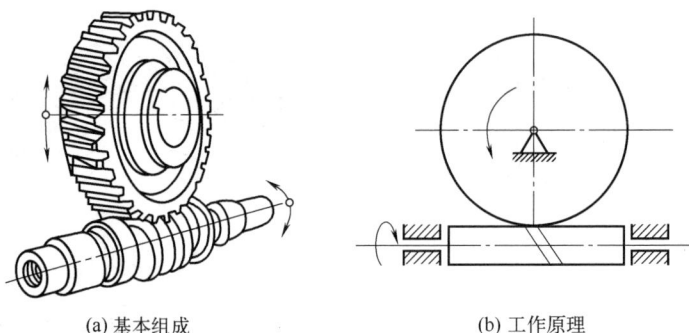

(a) 基本组成　　　　　　　　(b) 工作原理

图 5.17　蜗杆传动

b. 回转方向的判定。蜗杆传动时，蜗轮的回转方向不仅与蜗杆的回转方向有关，而且与蜗杆轮齿的螺旋方向有关。蜗轮回转方向的判定方法如下：蜗杆右旋时用右手，左旋时用左手。半握拳，四指指向蜗杆回转方向，蜗轮的回转方向与大拇指指向相反，如图 5.18 所示。

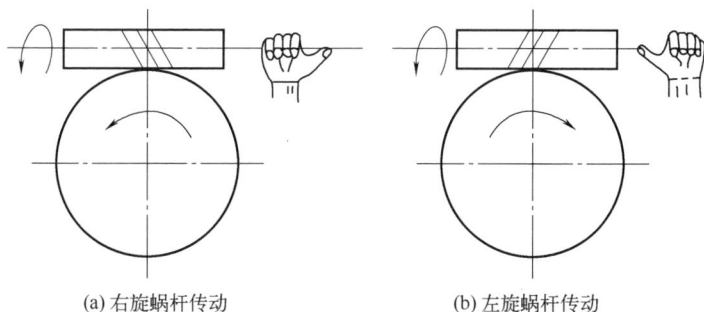

(a) 右旋蜗杆传动　　　　　　　(b) 左旋蜗杆传动

图 5.18　蜗杆传动中蜗轮回转方向的判定

（2）蜗杆传动的特点

① 传动比大。蜗杆传动与齿轮传动一样能够保证准确的传动比，而且可以获得很大的传动比。齿轮传动中，为了避免发生根切，小齿轮的齿数不能太少，大齿轮的齿数又受传动装置尺寸限制不能太多，因此传动比受到限制。蜗杆传动中，蜗杆的头数 $z_1=1 \sim 4$，在蜗轮齿数 z_2 较少的情况下，单级传动就能得到很大的传动比。用于动力传动的蜗杆副，通常传动比 $i=10 \sim 30$；一般传动时 $i=8 \sim 60$；用于分度机构时可达 $i=600 \sim 1000$，这样大的传动比，如用齿轮传动则需要采用多级传动才能获得。因此，在传动比较大时，蜗杆传动具有结构紧凑的特点。

② 传动平稳及噪声小。蜗杆的齿为连续不断的螺旋面，传动时与蜗轮间的啮合是逐渐进入和退出的，蜗轮的齿基本上是沿螺旋面滑动的，而且同时啮合的齿数较多，因此，蜗杆传动比齿轮传动平稳，没有冲击，噪声小。

③ 容易实现自锁。和螺旋传动一样，当蜗杆的导程角小于蜗杆副材料的当量摩擦角时，蜗杆传动具有自锁性。此时，只能由蜗杆带动蜗轮，而不能由蜗轮带动蜗杆。这一特性用于机械设备中，能起到安全保险的作用。图 5.19 所示的手动起重装置，就是利用蜗杆的自锁特性使重物 G 停留在任意位置上，而不会自动下落。单头蜗杆的导程角较小，一般 $\gamma < 5°$，大多具有自锁性，而多头蜗杆随头数增多导程角增大，不一定具有自锁能力。例如：采用蜗轮蜗杆传动的电梯，为了提高传动的效率，常使用多头蜗杆，不一定具有自锁能力。

④ 承载能力大。蜗杆传动中，蜗轮的分度圆柱面的素线由直线改为弧线，使蜗杆与蜗轮的啮合是线接触，同时进入啮合的齿数较多，因此与点接触的交错轴斜齿轮传动相比，承载能力大。

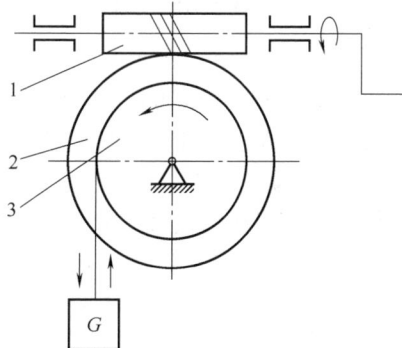

图 5.19　蜗杆自锁的应用
1—蜗杆；2—蜗轮；3—卷筒

⑤ 传动效率低。蜗杆传动时，啮合区相对滑动速度很大，磨损损失较大，因此传动效率较齿轮传动低。一般蜗杆传动的效率 $\eta=0.7 \sim 0.8$，具有自锁性的蜗杆传动，其效率 $\eta < 0.5$。传动效率低限制了传递功率，一般蜗杆传动的功率不超过 50kW。为了提高蜗杆传动的效率，减少传动中的摩擦，除应具有良好的润滑和冷却条件外，蜗轮还常采用青铜等减摩材料制造，因而成本较高。

⑥ 制造和安装要求高。对制造和安装误差很敏感，安装时对中心距的尺寸精度要求较高。

5.1.5 摩擦轮传动

利用两个或两个以上互相压紧的轮子间的摩擦力传递动力和运动的机械传动称为摩擦轮传动。摩擦轮传动可分为定传动比传动和变传动比传动两类。传动比基本固定的定传动比摩擦轮传动又分为圆柱平摩擦轮传动、圆柱槽摩擦轮传动和圆锥摩擦轮传动 3 种形式，如图 5.20 所示。前两种形式用于两平行轴之间的传动，后一种形式用于两交叉轴之间的传动。工作时摩擦轮之间必须有足够的压紧力，以免发生打滑现象，损坏摩擦轮并影响正常传动。在相同径向压力的条件下，槽摩擦轮传动可以产生较大的摩擦力，比平摩擦轮具有更高的传动能力，但槽轮易于磨损。变传动比摩擦轮传动易实现无级变速，并具有较大的调速幅度。机械无级变速器如图 5.21 所示，图中主动轮按箭头方向移动时，从动轮的转速便连续地变化；当主动轮移过从动轮轴线时从动轮就反向转动。摩擦轮传动结构简单、传动平稳、传动比调节方便、过载时尚能产生打滑而避免损坏装置；但其传动比不大、效率低、磨损大，而且通常轴上受力大，所以主要用于传递动力不大或需要无级调速的情况。

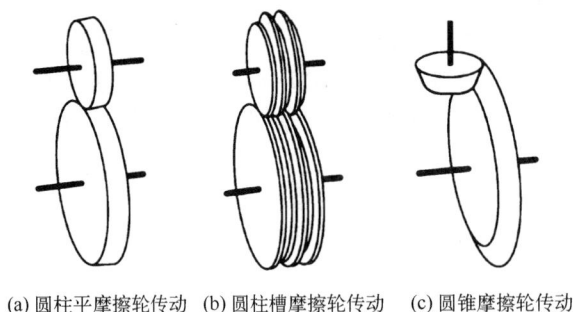

(a) 圆柱平摩擦轮传动 (b) 圆柱槽摩擦轮传动 (c) 圆锥摩擦轮传动

图 5.20　摩擦轮传动

图 5.21　机械无级变速器

对摩擦材料的主要要求是，耐磨性好、摩擦因数大和接触疲劳强度高。在高速、高效率和要求尺寸紧凑的传动中，摩擦轮常采用淬火钢对淬火钢，并放在油中运行。而干式摩擦传动常采用铸铁对铸铁、钢铁对木材或布质酚醛层压板，或在从动轮面覆盖一层皮革、石棉基材料或橡胶等。

摩擦轮传动的设计主要是根据所需传递的圆周力计算压紧力。用金属作为摩擦材料时应限制工作面的接触应力；用非金属时则限制单位接触线上的压力。

（1）摩擦轮传动的工作原理

摩擦轮传动是利用两轮直接接触所产生的摩擦力来传递运动和动力的一种机械传动。图 5.22（a）所示为最简单的外接圆柱式摩擦轮传动，由两个相互压紧的圆柱形摩擦轮组成。在正常传动时，主动轮依靠摩擦力的作用带动从动轮转动，并保证两轮面的接触处有足够大的摩擦力，使主动轮产生的摩擦力矩足以克服从动轮上的阻力矩。如果摩擦力矩小于阻力矩，两轮面接触处在传动中会出现相对滑移现象，这种现象称为"打滑"。图 5.22 中，D_1 为小轮直径，D_2 为大轮直径，n_1 为小轮转速，n_2 为大轮转速。

增大摩擦力的两种途径：一是增大正压力，二是增大摩擦因数。增大正压力可以在摩擦轮上安装弹簧或其他施力装置。但这样会增加作用在轴与轴承上的载荷，导致增大传动件的尺寸，使机构笨重。因此，正压力只能适当增加。增大摩擦因数的方法，通常是将其中一个摩擦轮用钢或铸铁材料制造，在另一个摩擦轮的工作表面，粘上一层石棉、皮革、橡胶布、塑料或纤维材料等。轮面较软的摩擦轮宜作主动轮，这样可以避免传动中产生打滑，致使从动轮的轮面遭受局部磨损而影响传动质量。

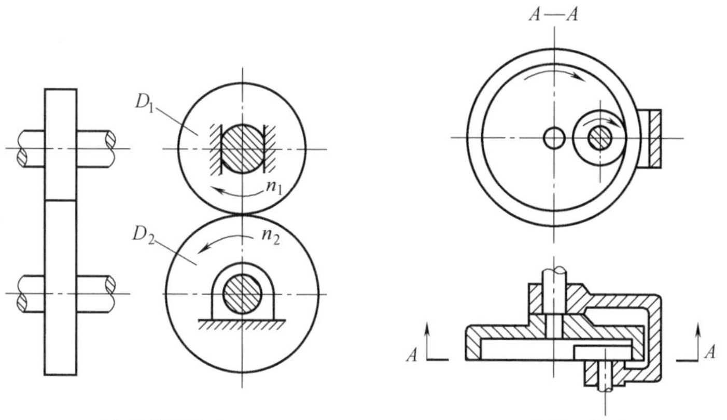

图 5.22　两轴平行的摩擦轮传动

（2）摩擦轮传动的特点和类型

① 特点

a. 结构简单，使用与维修方便，适用于两轴中心距较近的传动。

b. 传动时噪声小，并可在运转中变速和变向。

c. 过载时，两轮接触处会产生打滑，因而可防止薄弱零件的损坏，起到安全保护作用。

d. 在两轮接触处有产生打滑的可能，所以不能保持准确的传动比。

e. 传动效率较低，不宜传递较大的转矩，主要适用于高速、小功率传动的场合。

② 类型　按两轮轴线相对位置不同，摩擦轮传动可分为两轴平行和两轴相交两类。

a. 两轴平行的摩擦轮传动。两轴平行的摩擦轮传动，有外接圆柱式摩擦轮传动和内接圆柱式摩擦轮传动两种，如图 5.22 所示。前者两轴转动方向相反，后者两轴转动方向相同。

b. 两轴相交的摩擦轮传动。两轴相交的摩擦轮传动，其摩擦轮多为圆锥形，并有外接圆锥式和内接圆锥式两种。此外，还有圆柱圆盘式结构。圆锥形摩擦轮安装时，应使两轮的锥顶重合，以保证两轮锥面上各接触点处的线速度相等。

（3）常见故障及其排除方法

摩擦轮传动的失效形式除打滑外，主要是摩擦副及加压装置的表面点蚀、塑性变形、磨损、胶合或烧伤。

湿式工作且两轮均为金属材料时，主要失效为传动打滑及表面点蚀。可按保证有一定的滑动安全系数条件下对传动进行接触强度计算，一般还要进行热平衡计算，以防油漏过多、润滑剂失效引起胶合。

干式工作且两轮均为金属材料时，主要失效为传动打滑及磨损和点蚀，一般仍按保证有一定滑动安全系数条件下对传动进行接触强度计算。而当有一轮为软性非金属材料时，主要失效则为打滑、磨损与发热，特别是橡胶的曲挠应力使内部迅速发热，其散热能力较差易形成内部烧伤。

摩擦传动用的钢丝绳直径应不小于 10mm，卷筒传动用的钢丝绳直径应不小于 6mm。提升、吊挂乘人装置用的钢丝绳所承受的最大载荷，应考虑端部固定的效率，如表 5.1 所示。钢丝绳最小断裂载荷与其承受最大静载荷的比例，应不小于 10（滑道除外）。

乘人部分使用的钢丝绳应符合 GB/T 8918 的规定。卷筒和滑落用的钢丝绳，宜选用线接触钢丝绳。在腐蚀环境中应选用镀锌钢丝绳。钢丝绳的性能和强度应满足机构工况要求。

表 5.1　钢丝绳端部固定方法

固定方法	名称	效率 /%	备注
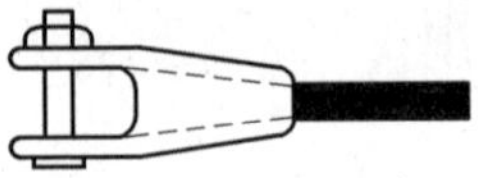	巴氏合金固定	100	一般称浇铸巴氏合金法
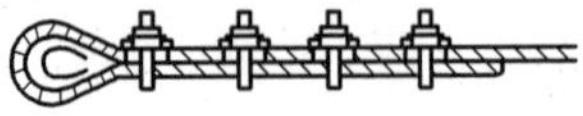	绳夹固定	80 ~ 85	绳夹加工不合适，效率为 50% 以下
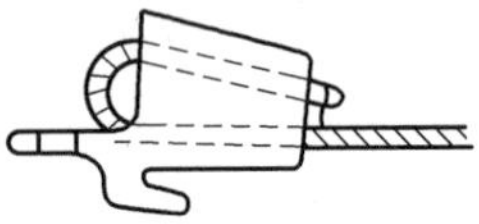	楔块固定	65 ~ 70	楔块加工不合适，效率为 50% 以下
	桃形环编织法	80 ~ 90	钢丝绳直径 /mm $\phi16$ 以下，90% $\phi16 \sim 26$，85% $\phi27 \sim 38$，80%
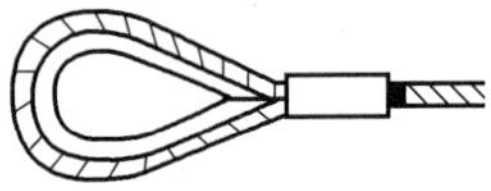	桃形环绳箍	90 ~ 100	

提升乘人装置用的卷筒、滑轮直径与钢丝绳直径之比不小于 30。当钢丝绳对滑轮的包角不大于 90°时，滑轮直径与钢丝绳直径之比应不小于 20。应规定钢丝绳的使用寿命。

非金属弹性件、套环、承载体等吊挂件，其最小断裂载荷与其承受最大静载荷的比例，应不小于 10。

5.1.6　其他传动

（1）电磁传动

部分滑行类游乐设施的驱动使用直线电机直接驱动乘客装置。在很多游乐设施的制动系统中使用永磁刹车装置使该装置减速，如过山车的减速装置，还有自由落体游乐设施在下降时也采用了永磁刹车。

（2）螺旋传动

螺旋传动是利用螺杆（丝杠）和螺母组成的螺旋副来实现传动要求的。它主要用于将回转运动转变为直线运动，同时传递运动和动力，可应用在游乐设施的平移机构中。主要分为传力螺旋、传导螺旋、调整螺旋、滑动螺旋、滚动螺旋、静压螺旋等类型。

5.1.7　传动系统安全因素

游乐设施的传动非常重要，涉及设备的运行可靠性及乘客的安全。在传动系统设计时，应考虑的安全可靠性因素有：环境条件（湿度、温度、沙尘等）、启动次数（如每小时的启动次数）、润滑方式、安装方式，以及是否有正反转，运行中的最大冲击转矩和额定转矩的比。

游乐设施的传动系统中的重要电动机、减速机要有选型计算，涉及人身安全的减速机的服务系数宜达到 2.0 以上。

5.2 ■ 液压和气动系统

5.2.1 液压系统

液压系统是以液体为工作介质，以液体的压力能进行运动和动力传递的一种传动方式，其传动模型如图 5.23 所示。图中，W 为施加的重物质量，F 为施加的作用力。与机械传动相比，液压系统具有传递动力大、体积小、质量轻、结构紧凑、易于调速控制和实现自动化等许多优点，因此在游乐设施中广泛应用。

图 5.23　液压系统的传动模型
1，3—缸体；2，4—活塞；5—连通管

液压系统主要由动力元件（液压泵）、执行元件（液压缸或液压马达）、控制元件（各种阀）、辅助元件等液压元件和工作介质（液压油）构成。

液压系统可按照工作介质（液压油）的循环方式、执行元件类型和系统回路的组合方式等进行分类。液压系统按工作介质的循环方式可分为开式系统和闭式系统。

开式系统：泵从油箱中吸油，执行元件的回油返回油箱的系统称为开式系统（见图 5.24）。在开式系统中，执行元件的开、停和换向是由换向阀操纵的。

闭式系统：执行元件的回油直接接至泵吸入口的系统称为闭式系统（见图 5.25）。在闭式系统中，为了补充系统的泄漏，进行热交换以及供给低压控制油液，必须设置辅助泵。辅助泵的流量视系统的容积损失、热平衡要求和低压控制的需要而定。闭式系统中一般采用双向变量泵来进行调速和换向。

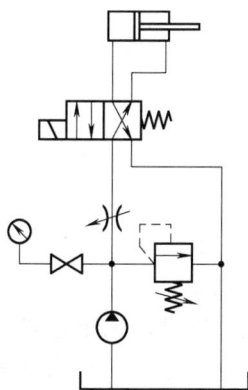

图 5.24　开式系统

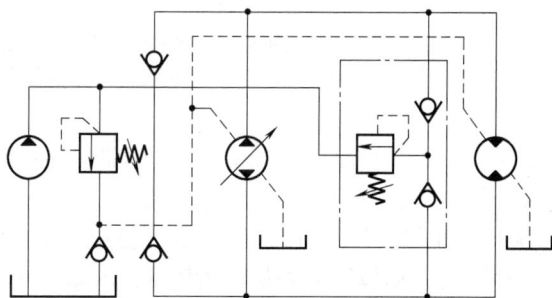

图 5.25　闭式系统

（1）液压元件分类

液压元件有动力元件、执行元件、控制元件和辅助元件 4 类。

① 动力元件　是利用液体把原动机的机械能转换成液压能的部分，也是液压系统中的动力部分。它主要包括齿轮泵、叶片泵、柱塞泵、螺杆泵等。

② 执行元件　是将液体的液压能转换成机械能的部分。它主要包括液压缸和液压马达。液压缸包括活塞液压缸、柱塞液压缸、摆动液压缸、组合液压缸等；液压马达包括齿轮式液压马达、叶片液压马达、柱塞液压马达等。

③ 控制元件　可以根据需要无级调节液动机的速度，并对液压系统中工作液体的压力、流量和流向进行调节与控制。它包括方向控制阀、压力控制阀和流量控制阀。方向控制阀有单向阀、换向阀等；压力控制阀有溢流阀、减压阀、顺序阀、压力继电器等；流量控制阀有节流阀、调速阀、分流阀等。

④ 辅助元件　是指除上述三部分以外的其他元件，包括蓄能器、过滤器、冷却器、加热器、油管、管接头、油箱、压力计、流量计和密封装置等。

（2）液压动力元件

液压泵是液压系统中主要的动力装置，即动力源，在系统中的作用十分重要。

① 液压泵的分类

a. 单柱塞液压泵。柱式液压泵都是依靠密封容积变化的原理进行工作的，故一般称为容积式液压泵。图 5.26 所示为单柱塞液压泵的工作原理，图中柱塞 2 装在缸体 3 中形成一个密封油腔 7，柱塞在弹簧 4 的作用下始终压紧在偏心轮 1 上。原动机驱动偏心轮 1 旋转使柱塞 2 作往复运动，使密封油腔 7 的大小发生周期性的交替变化。当油腔 7 由小变大时就会形成部分真空，使油腔中的油液在大气压作用下，经吸油管顶开单向阀 6 进入密封油腔 7 而实现吸油；反之，当密封油腔 7 由大变小时，密封油腔 7 中吸满的油液将顶开单向阀 5 流入系统而实现压油。这样液压泵就将原动机输入的机械能转换成液体的液压能，原动机驱动偏心轮不断旋转，液压泵就不断地吸油和压油。

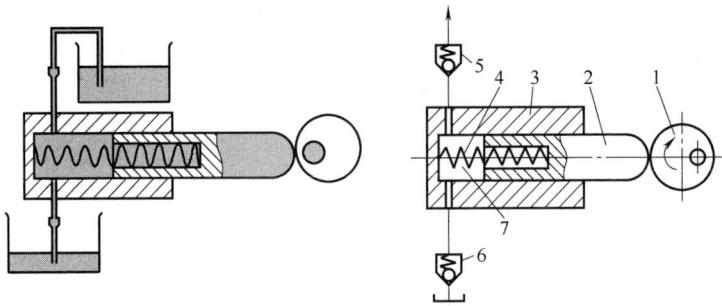

图 5.26　单柱塞液压泵的工作原理
1—偏心轮；2—柱塞；3—缸体；4—弹簧；5—排油单向阀；6—吸油单向阀；7—密封油腔

b. 齿轮泵。齿轮泵是液压系统中广泛采用的一种液压泵，它一般做成定量泵。按结构不同，齿轮泵分为外啮合齿轮泵和内啮合齿轮泵，而以外啮合齿轮泵应用最广。下面以外啮合齿轮泵为例来剖析齿轮泵。图 5.27 所示为外啮合齿轮泵的结构。这种齿轮泵主要由一对几何参数完全相同的主动齿轮 4 和从动齿轮 8、传动轴 6、泵体 3、前泵盖 5、后泵盖 1 等零件组成。

图 5.28 为外啮合齿轮泵的工作原理。原动机带动齿轮按图示方向旋转时，右侧的齿轮不断退出啮合，而左侧的齿轮不断进入啮合，因啮合点的啮合半径小于齿顶圆半径，右侧退出啮合的轮齿露出齿间，其密封工作腔容积逐渐增大，形成局部真空，油箱中的油液在大气

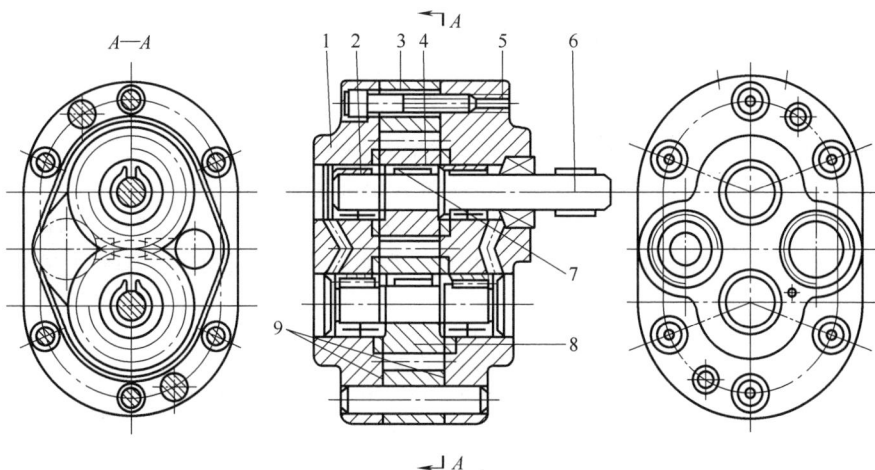

图 5.27　外啮合齿轮泵的结构
1—后泵盖；2—滚针轴承；3—泵体；4—主动齿轮；5—前泵盖；6—传动轴；7—键；8—从动齿轮；9—O 形密封圈

压力的作用下经泵的吸油口进入这个密封油腔——吸油腔。随着齿轮的转动，吸入的油液被齿间转移到左侧的密封工作腔。左侧进入啮合的轮齿使密封油腔的压油腔容积逐渐减少，把齿间油液挤出，从压油口输出，压入液压系统。齿轮连续旋转，泵连续不断地吸油和压油。

c.叶片泵。叶片泵的结构较齿轮泵复杂，但其工作压力较高，且流量脉动小，工作平稳，噪声较小，寿命较长。所以它被广泛应用于机械制造中的专用机床、自动线等中低液压系统中，但其结构复杂，吸油特性不太好，对油液的污染也比较敏感。

根据各密封工作容积在转子旋转一周吸、排油液次数的不同，叶片泵分为两类，即完成一次吸、排油液的单作用叶片泵（见图 5.29）和完成两次吸、排油液的双作用叶片泵（见图 5.30）。单作用叶片

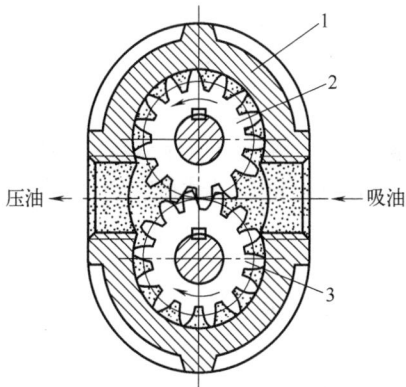

图 5.28　外啮合齿轮泵的工作原理
1—壳体；2—主动齿轮；3—从动齿轮

泵多为变量泵，工作压力最大为 7.0MPa，双作用叶片泵均为定量泵，一般最大工作压力为 7.0MPa，结构经改进的高压叶片泵最大的工作压力可达 16.0 ～ 21.0MPa。

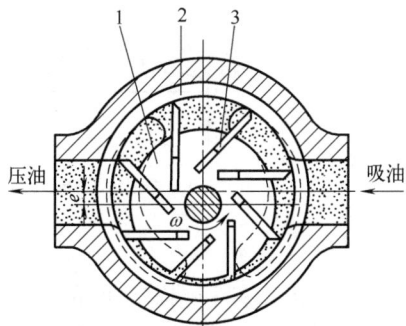

图 5.29　单作用叶片泵的工作原理
1—定子；2—转子；3—叶片

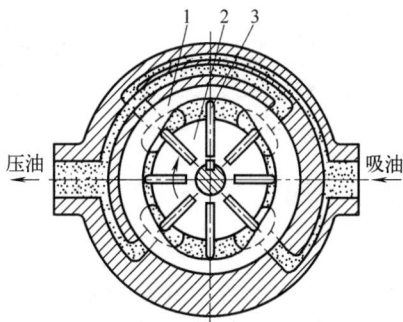

图 5.30　双作用叶片泵的工作原理
1—定子；2—转子；3—叶片

② 液压泵的选用　液压泵是液压系统提供一定流量和压力的油液动力元件，它是每个液压系统不可缺少的核心元件，合理地选择液压泵对于降低液压系统的能耗、提高系统的效率、降低噪声、改善工作性能和保证系统的可靠工作都十分重要。

选择液压泵的原则是：根据主机工况、功率大小和系统对工作性能的要求，首先确定液压泵的类型，然后按系统所要求的压力、流量大小确定其规格型号。

表 5.2 列出了液压系统中常用液压泵的性能比较。一般来说，由于各类液压泵有各自突出的特点，其结构、功用和运转方式各不相同，因此应根据不同的使用场合选择合适的液压泵。

表 5.2　液压系统中常用液压泵的性能比较

类型	外啮合齿轮泵	双作用叶片泵	限压式变量叶片泵	径向柱塞泵	轴向柱塞泵	螺杆泵
输出压力	低压	中压	中压	高压	高压	低压
流量调节	不能	不能	能	能	能	不能
效率	低	较高	较高	高	高	较高
输出流量脉动	很大	很小	一般	一般	一般	最小
自吸特性	好	较差	较差	差	差	好
对油污的敏感性	不敏感	较敏感	较敏感	很敏感	很敏感	不敏感
噪声	大	小	较大	大	大	最小

（3）执行元件

它是将液体的液压能转换成机械能的器件，如液压缸和液压马达等。其中，液压缸做直线运动，液压马达做旋转运动。

① 液压缸

a.液压缸的类型和特点。按运动方式分，液压缸可分为直线运动（活塞式、柱塞式）液压缸、摆动液压缸；按作用方式分，它又可分为单作用液压缸和双作用液压缸。单作用液压缸又分为活塞单向作用（由弹簧使活塞复位）的液压缸和柱塞单向作用（由外力使柱塞返回）的液压缸两种。双作用液压缸又分为活塞双作用左右移动速度不等的液压缸和双柱塞双作用的液压缸；按结构形式分为活塞式、柱塞式、摆动式 3 种液压缸。

b.液压缸的结构。液压缸由缸体组件、活塞组件、密封装置等部分组成。常用的缸体组件结构如图 5.31 所示。另外，还有缸筒和端盖采用拉杆连接和焊接式连接的结构。活塞组件由活塞、活塞杆组成，它又分为整体式和分体式两种。

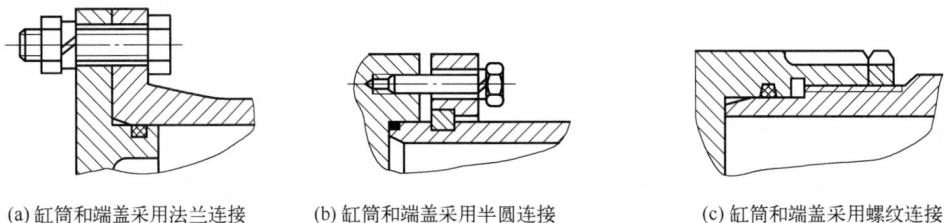

(a) 缸筒和端盖采用法兰连接　　(b) 缸筒和端盖采用半圆连接　　(c) 缸筒和端盖采用螺纹连接

图 5.31　缸体组件结构

密封装置，液压缸中的密封主要指活塞和缸体之间，活塞杆和端盖之间的密封，用于防止内、外泄漏。密封装置的要求是：在一定工作压力下，具有良好的密封性能；相对运动表面之间的摩擦力要小，且稳定；要耐磨，工作寿命长，或磨损后能自动补偿；使用维护简单，制造容易，成本低。

密封形式有间隙密封、活塞环密封和密封圈密封 3 种。一般使用密封圈密封。其优点是，结构简单，制造方便，成本低；能自动补偿磨损；密封性能可随压力加大而提高，密封可靠；被密封的部位，表面不直接接触，所以加工精度可以降低；既可用于固定件，也可用于运动件。

② 液压马达　液压马达是把液压能转变为机械能的一种能量转变装置。从能量互相转换的观点看，液压泵和液压马达可以依据一定条件而转化。当液压马达带动其转动时，即为液压泵，输出液压油（流量和压力）；当向其通入液压油时，即为液压马达，输出机械能（转矩和转速）。从工作原理上讲，它们是可逆的，但由于用途不同，故在结构上各有其特点。因此，在实际工作中大部分液压泵和液压马达是不可逆的。

（4）液压控制元件

阀类元件的作用是调节与控制液压系统油液的压力、油液的方向和流量，使系统在安全的条件下按规定的要求平稳而协调地工作。

① 控制阀的分类　液压阀一般分为压力控制阀、方向控制阀和流量控制阀 3 大类，但若按控制方式不同可分为如下 3 类。

a. 开关或定值控制阀。借助于手调机构或通断电磁铁，控制液流通路的开闭，或定值控制液流的压力流量。这类阀最为常见，称为普通液压阀。

b. 比例控制阀。这类阀的输出量与输入量成正比，即输出量可按输入量的变化规律连续成比例地进行调节。如比例压力阀、比例流量阀、比例方向阀。

c. 伺服控制阀。输入信号对输出信号（流量、压力）进行连续、成比例的控制。与比例阀不同的是，其动态性能和静态性能好，主要用于快速、高精度的控制系统中。

② 方向控制阀　方向控制阀在液压系统中起阻止和引导油液按规定的流向进出通道，即在油路中起控制油液流动方向的作用。其可分为单向阀和换向阀两类。

a. 单向阀。单向阀的作用是控制油液的单向流动（单向导通，反向截止）。其性能特点是，正向流动时阻力损失小，反向时密封性好，动作灵敏。它可分为普通单向阀和液控单向阀两种。

（a）普通单向阀。图 5.32 所示为一种管式普通单向阀，液压油从阀体左端的通口流入时克服弹簧 3 作用在阀芯上的力，使阀芯向右移动，打开阀口，并通过阀芯上的径向孔 a、轴向孔 b 从阀体右端的通口流出；但是液压油从阀体右端的通口流入时，液压力和弹簧力一起使阀芯压紧在阀座上，使阀口关闭，油液无法通过。

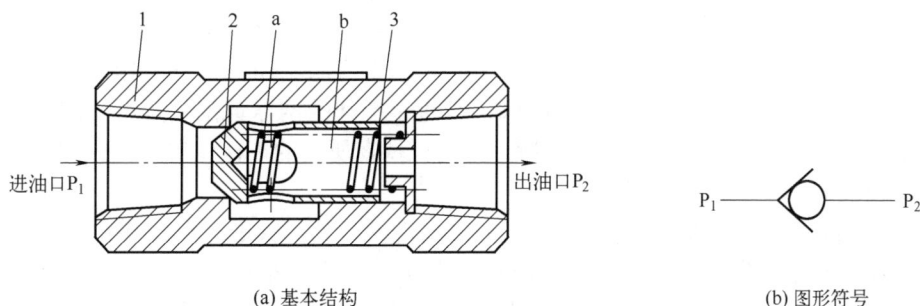

(a) 基本结构　　　　　　　　　　　　　　(b) 图形符号

图 5.32　单向阀
1—阀套；2—阀芯；3—弹簧

（b）液控单向阀。如图 5.33 所示，当控制油口 K 处有液压油通入时，控制活塞 1 右侧 a 腔通泄油口（图中未画出），在液压力作用下活塞向右移动，推动顶杆 2 顶开阀芯，使油

口 P_1 和 P_2 接通，油液就可以从 P_2 口流向 P_1 口。

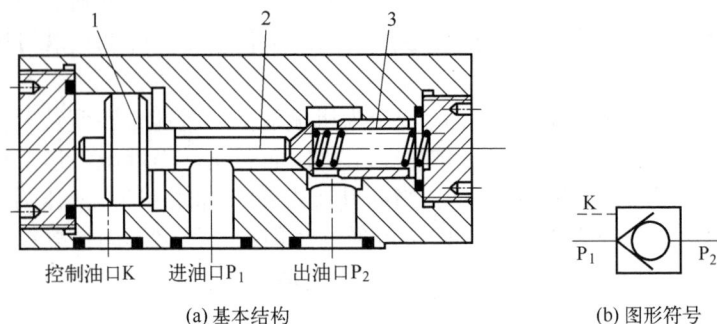

(a) 基本结构   (b) 图形符号

图 5.33　液控单向阀

1—活塞；2—顶杆；3—弹簧

b. 换向阀。利用阀芯对阀体的相对运动，使油路接通、关断或变换油流的方向，从而实现液压执行元件及其驱动机构的启动、停止或变换运动方向。按阀芯相对于阀体的运动方式，换向阀可分为滑阀和转阀；按阀芯工作时在阀体中所处的位置，换向阀分为二位和三位等；按换向阀所控制的通路数不同，换向阀分为二通、三通、四通和五通等。

（a）工作原理。滑阀式换向阀的工作原理如图 5.34（a）所示，当阀芯向右移动一定距离时，由液压泵输出的液压油从阀的 P 口经 A 口流向液压缸左腔，液压缸右腔的油经 B 口流回油箱，液压缸活塞向右运动；反之，若阀芯向左移动一定距离时，液流反向，活塞向左运动。

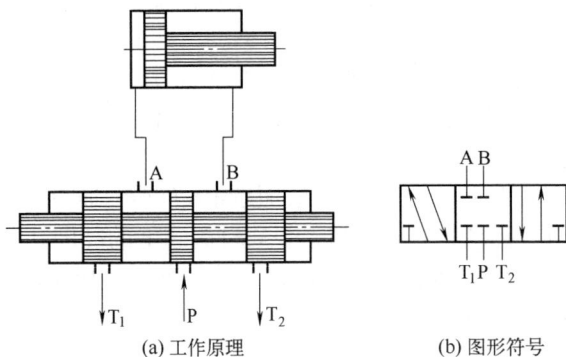

(a) 工作原理   (b) 图形符号

图 5.34　换向阀

（b）控制方式。换向阀按换向方法不同，可分为手动、机动、电磁、液动和电液 5 种类型。

手动换向阀：是利用手动杠杆来改变阀芯位置实现换向的阀门。它又分为弹簧自动复位和钢球定位两种。图 5.35（a）所示为自动复位式换向阀，可用手操作使换向阀左位或右位工作，但当操纵力取消后，阀芯便在弹簧力作用下自动恢复至中位，停止工作，因而适用于换向动作频繁、工作持续时间短的场合。图 5.35（b）所示为钢球定位式换向阀，其阀芯端部的钢球定位装置可使阀芯分别停止在左、中、右三个位置上，当松开手柄后，阀仍保持在所需的工作位置上，因而可用于工作持续时间较长的场合。

机动换向阀：又称为行程阀，主要用来控制机械运动部件的行程，借助于安装在工作台上的挡铁或凸轮迫使阀芯运动，从而控制液流方向。图 5.36 所示为二位二通机动换向阀。在图示位置，阀芯 3 在弹簧 4 的作用下处于上位，P 与 A 不相通；当运动部件上的行程挡块 1 压住滚轮 2 使阀芯移至下位时，P 与 A 相通。

机动换向阀结构简单，换向时阀口逐渐关闭或打开，故换向平稳、可靠、位置精度高。但它必须安装在运动部件附近，一般油管较长。常用于控制运动部件的行程，或进行快、慢速度的转换。

(a) 自动复位式　　　　　　　　　(b) 钢球定位式

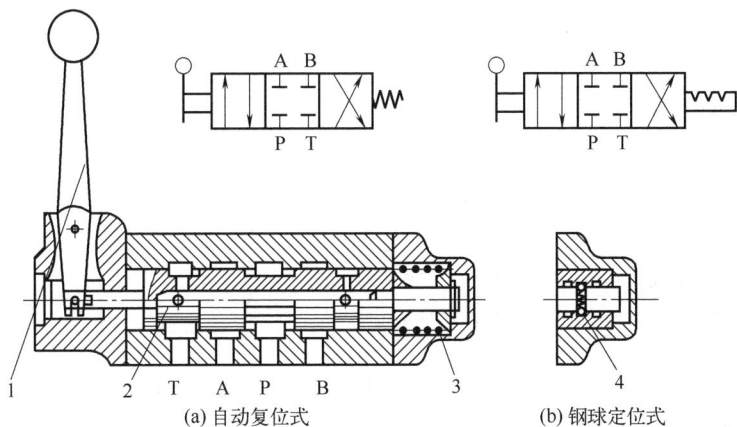

图 5.35　手动换向阀
1—手柄；2—阀芯；3—弹簧；4—钢球

电磁换向阀：是一种利用电磁铁的通电吸合与断电释放而直接推动阀芯来控制液流方向的液压阀。它是电气系统和液压系统之间的信号转换元件。图 5.37 所示为三位四通电磁换向阀。阀两端有两根对中弹簧 4，使阀芯在常态时（两端电磁铁均断电时）处于中位，P、A、B、T 互不相通；当右端电磁铁通电时，右衔铁 1 通过推杆 2 将阀芯 3 推至左端，控制油口 P 与 B 通，A 与 T 通；当左端电磁铁通电时，阀芯移至右端，油口 P 通 A、B 通 T。

(a) 基本结构　　　(b) 图形符号

图 5.36　机动换向阀
1—挡块；2—滚轮；3—阀芯；4—弹簧

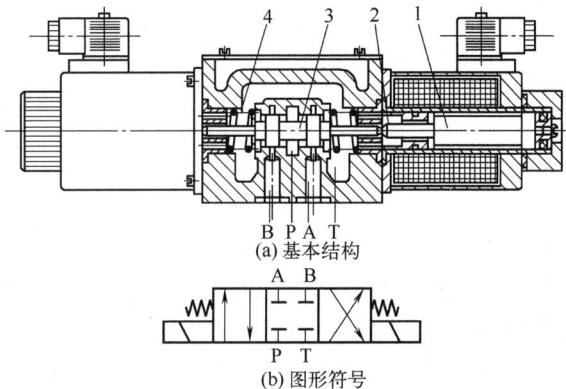

(a) 基本结构

(b) 图形符号

图 5.37　电磁换向阀
1—右衔铁；2—推杆；3—阀芯；4—弹簧

电磁阀操纵方便，布置灵活，易于实现动作转换的自动化。但因电磁铁吸力有限，所以电磁阀只适用于流量不大的场合。

液动换向阀：是一种利用控制油路的压力油来改变阀芯位置的换向阀。阀芯是由其两端密封腔中油液的压差来移动的。图 5.38 所示为三位四通液动换向阀。当其两端控制油口 K_1 和 K_2 均不通入液压油时，阀芯在两端弹簧的作用下处于中位；当 K_1 进液压油，K_2 接油箱时，阀芯移至右端，P 通 A，B 通 T；反之，K_2 进液压油，K_1 接油箱时，阀芯移至左端，P 通 B，A 通 T。

液动换向阀结构简单、动作可靠、平稳，由于液压驱动力大，故可用于流量大的液压系统中，但它不如电磁阀控制方便。

电液换向阀：它是由电磁滑阀和液动滑阀组成的复合阀。电磁阀起先导作用，可以改变控制液流方向,从而改变液动滑阀阀芯的位置;这种阀综合了电磁阀和液动阀的优点,具有控制方便、流量大的特点,常用于大中型液压设备中。图 5.39 所示为三位四通电液换向阀。

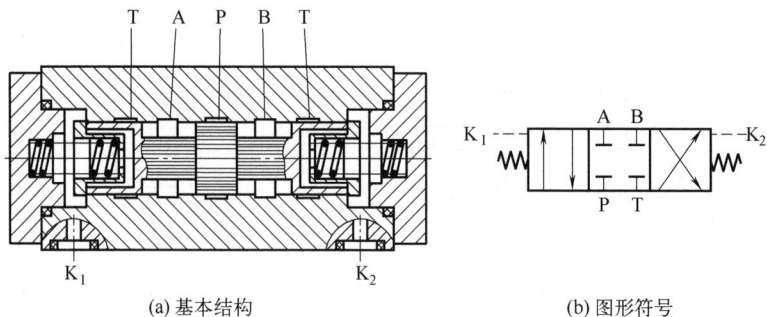

<table>
<tr><td>(a) 基本结构</td><td>(b) 图形符号</td></tr>
</table>

图 5.38　液动换向阀

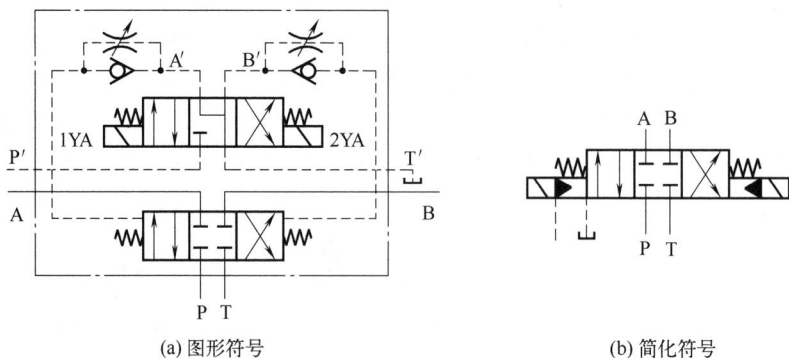

(a) 图形符号　　　　　　　　　(b) 简化符号

图 5.39　电液换向阀

③ 压力控制阀　在液压系统中,控制油液压力高低的液压阀称为压力控制阀,简称压力阀。主要有溢流阀、减压阀、顺序阀和压力继电器等,它们的共同点是都是利用作用在阀芯上的液压力和弹簧力相平衡的原理来工作的。

a. 溢流阀。主要作用是对液压系统定压或进行安全保护。常用的溢流阀按其结构形式和基本动作方式可归结为直动式和先导式两种。

(a) 直动式溢流阀。图 5.40 是低压直动式溢流阀,它是依靠系统中的液压油直接作用在阀芯上与弹簧力等相平衡,以控制阀芯的启闭动作,来达到定压目的的。

(b) 先导式溢流阀。图 5.41 所示为先导式溢流阀,由于先导阀的阀芯一般为锥阀,受压面积较小,所以用一个刚度不太大的弹簧即可调整较高的开启压力,用螺钉调节弹簧的预紧力,就可调节溢流阀的压力。

b. 减压阀。减压阀是使出口压力(二次压力)低于进口压力(一次压力)的一种压力控制阀。其作用是降低液压系统中某一回路的油液压力,使用一个油源能同时提供两个或几个不同压力的输出。其主要用于各种液压设备的夹紧系统、润滑系统和控制系统中。此外,当油压不稳定时,在回路中串入一个减压阀可得到一个稳定的较低压力。根据减压阀所控制的压力不同,它可分为定值输出减压阀、定差减压阀和定比减压阀。

c. 顺序阀。顺序阀是利用油液压力作为控制信号实现油路的通断,以控制执行元件顺序动作的压力阀。按控制压力来源不同,顺序阀可分为内控式和外控(液控)式。内控式是直接利用阀进口处的油液压力来控制阀口启闭的；外控式是利用外来的控制油压控制阀口启闭的。按结构的不同，顺序阀也有直动式和先导式之分。

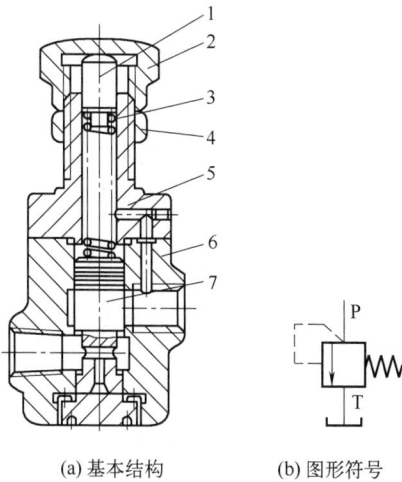

(a) 基本结构　　(b) 图形符号

图 5.40　直动式溢流阀
1—调节杆；2—调节螺母；3—调压弹簧；
4—锁紧螺母；5—上盖；6—阀体；7—阀芯

(a) 基本结构　　(b) 图形符号

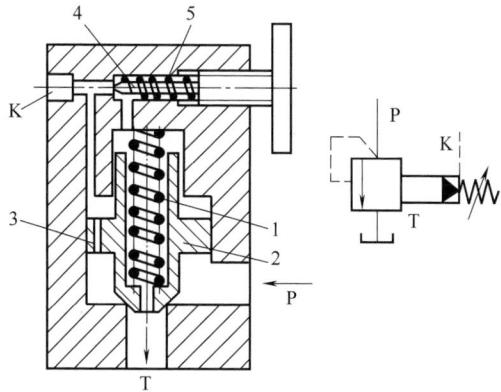

图 5.41　先导式溢流阀
1—主弹簧；2—阀芯；3—阻尼孔　4—调压杆；
5—调压弹簧；K—遥控口；P—进油口；T—回油口

d. 压力继电器。压力继电器是一种将油液的压力信号转换成电信号的电液控制元件，当油液压力达到压力继电器的调定压力时发出电信号，以控制电磁铁、电磁离合器、继电器等元件动作，使油路卸压、换向及使执行元件实现顺序动作，或关闭电动机，使系统停止工作，起到安全保护作用等。

④ 流量控制阀　在液压系统中，执行元件运动速度的大小是由输入执行元件的油液流量的大小确定的。流量控制阀就是依靠改变阀口通流面积（节流口局部阻力）的大小或通流通道的长短来控制流量的一种阀体。常用的流量控制阀包括普通节流阀、压力补偿和温度补偿调速阀、溢流节流阀和分流集流阀等。

a. 流量控制原理及节流口形式。节流阀是一种可以在较大范围内以改变液阻来调节流量的元件。因此可以通过调节节流阀的液阻，来改变进入液压缸的流量，从而调节液压缸的运动速度，故又称为调速阀。

b. 普通节流阀。图 5.42 所示为一种普通节流阀。这种节流阀的节流通道是轴向三角槽式，而且其进出油口可互换。

c. 节流阀的压力和温度补偿。节流阀的压力补偿方式是利用流量变动所引起油路压力的变化，通过阀芯的负反馈动作，来自动调节节流部分的压力差，使其基本保持不变。它有两种方式：一种是将定差减压阀与节流阀串联起来，组合成调速阀；另一种是将稳压溢流阀与节流阀并联起来，

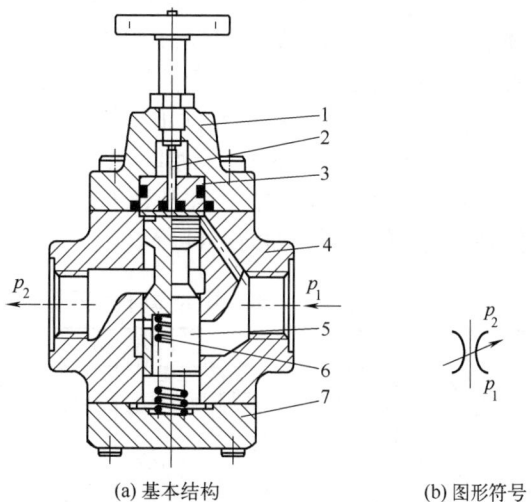

(a) 基本结构　　(b) 图形符号

图 5.42　轴向三角槽式节流阀
1—顶盖；2—推杆；3—导套；4—阀体；5—阀芯；
6—弹簧；7—底盖

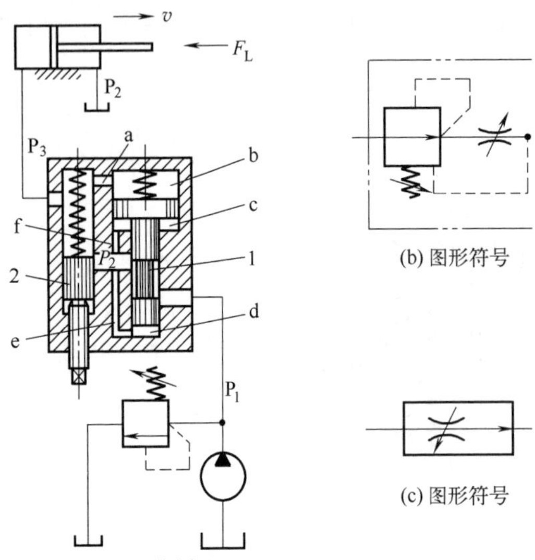

(a) 工作原理

图 5.43 调速阀

1—定差减压阀；2—节流阀；P_1—液压泵输出液压油；P_2—减压阀输出液压油；P_3—节流阀输出液压油；a—减压阀口；b，c，d—减压阀油箱；e，f—孔道

组合成溢流节流阀。油温的变化也必然会引起油液黏度的变化，从而导致通过节流阀的流量发生相应的改变，为此出现了温度补偿调速阀。

（a）调速阀。如图 5.43 所示，调速阀是在节流阀 2 前面串接一个定差减压阀 1 组合而成的。液压泵的出口（即调速阀的进口）压力由溢流阀调定，基本上保持恒定。调速阀出口处的压力由液压缸负载 F_L 决定。

（b）温度补偿调速阀。温度补偿调速阀的压力补偿原理部分与普通调速阀相同。

（c）溢流节流阀。溢流节流阀是由定差溢流阀与节流阀并联而成的。在进油路上设置溢流节流阀，通过溢流阀的压力补偿作用达到稳定流量的效果。溢流节流阀也称为旁通调速阀。

（5）辅助元件

液压系统中的液压辅件是指动力元件、执行元件和控制元件以外的其他配件，如管件、油箱、过滤器、密封件、压力表和蓄能器等。

5.2.2 气动系统

气压传动系统的工作原理是利用气体压缩机，以压缩气体作为工作介质，把电动机或其他原动机输出的机械能转换为空气的压力能，然后在控制元件的作用下，通过执行元件把压力能转换为直线或回转运动形式的机械能而做功；通过气动逻辑元件或射流元件以实现传递信息、逻辑运算等功能。气压传动系统由气源装置、执行元件、控制元件和辅助元件四部分组成。气源装置一般由电动机、空气压缩机、储气罐等组成，并为系统提供符合一定质量要求的压缩气体。气动执行元件把压缩气体的压力能转换为机械能，用来驱动工作部件，包括气缸和气动马达。控制元件用来调节气流的方向、压力和流量，相应地分为方向控制阀、压力控制阀和流量控制阀。辅助元件包括：净化空气用的分水滤气器，改善空气润滑性能的油雾器，消除噪声的消声器及管子连接件等。在气压传动系统中还有用来感受和传递各种信息的气动传感器，如图 5.44 所示。气压传动系统与其他传动控制方式的性能比较见表 5.3。

表 5.3 气压传动系统与其他传动控制方式的性能比较

方式		\multicolumn{10}{c}{项目}
		操作力	动作快慢	环境要求	构造	负载变化影响	远程操作	无级调速	工作寿命	维护	价格
流体	气压	中等	较快	适应性	简单	较大	中距离	较好	长	一般	便宜
	液压	最大	较慢	不怕振	稍复杂	较小	短距离	良好	一般	要求高	稍贵
电	电气	中等	快	要求高	稍复杂	几乎没有	远距离	良好	较短	要求较高	稍贵
	电子	最小	最快	要求特高	复杂	几乎没有	远距离	良好	短	要求更高	很贵
机械系统		较大	一般	一般	一般	几乎没有	短距离	较困难	一般	简单	一般

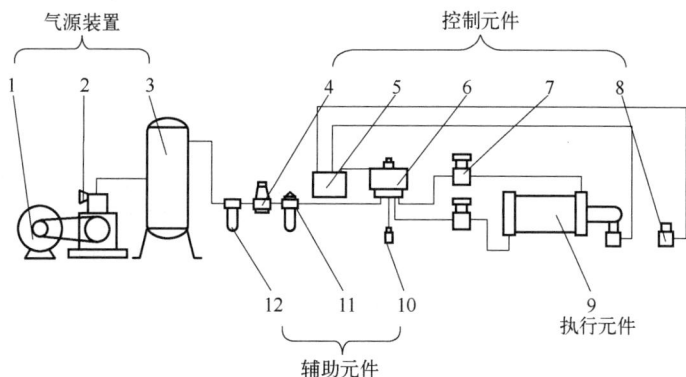

图 5.44 气压传动系统的组成示意图
1—电动机；2—空气压缩机；3—储气罐；4—压力控制阀；5—逻辑元件；6—方向控制阀；7—流量控制阀；8—行程阀；
9—气缸；10—消声器；11—油雾器；12—分水滤气器

5.2.3 常见气压元件

（1）气源装置

气源装置的主体是空气压缩机，有的还配有储气罐、气源净化处理装置等附属设备。

① 气源装置的组成和布置 一般气源装置的组成和布置如图 5.45 所示。空气压缩机 1 产生一定压力和流量的压缩空气，其吸气口装有空气过滤器，以减少进入压缩空气内的污染杂质量；冷却器 2（又称为后冷却器）用以将压缩空气温度从 140～170℃降至 40～50℃，使高温汽化的油分、水分凝结出来；油水分离器 3 使降温冷凝出的油滴、水滴杂质等从压缩空气中分离出来，并从排污口除去；储气罐 4 和 7 储存的压缩空气用于平衡空气压缩机流量和设备用气量，并稳定压缩空气压力，同时还可以除去压缩空气中的部分水分和油分；干燥器 5 进一步吸收并排除压缩空气中的水分、油分等，使之变成干燥空气；过滤器 6（又称为一次过滤器）进一步过滤及除去压缩空气中的灰尘颗粒杂质。储气罐 4 中的压缩空气可用于一般要求的气压传动系统，储气罐 7 输出的压缩空气则可用于要求较高的气动系统（如气动仪表、射流元件等组成的系统）。

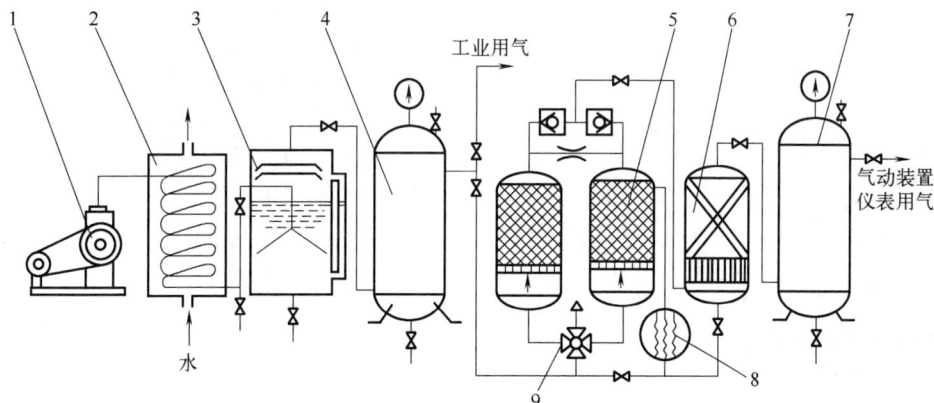

图 5.45 气源装置的组成和布置示意图
1—空气压缩机；2—冷却器；3—油水分离器；4，7—储气罐；5—干燥器；6—过滤器；8—加热器；9—四通阀

② 空气压缩机 空气压缩机简称空压机，是气源装置的核心，用以将原动机输出的机

械能转化为气体的压力能。

气压传动系统最常用的空气压缩机是往复活塞式空气压缩机，其工作原理如图 5.46 所示。当活塞 5 向右运动时，气缸容积增大，形成部分真空，外界空气在大气压力 p_a 的作用下推开吸气阀 2 进入气缸，这就是吸气过程；当活塞 5 向左运动时，吸气阀 2 在缸内压缩气体的作用下关闭，随着活塞的左移，缸内气体受到压缩后压力升高，这就是压缩过程；当气缸内压力增高到略高于输气管路内压力 p 时，排气阀 1 打开，压缩空气排入输气管路内，这就是排气过程。曲柄 9 旋转一周，活塞往复行程一次，即完成"吸气—压缩—排气"一个工作循环。活塞的往复运动由电动机带动曲柄 9 转动，通过连杆 8、滑块 7、活塞杆 6 转化成直线往复运动。图 5.46 所示为一个活塞一个气缸的空气压缩机，而大多数空气压缩机是多缸多活塞的组合。

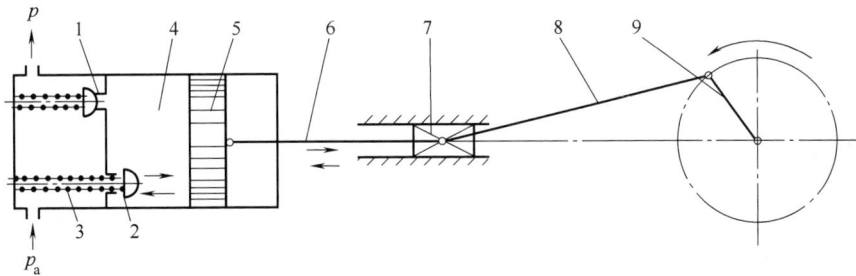

图 5.46 往复活塞式空气压缩机的工作原理
1—排气阀；2—吸气阀；3—弹簧；4—气缸；5—活塞；6—活塞杆；7—滑块；8—连杆；9—曲柄

③ 冷却器　冷却器安装在空压机输出管路上，用于降低压缩空气的温度，并使压缩空气中的大部分水汽、油气冷凝成水滴、油滴，以便经油水分离器析出。其结构形式有列管式、套管式、散热片式和蛇管式等。蛇管式冷却器结构简单，使用维护方便，适于流量较小的任何压力范围，应用最广泛。图 5.47 为蛇管式后冷却器。

④ 油水分离器　油水分离器主要是用离心、撞击、水洗等方法使压缩空气中凝聚的水分、油分等杂质从压缩空气中分离出来，让压缩空气得到初步净化。其结构形式包括环形回转式、撞击折回式（见图 5.48）、离心旋转式、水浴式以及以上形式的组合使用等。

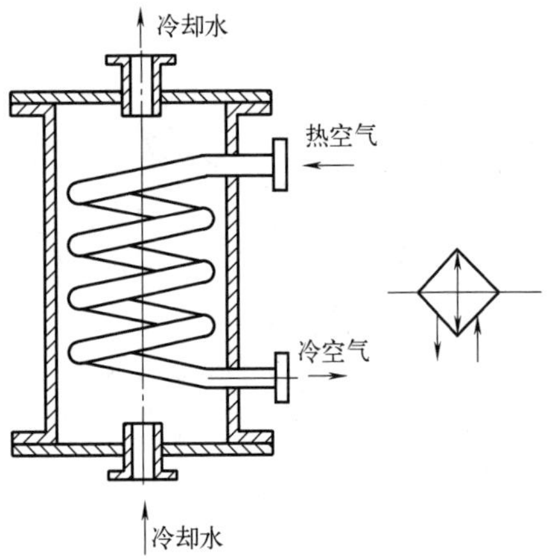

图 5.47　蛇管式后冷却器

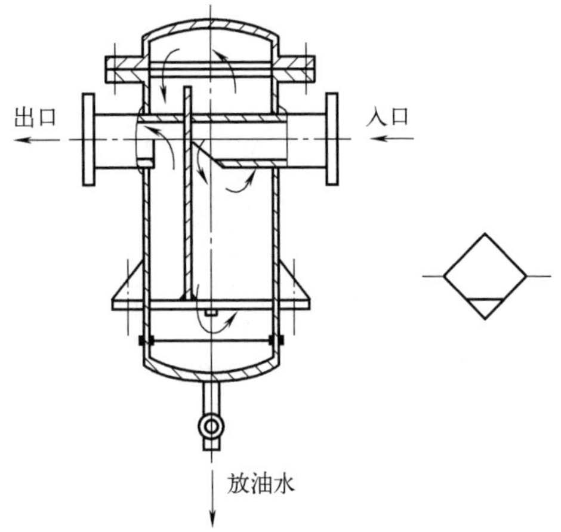

图 5.48　撞击折回式油水分离器

⑤ 储气罐　它的作用是消除压力波动，保证输出气流的连续性，储存一定数量的压缩

空气，调节用气量或以备发生故障和临时需要应急使用，并可进一步分离压缩空气中的水分和油分，如图 5.49 所示。

⑥ 干燥器　它的功能是进一步吸收和排除压缩空气中的水分、油分，使之变为干燥空气，以供对气源品质要求较高的系统使用。图 5.50 为吸附式干燥器。

图 5.49　储气罐

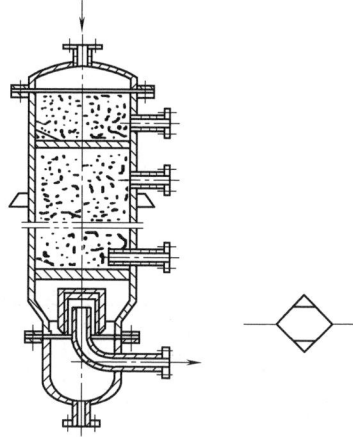

图 5.50　吸附式干燥器

（2）执行元件

执行元件是以压缩空气为工作介质产生机械运动，并将气体的压力能转换成机械能以实现往复、回转或摆动运动的一种能量转换装置。实现直线往复运动的气动执行元件称为气缸；实现回转运动或往复摆动的称为气动马达或摆动马达。

① 气缸　气缸能够实现直线往复运动并做功，是气压传动系统中使用最广泛的一种气动执行元件。除几种特殊气缸外，普通气缸及结构形式与液压缸基本相同。气缸按压缩空气对活塞作用力的方向可分为单作用式和双作用式；按气缸的结构特征可分为活塞式、薄膜式、柱塞式和无杆气缸；按气缸的功能可分为普通气缸（包括单作用和双作用气缸）、薄膜气缸、冲击气缸、气液阻尼缸、缓冲气缸和摆动气缸等。

a. 普通气缸。图 5.51 所示为单杆双作用气缸的结构，它由缸筒、前后缸盖、活塞、活塞杆、密封件和紧固件等零件组成。缸筒在前后缸盖之间固定连接，有活塞杆侧的缸盖为前缸盖，缸底侧则为后缸盖。一般在缸盖上开有进气排气通口，有的还设有气缓冲结构。前缸盖上设有密封圈、防尘圈，同时还设有导向套，以提高气缸的导向精度。活塞杆与活塞紧固连接，活塞上除有密封圈防止活塞左右两腔相互串气外，还有耐磨环以提高气缸的导向性。

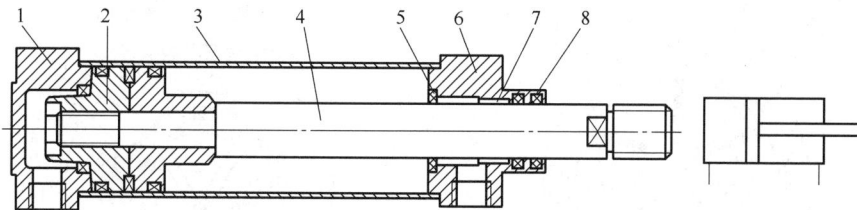

图 5.51　单杆双作用普通气缸的结构

1—后缸盖；2—活塞；3—缸筒；4—活塞杆；5—缓冲密封圈；6—前缸盖；7—导向套；8—防尘圈

b. 气液阻尼缸。普通气缸工作时，由于气体的压缩性，当外部载荷变化较大时，会产生"爬行"或"自走"现象，使气缸的工作不稳定。为了使气缸运动平稳，普遍采用气液阻尼缸。其工作原理如图 5.52 所示。气液阻尼缸将气缸和液压缸串联成一个整体，两个活塞固定在一根活塞杆上。当气缸右端供气时，气缸克服外负载并带动液压缸同时向左运动，此时液压缸左腔排油，单向阀关闭，油液只能经节流阀缓慢流入液压缸右腔，对整个活塞的运动起到阻尼作用。调节节流阀的阀口大小就能达到调节活塞运动速度的目的。当压缩空气从气缸左腔进入时，油缸右腔排油，此时因单向阀开启，活塞能快速返回原来位置。

c. 薄膜气缸。薄膜气缸是一种利用压缩空气通过膜片推动活塞杆做往复直线运动的气缸，由缸体、膜片、膜盘和活塞杆等主要零件组成，其功能类似于活塞式气缸，分为单作用式和双作用式两种，如图 5.53 所示。

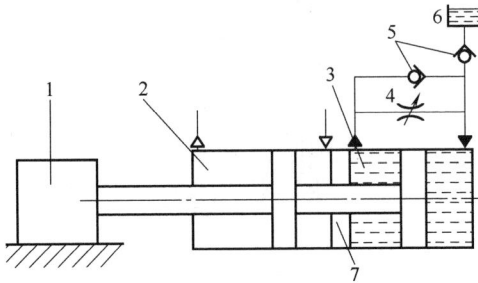

图 5.52 气液阻尼缸的工作原理
1—负载；2—气缸；3—液压缸；4—节流阀；
5—单向阀；6—油杯；7—隔板

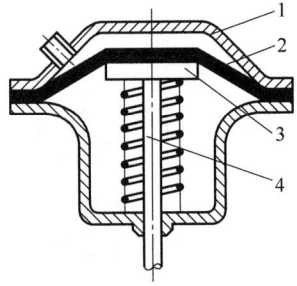

图 5.53 薄膜气缸的结构
1—缸体；2—膜片；3—膜盘；
4—活塞杆

② 气动马达　气动马达分为摆动式和回转式两类，前者实现有限回转运动，后者实现连续回转运动。表 5.4 所示是各种气动马达的特点及应用范围。

表 5.4　各种气动马达的特点及应用范围

形式	转矩	转速	功率 /kW	每千瓦耗气量 $q/$（m^3/min）	特点及应用范围
叶片式	低转矩	高转速	≤3	小型：1.0～1.4 大型：1.8～2.3	制造简单，结构紧凑，但低速启动转矩小，低速性能不好，适用于要求低或中功率的机械，如手提工具、复合工具传送带、升降机、泵、拖拉机等
活塞式	中高转矩	低速或中速	≤17	小型：1.0～1.4 大型：1.9～2.3	在低速情况下有较大的输出功率和较好的转矩特性，启动准确，且启动和停止特性均较叶片式好，适用于载荷较大和要求低速度转矩的机械，如起重机、绞车、绞盘、拉管机等
薄膜式	高转矩	低速度	<1	1.2～1.4	适用于控制要求很精确、启动转矩极高、速度低的机械

图 5.54 和图 5.55 分别是叶片式和活塞式气动马达的工作原理。

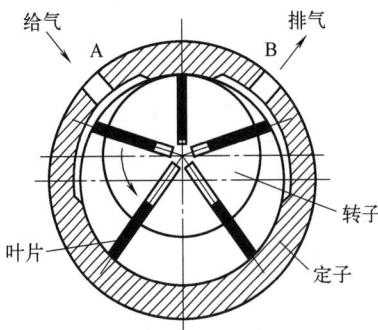

图 5.54　叶片式气动马达的工作原理

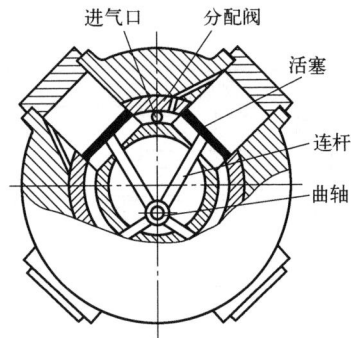

图 5.55　活塞式气动马达的工作原理

（3）控制元件

气压传动系统中的气动控制元件与液压控制元件类似，按照功能和用途可分为方向控制阀、压力控制阀和流量控制阀。此外，还有通过改变气流方向和通断以实现各种逻辑功能的气动逻辑元件。

① 压力控制阀 根据控制作用不同，压力控制阀可分为减压阀（见图 5.56）、溢流阀（见图 5.57）和顺序阀（见图 5.58）。

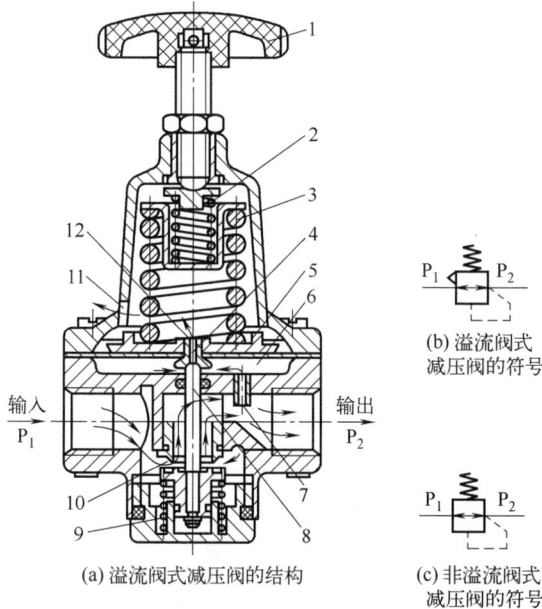

图 5.56 直动式减压阀

1—调节旋钮；2，3—调压弹簧；4—溢流阀座；5—膜片；6—膜片气室；7—阻尼管；8—阀杆；9—复位弹簧；
10—进气阀；11—排气孔；12—溢流孔

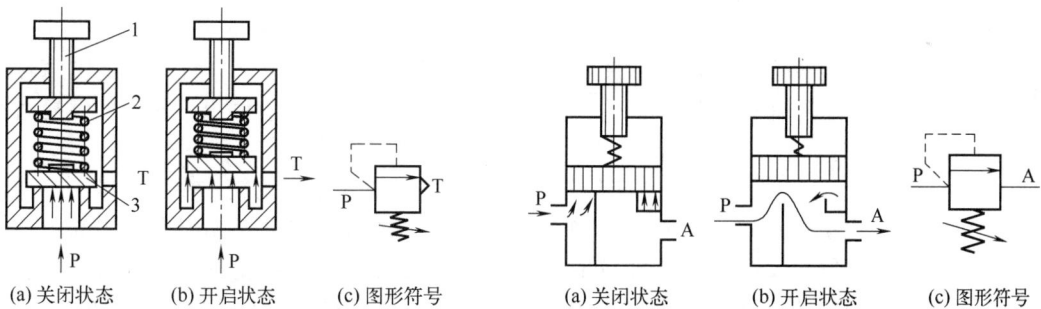

图 5.57 溢流阀的工作原理

1—调节手轮；2—调压弹簧；3—阀芯

图 5.58 顺序阀的工作原理

② 流量控制阀 流量控制阀是通过改变阀的流通面积来实现流量控制的元件。流量控制阀包括节流阀、单向节流阀和排气节流阀等。排气节流阀是节流阀装在排气口调节排入大气的流量，以改变气动执行元件的运动速度的气阀。排气节流阀常带有消声器以减小排气噪声，并能防止环境中的粉尘通过排气口污染元件。

③ 方向控制阀 按气流在阀内的作用方向，方向控制阀可分为单向型方向控制阀和换向型方向控制阀两类。只允许气流沿一个方向流动的方向控制阀称为单向型方向控制阀，如

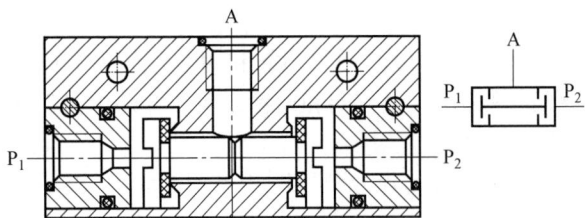

图 5.59　或门型梭阀

或门型梭阀（见图 5.59）、与门型梭阀、快速排气阀等。可以改变气流流动方向的方向控制阀称为换向型方向控制阀，简称换向阀。

a. 或门型梭阀。或门型梭阀常用于选择信号，如手动和自动控制并联的回路，如图 5.60 所示。电磁阀通电，梭阀阀芯推向一端，A 口有输出，气控阀被切换，活塞杆伸出；电磁阀断电，则活塞杆收回。电磁阀断电后，按下手动阀按钮，梭阀阀芯推向一端，A 口有输出，活塞杆伸出；放开按钮，则活塞杆收回。此回路手动或电控均能使活塞杆伸出。

b. 与门型梭阀（双压阀）。与门型梭阀（双压阀）有两个输入口，一个输出口。当输入口 P_1、P_2 同时都有输入时，A 口才会有输出，因此具有逻辑"与"的功能。图 5.61 所示为与门型梭阀。当 P_1 输入时，A 无输出；当 P_2 输入时，A 无输出；当 P_1 和 P_2 同时有输入时，A 有输出。

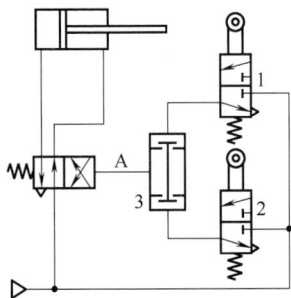

图 5.60　或门型梭阀应用于手动 - 自动换向回路
1，2—手动换向阀；3—或门型梭阀

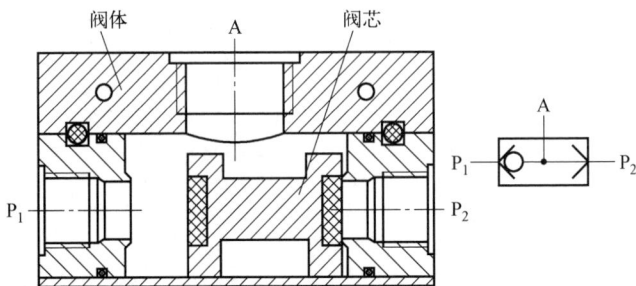

图 5.61　与门型梭阀

与门型梭阀应用较广，如用于钻床控制回路中，如图 5.62 所示。只有工件定位信号压下行程阀 1 和工件夹紧信号压下行程阀 2 之后，与门型梭阀 3 才会有输出，从而使气控阀换向，钻孔缸进给。定位信号和夹紧信号仅有一个时，钻孔缸不会进给。

c. 快速排气阀。快速排气阀是用于给气动元件或装置快速排气的阀，简称快排阀。通常气缸排气时，气体从气缸经过管路，由换向阀的排气口排出。如果气缸到换向阀的距离较长，而换向阀的排气口又较小时，排气时间就会较长，气缸运动速度较慢。若采用快速排气阀，则气缸内的气体就能直接由快排阀排出，从而加快气缸的运动速度。图 5.63 所示为快速排气阀。当 P 腔进气时，膜片被压下封住排气孔 O，气流经膜片四周小孔从 A 腔输出；当 P 腔排空时，A 腔压力将膜片顶起，隔断 P、A 通路，A 腔气体经排气孔 O 迅速排向大气。

d. 气动逻辑元件　气动逻辑元件是一种采用压缩空气为工作介质，通过元件内部可动部件（如膜片、阀芯）的动作，改变气体流动方向，从而实现了一定逻辑功能的气动控制元件。在结构原理上，气动逻辑元件基本上和方向控制阀相同，仅仅是体积和通径较小，一般用来实现信号的逻辑运算功能。

（4）辅助元件

辅助元件是净化压缩空气、润滑、消声以及用于元件间连接等所需要的一些装置，如过滤器、油雾器、气源处理三联件、消声器及管件等。

① 过滤器　过滤器用于除去压缩空气中的油污、水分和灰尘等杂质。过滤器分为一次过滤器、二次过滤器和高效过滤器 3 种。图 5.64（a）是一次过滤器的结构，图 5.64（b）是普通分水过滤器的结构。

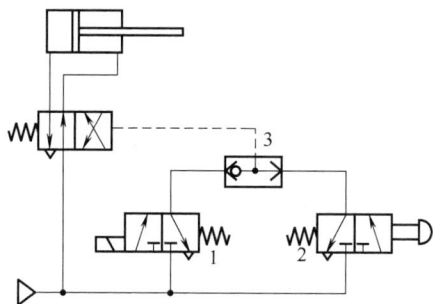

图 5.62　与门型梭阀的应用回路
1，2—行程阀；3—与门型梭阀

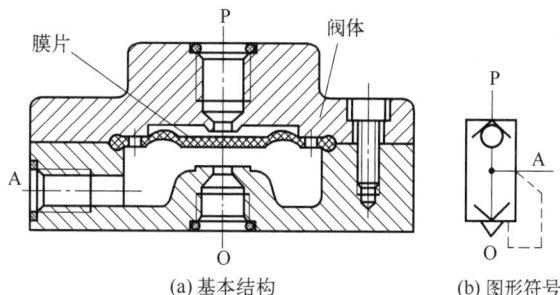

图 5.63　快速排气阀
(a) 基本结构　　(b) 图形符号

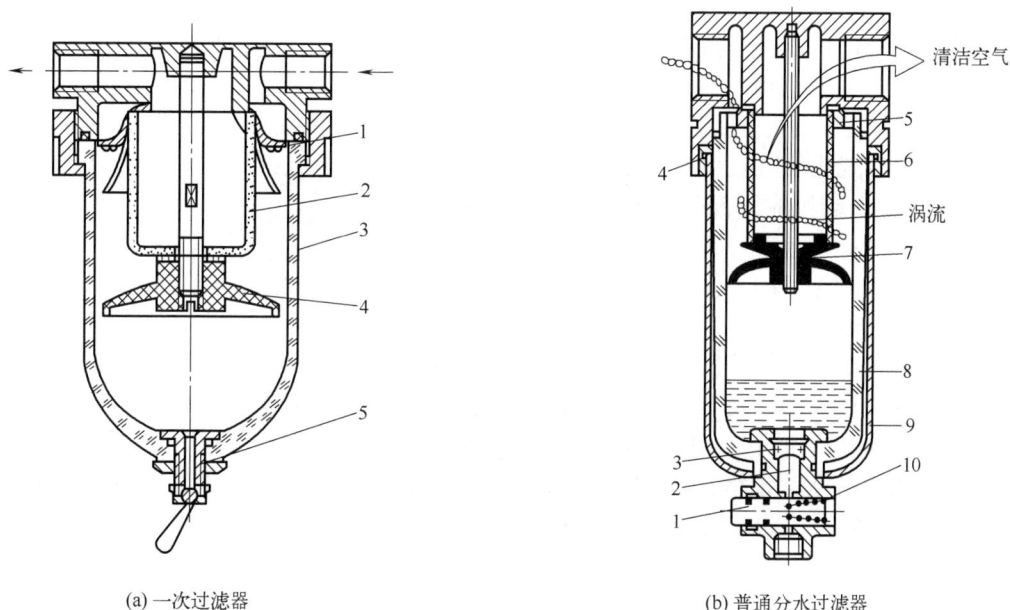

图 5.64　过滤器
(a) 一次过滤器
1—导流叶片；2—滤芯；3—水杯；4—挡水板；5—放水阀

(b) 普通分水过滤器
1—手动放水按钮；2—阀芯；3—锥形弹簧；4—卡圈；5—导流片；6—滤芯；7—挡水板；8—水杯；9—保护；10—复位弹簧

② 油雾器　在气动元件中，气缸、气动马达或气阀等内部常有滑动部分，为使其动作灵活、经久耐用，一般需要加入润滑油。油雾器是一种特殊的注油装置，其作用是使润滑油雾化后注入空气流中，随着空气流动进入需要润滑的部件，达到润滑的目的。图 5.65 是一次油雾器（也称为普通油雾器）的结构。

③ 气源处理三联件　在气动技术中，将空气过滤器、减压阀和油雾器统称为气动"三大件"，它们虽然都是独立的气源处理元件，可以单独使用，但在实际应用时却又常常组合在一起作为一个组件使用，即气源处理三联件，如图 5.66 所示。

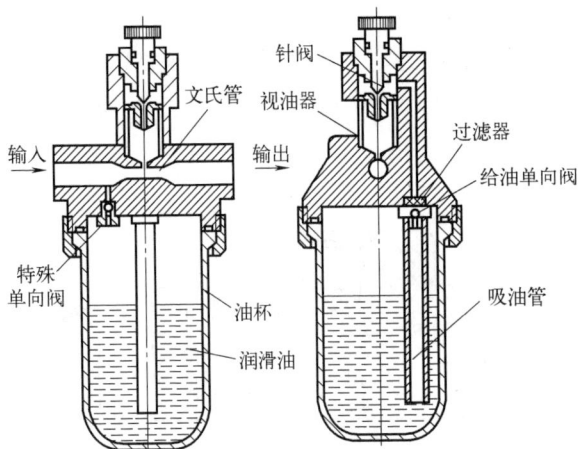

图 5.65　普通油雾器

图 5.66　气源处理三联件

　　液压和气动系统应保证使用的安全性，应对系统中的所有组件进行选择，确保当系统投入使用时，这些组件能可靠地运行。在设计和使用中，尤其应注意失效或误动作可能引起危险的组件的可靠性。

　　应从设计上防止系统的压力不会超过系统运行的最高压力和任何组件的额定压力，当压力丧失或达到临界压力时，不应使人员面临危险。液压或气动系统的设计应尽量减少冲击。在冲击压力和失压的情况下均不应引起危险。

　　乘人部分由油缸或气缸支撑升降，当压力管道、软管及泵等失效时，乘人部分下降速度不应大于 0.5m/s，否则应设置有效的缓冲装置或保护装置。

　　液压系统中的油温应符合 GB/T 3766 的要求，设计时应考虑安装调整，使负载的反作用力通过压力缸的中心线。单作用活塞式液压缸应设计排气口，并设置在适当位置，以避免喷射的液体对人员造成危险。

　　对设有充气式蓄能器的液压系统，在关机时应自动卸掉蓄能器的油液压力，或可靠地隔离蓄能器，在关机后仍需要压力的特殊情况除外；液压系统应有文字警告标识，同样的内容也应标注在液压原理图上；如果充气式蓄能器系统中的组件或管接头失效会引起危险，应采取适当的防护措施；管路、管接头、软管等部件的额定压力应不低于其所在系统部位的最高工作压力；软管的总成应符合 GB/T 3766 的要求。

5.3 ▪ 典型游乐设施的传动系统设计规定

　　传动系统的设计应保证安全运行，在系统出现失效的情况下，游乐设施应处于安全状态。

5.3.1 转马类游乐设施的传动系统

　　旋转木马的传动机构一般由齿轮副、曲轴、轴承和轴构成，它的作用是把电动机提供的动力转化成旋转木马所需要的运动，完成旋转木马所要求的转动和上下运动，如图 5.67 所示。

转马按传动结构划分，可分为上传动和下传动两种形式。

（1）上传动转马

启动后，首先由电动机带动减速机输入轴上的大 V 带轮（图 5.68）驱动减速器（图 5.69），减速器的输出轴又通过联轴器（或者一对锥齿轮）使过渡轴与安装在其上端的小齿轮转动，小齿轮啮合安装在主轴上的大齿轮上（图 5.70），使主轴通过桁架内外两侧的立柱带动整个转盘旋转。桁架旋转时安装在主轴顶部的圆锥大齿轮一起旋转，同时安

图 5.67　旋转木马

装在桁架上的曲轴内侧端的小锥齿轮与大锥齿轮啮合（图 5.71），带动曲轴旋转，曲轴旋转时带动拉杆上下运动（图 5.72）。因为木马固定在拉杆下面，所以木马就做上下运动。同时，木马下端的拉杆通过套筒固定在转盘上（图 5.73），木马又随同转盘一起做旋转运动。因此，木马的旋转运动和上下运动合成在一起就形成了木马跳跃式的运动形态。

图 5.68　电动机与减速器连接

图 5.69　减速器

图 5.70　齿轮副

图 5.71　锥齿轮

另外，还有一种小型转马，其旋转运动是由电动机（图 5.74）通过 V 带带动蜗杆减速器（图 5.75），减速器连接轮胎，带动轮胎旋转，轮胎通过摩擦力带动转盘旋转（图 5.76）；转马的上下起伏运动是由电动机通过链条带动链轮运转，链轮通过轴和万向节与蜗杆减速器连接，因此链轮运转带动减速器运动，减速器带动曲轴运动，曲轴又带动拉杆实现转马的上下运动，如图 5.77 所示。

图 5.72　曲轴和拉杆

图 5.73　套筒

图 5.74　电动机

图 5.75　蜗杆减速器（1）

图 5.76　摩擦轮胎

图 5.77　蜗杆减速器（2）

（2）下传动转马

下传动转马的运动包括转盘的旋转运动和转马的上下起伏运动两部分。

① 转盘旋转运动　电动机安装在转盘下，通过 V 带与连接轮胎的带轮相连接，电动机带动带轮运动，带轮带动轮胎旋转（或者电动机通过蜗杆减速器带动轮胎轴旋转），通过轮胎的滚动摩擦带动转盘转动，如图 5.78 ～图 5.80 所示。

② 转马上下起伏运动

a. 转盘下面安装着曲轴，曲轴的端头安装着轮胎，顶杆安装在曲轴上，顶杆上安装着木马，转盘旋转带动轮胎转动，轮胎转动带动曲轴转动，曲轴转动带动顶杆上下运动，顶杆带动木马上下运动，如图 5.81 和图 5.82 所示。

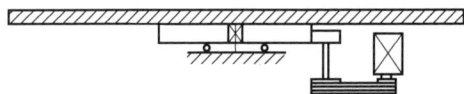

图 5.78　地面摩擦传动

图 5.79　齿轮传动

图 5.80　转盘摩擦传动

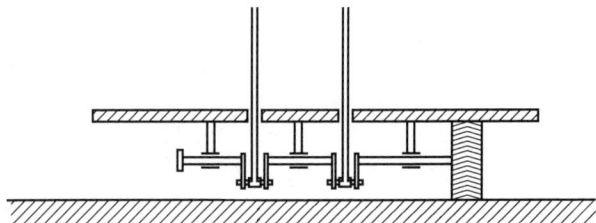

图 5.81　轮胎和曲轴顶升

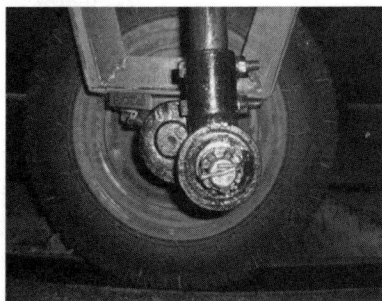

图 5.82　轮胎和曲轴顶升实物

b. 木马下部的顶杆下端安装一个滚轮，滚轮下边是高低不平的圆形轨道，转盘运动时，滚轮在轨道上做上下运动，通过顶杆带动木马上下起伏运动，如图 5.83 所示。

c. 锥齿轮副安装在转马下部，大锥齿轮与小锥齿轮啮合，带动小锥齿轮做旋转运动，小锥齿轮带动曲轴旋转，曲轴旋转时带动装在自身上的顶杆上下运动，木马安装在顶杆上部，随着顶杆一起运动，如图 5.84 所示。

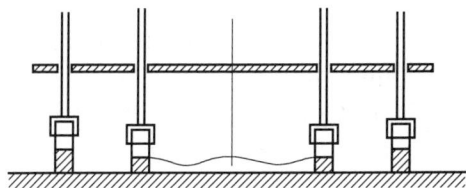

图 5.83　滚轮顶升

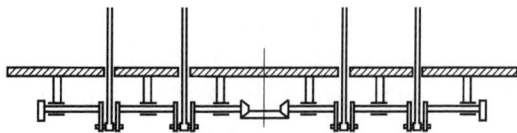

图 5.84　齿轮和曲轴顶升

转马类游乐设施应启动平稳，传动机构应运转正常。整机运行时不允许有异常的振动、冲击、发热、声响及卡滞等现象。

5.3.2　滑行车类游乐设施的传动系统

（1）自旋滑车

自旋滑车如图 5.85 所示，其主提升机构采用输送链条提升的方式，提升传动装置采用斜齿锥齿减速电动机作动力，由于采用较大的提升角度和提升速度，所以设置了便于车子上链挂钩的推车系统，如图5.86所示；在站台轨道段，设置了用于滑车定点停车、驻车和启动的摩擦轮驱动制动装置，该装置采用斜齿锥齿减速制动电动机和链传动，驱动速度接近或稍大于主提升速度，摩擦轮采用实心橡胶轮，两摩擦驱动制动轮高出轨面的距离应控制在15～20mm的范围内，保证其摩擦驱动的可靠性，如图5.87所示。

图 5.85　自旋滑车外形

图 5.86　自旋滑车辅助推车系统（驱动和制动装置）

图 5.87　自旋滑车链条提升系统

车辆由站台上客区第一个发车点发车，通过车辆底部的摩擦轮驱动车辆向前滑行至提升链前端的摩擦轮驱动装置，然后经车辆摩擦轮驱动装置进一步加速，使其速度接近于主提升速度，将车辆顺利送上主提升机构（输送链条提升），车辆再经链钩挂钩由输送链条将其再提升并通过路轨最高点，然后车辆下滑脱钩，完成提升过程；接下来车辆沿轨道滑行一小段距离后打开旋转锁紧机构，使车体在滑行过程中上座可以自旋，经过多组防撞制动装置并在个别制动装置处略作减速后运行至回站前轨道段，再由制动装置锁紧旋转锁紧机构后制动；紧跟着又打开旋转锁紧机构，由调整装置将车体上座调正，并再次锁紧旋转锁紧机构，接着车辆回站，在下客停车点停车。

（2）弯月飞车系列

飞车装置由车架、车轮、限位装置、传动部分、电气操作控制部分、安全带、玻璃钢座椅、车壳等组成，如图5.88所示。其作用是装载乘客并由乘客操作其在弧形轨道上飞行。乘客上车后，可操纵脚踏开关，使同向（或反向）接触器吸合，电动机得电后正向或反向旋转，再经传动机构使车辆运行。传动部分如图5.89所示。

图 5.88   弯月飞车

图 5.89   弯月飞车车架及传动部分

（3）激流勇进系列

激流勇进如图 5.90 所示，其提升段传动示意图如图 5.91 ～图 5.93 所示，它是一种平带传动，是借助传动带和带轮轮缘接触面的摩擦力带动传动带运动的。使用一段时间后，传动带会伸长，从而影响传动质量，因此在高低坡中段处装有张紧装置，用于调整松紧程度。激流勇进的张紧装置一般是通过张紧丝杠调整调节滚筒的位置来实现的。

图 5.90   激流勇进

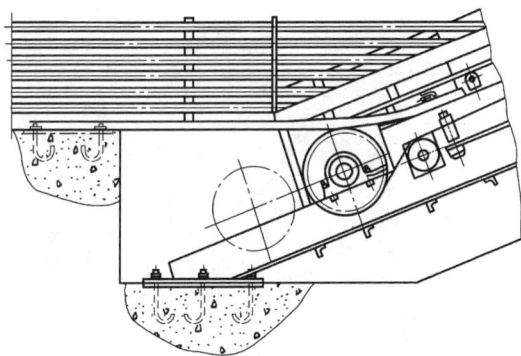

图 5.91   激流勇进游船高低坡上坡前段

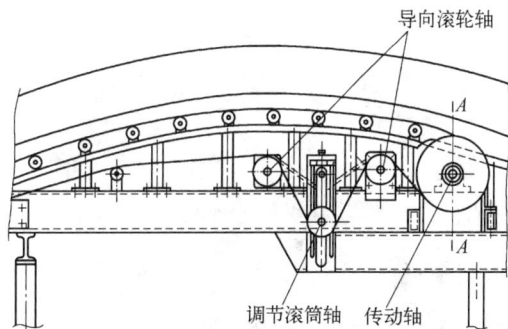

图 5.92   激流勇进游船高低坡中段

滑行车类游乐设施启动时不应有明显打滑现象，传动机构应运转正常。

采用齿轮传动时，应符合有关齿轮、齿条标准，对齿轮啮合的接触斑点要求和测量方法应满足《机械设备安装工程施工及验收通用规范》（GB 50231）的规定。

采用带传动时，传动带应张紧适度，不应有明显的跑偏现象，导向装置应灵活可靠。

采用钢丝绳及链条传动时张紧适度，采用钢丝绳提升时应设有防止钢丝绳过卷和松弛的装置，并且钢丝绳的磨损允许值应符合规定。

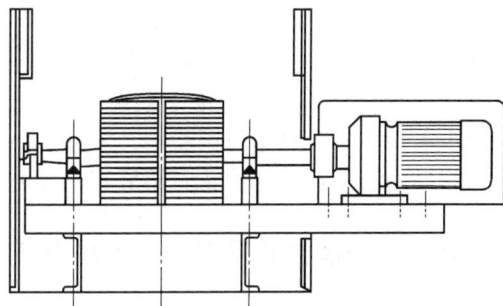

图 5.93   激流勇进游船传动机构

5.3.3 陀螺类游乐设施的传动系统

陀螺类游乐设施顾名思义，其运动像小孩玩的陀螺那样绕一个轴不停地旋转，而且轴可随时变动倾角。如果复杂一点，它本身除作上面的运动外，整个组件还要绕更大的轴作倾角旋转。这类设施主要有双人飞天、勇敢者转盘等。这类游乐设施的主要运行特征是，座舱绕可变倾角的轴做旋转运动，主要动力来源于液压系统。

（1）双人飞天

双人飞天如图 5.94 所示，其动力源为一台双输出轴电动机，当设备启动后，双输出轴电动机同时驱动两个变量泵，分别向液压马达和液压缸供油，为使设备运转平稳，采用比例调速阀控制液压系统的运转速度；液压缸带有安全阀，能保证油管破裂时重物不会突然下降。液压马达带动小齿轮运动，小齿轮与大齿轮啮合，带动整个转盘转动。在转盘转动的同时，液压缸顶升，使大臂前端抬起，整个转盘倾斜运转。

双人飞天的液压传动装置由液压马达和齿轮副构成，液压马达与小齿轮连接，小齿轮与大齿轮啮合。

（2）勇敢者转盘

勇敢者转盘如图 5.95 所示，其动力源也是一台双输出轴电动机，设备启动后，它同时驱动两个变量泵，分别向液压马达和液压缸供油，为使设备运转平稳，采用比例调速阀控制液压系统的运转速度；液压缸带有安全阀，能保证油管破裂时重物不会突然下降。液压马达带动小齿轮运动，小齿轮与大齿轮啮合，带动整个转盘转动。在转盘转动的同时，液压缸顶升，使大臂前端抬起，整个转盘倾斜运转。

图 5.94 双人飞天

图 5.95 勇敢者转盘

勇敢者转盘的液压传动装置也由液压马达和齿轮副构成，小齿轮与大齿轮啮合，液压马达与小齿轮连接，如图 5.96 和图 5.97 所示。

传动系统的设计应保证平稳可靠，整机运行时不允许有异常的振动、冲击、发热、声响及卡滞现象。各种运行试验中，零部件不应有永久变形及损坏现象。大臂在升降过程中不应有抖动现象，启动和停止时不应有明显的冲击振动。

5.3.4 飞行塔类游乐设施的传动系统

飞行塔类游乐设施是指用挠性件吊挂的吊舱，按照一边升降一边绕垂直轴做旋转运动的游乐设备。此类设备比较刺激，广受年轻人的喜爱，如旋转飞椅、飓风飞椅、青蛙跳、探空飞梭和观览塔等。

图 5.96　勇敢者转盘小齿轮与大齿轮

图 5.97　勇敢者转盘液压马达与小齿轮

（1）旋转飞椅

旋转飞椅系列有许多产品，如空中飞椅、飓风飞椅等，其中飓风飞椅是集旋转、升降、变倾角等多种运动形式于一体的大型飞行塔游艺机，如图5.98 所示。飓风飞椅通电启动后，当伞形转盘和中间转台错位旋转时，塔身徐徐升起，此时转盘摇动，飞椅呈波浪荡漾状，游客犹如在空中飞翔、飘荡，非常刺激。

底座机架及传动部分：底座是设备的基础部件，采用筒装辐板增强结构，上端为逆时针旋转的转盘，用于安装和支持上部结构，并随转盘转动。其内部

图 5.98　飓风飞椅

为集电环导电，为上部旋转部分提供动力。其底部传动机构如图5.99 所示，它是通过减速电动机带动小齿轮，然后小齿轮带动回转支承旋转的，如图 5.100 所示。此传动还可以通过下面方式实现，电动机通过带传动，带动蜗杆减速器，驱动小齿轮，带动回转机构回转，如图 5.101 所示。

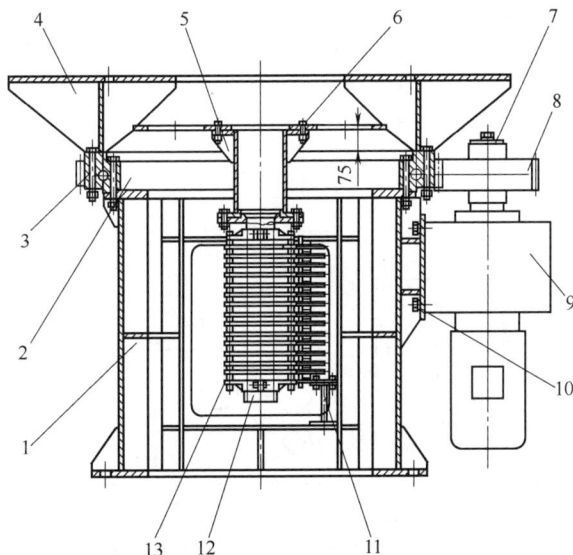

图 5.99　飓风飞椅底部传动机构

1—支座；2—回转支撑；3，6—螺栓、螺母和垫圈；4—托盘；5—连接板；7—挡圈；8—齿轮；9—减速电动机；10—螺栓和垫圈；11—电刷装置；12—支撑管；13—集电环组

图 5.100　飓风飞椅底部齿轮传动　　　　图 5.101　飓风飞椅底部带传动

①机械传动原理。转盘的公转是由固定在机架上的公转电动机来实现的。公转电动机的转动，通过 V 带传动驱动蜗杆减速器、滚子链联轴器、过渡轴、小齿轮及外齿式回转支撑等转动，来实现联结筒、立柱和托架做公转运动。而固定在托架上的自转电动机，通过齿轮减速器驱动小齿轮及大回转支撑齿轮转动来完成转筒和转盘的自转运动。依靠固定在立柱底盘下的悬挂式液压缸，可使托架、转筒和转盘沿轨道做上下升降运动。

②液压传动原理。整个系统的升降动力来自液压系统，即由电动机驱动固定在立柱底盘下的悬挂式液压缸，使托架、转筒和转盘沿轨道做上下升降运动。该液压系统的工作原理如图 5.102 所示。该系统具有一套完善的保护及检测控制装置，这些装置与电气系统控制联成网络，可以有效地对系统进行检测与控制。这种检测与控制包括油位控制、油温监控以及压力、流量控制等方面。

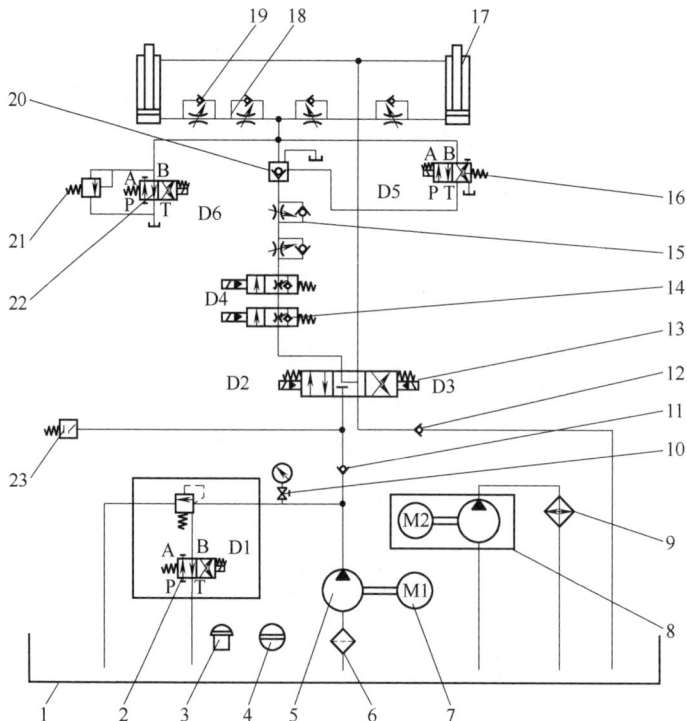

图 5.102　飓风飞椅液压系统的工作原理

1—油箱；2—电磁溢流阀；3—滤清器；4—液位计；5—低噪声叶片泵；6—滤油器；7—电动机；8—齿轮泵；9—风冷器；10—压力表及开关；11，12—单向阀；13—电液换向阀；14—电磁节流阀；15—调速阀；16，22—电磁阀；17—液压缸；18—管式单向节流阀；19—板式单向节流阀；20—液控单向阀；21—安全阀；23—压力开关

（2）青蛙跳系列

青蛙跳系列的典型设备是青蛙跳游艺机，如图 5.103 所示。它是一种以青蛙跳跃方式为基础的游乐设备，令游人感受青蛙飞行跳跃的乐趣，青蛙跳是一种急速升高、急速下降、抖动升高、抖动下降的游乐项目。它给人一种忽而直上云霄、忽而失重、临高刺激的感觉。操作人员待游客入座并扣好安全带和安全杆后，便可启动设备，游客就可在几秒内急升到相当高度，然后抖动下降、抖动上升，乐趣无穷。

青蛙跳游艺机是一种由电气控制座舱沿立柱轨道做上升、下降及跳跃运动的设备。其机械传动原理为：乘客座舱和滑行架沿立柱轨道的上升、下降和跳跃运动是通过液压系统的往复式液压缸进行往复运动带动钢丝绳通过滑轮组放大行程获得的，而液压缸的动作则是液压系统对电气控制系统的设定程序的执行结果。液压系统的工作原理如图 5.104 所示。

图 5.103　青蛙跳

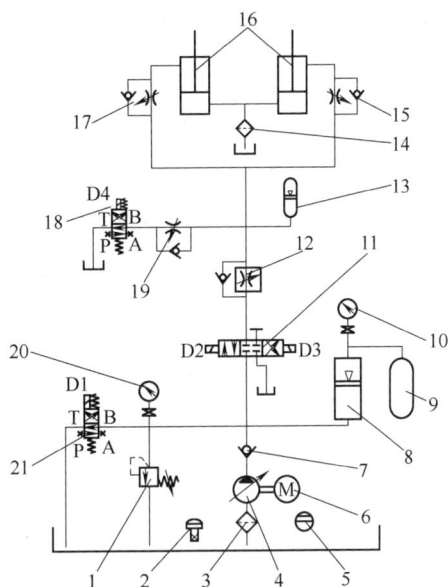

图 5.104　青蛙跳液压系统的工作原理

1—溢流阀；2—加油口；3，14—滤油器；4—液压泵；5—液位计；6—电动机；
7—单向阀；8，13—蓄能器；9—储气罐；10，20—压力表及开关；11—电磁阀；
12—单向调速阀；15，17—下坠速度单向节流阀；16—液压缸；
18—失电下降阀；19—叠加式单向节流阀；21—卸荷电磁阀

在提交用户的使用维护说明书中应标明传动系统的液压（气动）易损件明细表和更换周期，且最短寿命不应低于 6 个月。

重要的控制元件标定后应做好标记，以防止操作人员随意调整参数改变系统性能。需要手动开启的元件应安装在便于操作的位置。整机运行时不允许有异常的振动、冲击、发热、声响及卡滞现象。各种运行试验中，零部件不应有永久变形及损坏现象。必要时应进行应力测试。

5.3.5　观览车类游乐设施的传动系统

观览车是游乐场所不可缺少的游乐设备，而且也代表了现代化游乐园的建设规模和先进程度。转轮连续而缓慢地旋转，乘客坐在吊厢里，随着转轮逐渐升高，视野也逐渐开阔，当上升至离地最高点时，乘客便可尽情地观赏周围美景及大地风光和秀丽的山水，令人大饱眼福，心旷神怡，如图 5.105、图 5.106 所示。

图 5.105　观览车（1）

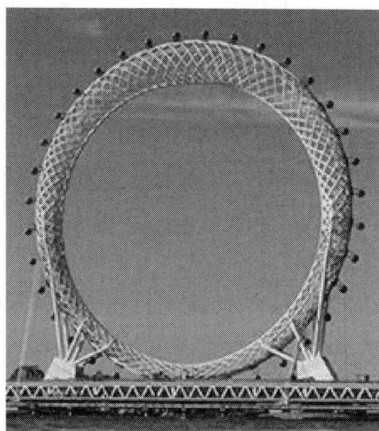

图 5.106　观览车（2）

　　观览车由于转盘驱动形式的不同，其工作原理也有所区别。转盘的驱动形式有钢丝绳摩擦驱动、摩擦轮驱动、柱销齿轮驱动和液压马达驱动等。第一种驱动形式现在已经很少使用，下面分别介绍后三种驱动形式的工作原理。

　　① 摩擦轮驱动形式的机械运动原理　它由电动机带动带轮，通过 V 带带动轮胎转动，轮胎由弹簧施加压力压紧在转盘的滚道盘上，轮胎转动通过摩擦力带动滚道盘转动，滚道盘带动整个转盘转动。轮胎与滚道盘的接触有两种形式：一种是上下式（图 5.107 和图 5.108）；另一种是左右式（图 5.109 和图 5.110）。

图 5.107　观览车摩擦轮上下式示意图

图 5.108　观览车上下式摩擦轮实物

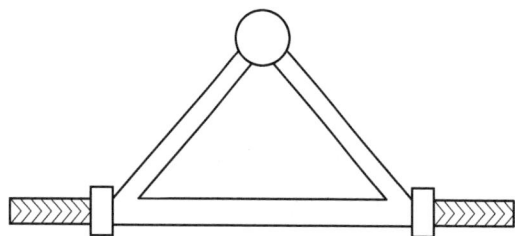

图 5.109　观览车左右式摩擦轮示意图

图 5.110　观览车左右式摩擦轮实物

② 柱销齿轮驱动形式的机械运动原理　它由电动机带动带轮，带轮连接减速器，减速器带动柱销齿轮，齿轮与齿条相啮合，带动转盘转动，如图 5.111 所示。

图 5.111　观览车柱销齿轮驱动

③ 液压马达驱动形式的机械运动原理　这种形式主要用在悬臂式观览车上，通过液压马达带动小齿轮，小齿轮与大齿轮啮合带动转盘转动。

整机运行时不允许有异常的振动、冲击、发热、声响及卡滞现象。

思考题

1. 机械传动的基本类型有哪些？各有什么特点？
2. 调研所在地区游乐场中的大型游乐设施，分析这些游乐设施分别采用了哪些机械传动方式。
3. 液压与气压传动相较于机械传动，其主要的优点是什么？
4. 试分析典型转马类游乐设施的传动系统构成。
5. 滑行车类游乐设施的传动方式有哪些？这些方式各自的不足之处是什么？在现有技术基础上，试对滑行车类游乐设施的传动系统进行创新设计。

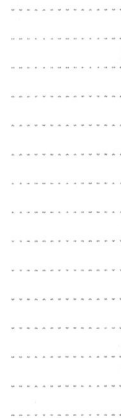

第 6 章

大型游乐设施的电气及控制系统设计

大型游乐设施的电气及控制系统设计包括电气系统设计、控制与防护系统设计和接地与避雷设计等。

6.1 ▪ 电气系统

电气控制系统是在机械的主功能、动力功能、信息功能和控制功能上引进微电子技术，并将机械装置与电气控制装置用相关软件有机结合而构成的系统。作为游乐设施的一部分，电气控制系统的作用类似人类的大脑，在游乐设施的运行过程中，由它来"指挥"其他部件"做什么""什么时候做""怎么做"。电气控制系统和控制模式的先进与否直接和游乐设施的舒适、安全相关。电气控制模式分为全人工控制、监控电路辅助人工控制和 PLC 电路 /PC 自动控制模式三种。

（1）全人工控制

人工控制流程如图 6.1 所示。控制面板上只有"电源""启动""停止"等基本功能，且完全由操作员手动操作或定时控制，没有任何电气装置介入控制过程中。由于这样的模式控制精度低，人为造成的事故可能性大，因此只能应用于低级别、运行形式单一的游乐设施。

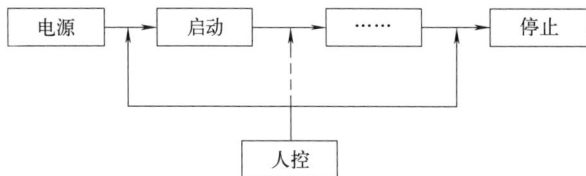

图 6.1　人工控制流程

（2）监控电路辅助人工控制

这是国内大部分游乐设施所采用的控制模式。在结构较复杂、危险程度较高的游乐设施上加装位置检测元件、压力检测元件等传感器，通过它们的逻辑关系来提示或（和）限制操作员进行下一步操作。这样既可以提高操作准确性，进而有效地避免由操作失误引起的事故，也能减少操作人员的劳动强度。

图 6.2 所示为一个基本的监控电路辅助人工控制模式流程。监控电路通过各类开关、传感器接收来自游乐设施各关键部位及各关键运行环节的信号，再由此电路的逻辑关系向

操作员发出提示，同时如果操作员进行了误操作，此电路还可以通过联锁装置对错误信号进行屏蔽。

（3）PLC 电路 /PC 自动控制

虽然在监控电路辅助人工控制模式中，电气元件和逻辑控制已经得到了应用，但是归根结底还是由人来主导。随着科技的发展以及电子技术的广泛应用，国外很多先进的设计方案已经将人员监控电脑自动控制应用到游乐设施中，尤其是高速度、高危险系数的设备，如大型多车过山车等。电脑在这些设备中可以完全操控设施的正常

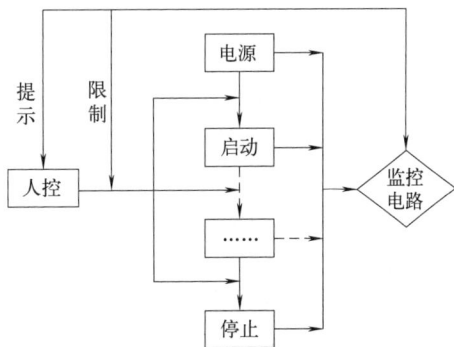

图 6.2　监控电路辅助人工控制模式流程

运转、故障检测、故障代码提示，而操作员只需要对设备及电脑的运行情况进行检测、对故障进行检修即可。

近年来，更为先进的自动控制概念已经引入游乐设施的设计中，图 6.3 中的控制模式采

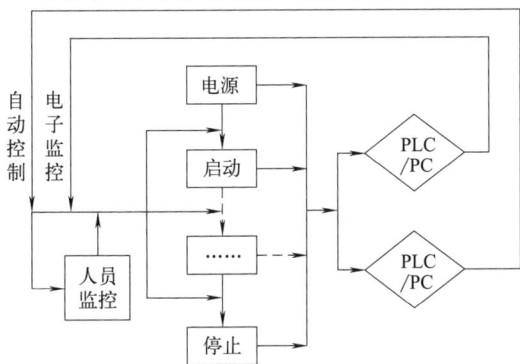

图 6.3　控制 + 监控的结构

用了控制 + 监控的结构。相同的设备运行状态信号分别传送到两个 PLC 或 PC 中，其中一个自控模块负责根据所采集的信号发出控制指令来控制游乐设施；另一个自控模块来验证这个指令是否正确，并决定是否向设施发出此指令。当遇到故障时，自控模块会尽可能在短时间内停止设备，同时向操作人员进行报警并分析故障、显示故障代码。通常情况下，控制模块和监控模块分别采用不同频率的 CPU，这样可以有效避免干扰信号对整个控制系统的影响。

国际上，游乐设施制造厂早已采用自动化程度很高的控制系统，不但使用了 PC 对设备进行控制，还把其产品运行的信息通过互联网连接到制造厂家服务器上，这样厂家可以实时采集运行数据，并对其进行分析处理。相比之下，国内很多厂家所采用的控制系统还是非常初级的，大多由操作员进行全程操作，很少涉及自动控制，更没有形成网络化。

电气系统设计应正确合理，符合国家相应电气技术规范、标准要求。设备供电电源应满足《机械安全　机械电气设备　第 1 部分：通用技术条件》（GB 5226.1）现行标准的规定。在元器件选型时，电气系统设计应进行风险评价，依据风险评价明确重要电气元件和易损件。重要电气元件应根据使用的频率确定使用周期。主回路电气元件，如开关、接触器、继电器等，应至少满足容量的需求。操作按钮、控制手柄和软件操作界面等应有明显的中文标识，按钮、信号灯等颜色标识应符合 GB 5226.1 现行标准的规定。

电气系统宜有游乐设施运行电压、电流等显示。导线和电缆的选型设计，应符合 GB 5226.1 的规定。在选择电动机时，电动机的选型应符合 GB 5226.1 的规定，在满载和设计允许偏载的情况下，连续工作的异步电机工作电流应不大于电机的额定电流。对频繁直接启动的异步电机，启动电流应不大于额定电流的 4.5 倍。在对电机有调速要求的场合，调速器、驱动器应满足电机加、减速工况的需求。设备的电磁兼容性（EMC）应满足 GB 5226.1 的规定。电压有效值大于 50V 的带电回路与接地装置之间的绝缘电阻应不小于 1MΩ。

安装在水泵房、游泳池等潮湿场所的电气设备以及使用非安全电压的装饰照明设备，

应有剩余电流动作保护装置。剩余电流保护装置的技术条件及安装与运行应符合 GB/T 6829 和 GB/T 13955 的有关规定，其技术额定值应与被保护线路或设备的技术参数及安装与运行环境相匹配。用于直接接触电击防护时，应选用 0.1s、30mA 高灵敏度快速动作型的剩余电流保护器。在间接接触防护中，采用自动切断电源的剩余电流保护器时，应正确地与电网的系统接地形式相配合。

对于危险性较大的超大型游乐设施，宜采取运行数据监测的措施，安装在室外的设备，还宜考虑对其运行环境进行监测。条件允许的情况下，宜对运行监控的数据进行存储记录和分析。电气设备和元器件的布置及导线敷设等，应符合国家有关电气装置安装工程施工及验收规范的要求。游乐设施根据运行工况应有相应的照明和应急照明设备，乘客通道照明照度应不低于 60lx，应急照明照度应不低于 20lx。

6.2 ■ 控制与防护系统

6.2.1 控制系统

（1）控制系统安全设计原则

游乐设施控制系统的设计应与所有电子设备的电磁兼容性相关标准一致，防止潜在的危险工况发生。例如：不合理设计或控制系统逻辑的恶化，控制元件由于缺陷失效、动力源突变或失效导致意外启动、制动、速度或运动方向失控等。

控制系统安全设计应符合下列原则：

① 统一的启、制动及变速方式。例如，启动或加速采用施加或增大电压或流体压力，或采用二进制逻辑元件由 0 状态到 1 状态等方式实现；制动或减速运动则采用相反的状态去实现。

② 提供多种操作模式。不仅考虑执行预定功能和正常操作需要的控制模式，还要考虑为非正常作业需要（例如：必须移开、拆除防护装置，或拆除安全装置的功能才能进行的设定、示数、过程转换、查找故障、清理或维修等操作）提供检修调整的操作模式。通过设置模式选择器来转换并锁定对应的单一操作控制模式，确保维修调整操作不出危险。

③ 手动控制原则。无论是正常操作还是其他操作，当采用手动控制模式时，控制器应配置于危险区外、操作者伸手安全可达的位置，并应使操作者可以看见被控制部分以便在发生险情时及时停机，设计和配置应符合安全人机工程学原则。

④ 考虑复杂设备的特定要求。例如，动力中断后重新接通时的自保护系统或重新启动装置，采用重新启动原则，"定向失效模式"的部件或系统，"关键"件的加倍（或冗余）设置，可重新编程控制系统中安全功能的实现，防止危险的误动作措施，以及采用自动监控系统等其他措施。

⑤ 控制系统的可靠性。控制系统零部件的可靠性是安全功能完备性的基础，在规定的使用期限内，控制系统的零部件应能承受在预定使用条件下各种应力和干扰（如静电、磁场和电场，绝缘失效，零部件功能的临时或永久失效等）作用，不因失效使设备产生危险的误动作。

（2）游乐设施控制系统具体设计要求

① 低压配电系统电控制系统必须满足游乐设施运行工况和乘客安全的要求。采用逻辑

程序控制时，逻辑控制应合理可靠，能满足设备安全运行要求。

② 采用无线遥控和接近开关等控制时，应充分考虑发射和接收感应组件的抵抗外界干扰能力和对工作环境的敏感性，并应有故障检测及信号报警系统。

③ 采用自动控制或联锁控制时，当误操作时，设备不允许有危及乘客安全的运动。

④ 采用自动控制或联锁控制时应有维修（维护）模式，以确保每个运动能单独控制。

⑤ 控制电路应提供过电流保护装置。

⑥ 控制电路电源应由变压器提供，其额定电压应不超过 220V。

⑦ 应采用成熟的设计电路和元件（采用固定式的"逻辑"控制线路，并选择机械和电气寿命长、结构坚实、动作可靠、抗干扰性能好的电气元件）。

⑧ 采用冗余技术可将电路中单一故障引起的危险的可能性减至最小（容易引发事故的限位装置，采用冗余技术，即采用两道限位装置）。

⑨ 采用相异设计，有联锁防护装置控制的常开和常闭触点的组合，电路中不同控制元件采用电和非电系统（液压气动）的结合等（比如安全压杠联锁防护装置，可采用相异设计）。

⑩ 采用可靠的互锁措施（在频繁操作的可逆线路中，正、反向接触器之间不仅有电气联锁，还要有机械联锁）。

⑪ 游乐设施启动前应设置必要的音响等信号装置。

（3）传动控制系统的基本要素和功能介绍

虽然随着机电传动系统的要求不同，其控制系统也不同，但归纳起来，它们通常是由五大要素与功能组成的，即机械装置（结构功能）、执行装置（驱动和能量转换功能）、传感器与检测装置（检测功能）、动力源（运动功能）、信息处理与控制装置（控制功能）五部分组成，如图 6.4 所示。

下面从控制系统五大要素之间的关系，概述游乐设施上常用的电气设备。

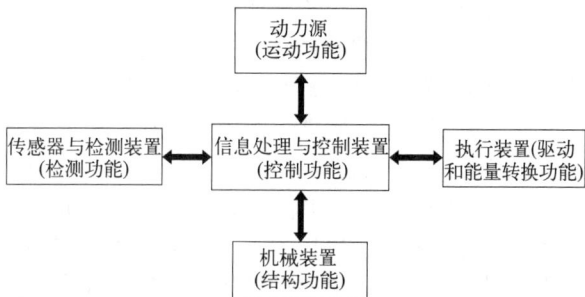

图 6.4　控制系统五大要素与功能

① 机械装置（结构功能）　机械装置是由机械零件组成的，能够传递运动并完成某些有效动作的装置。（属于机械部分，此处不赘述。）

② 执行装置（驱动和能量转换功能）　执行装置包括以电、气压和液压等作为动力源的各种元器件及装置。例如，以电作为动力源的直流电动机、直流伺服电动机、三相交流异步电动机、三相交流永磁伺服电动机、比例电磁铁、电磁粉末离合器 / 制动器，电动调节阀及电磁泵等；以气压作为动力源的气动马达和汽缸；以油压作为动力源的液压马达和液压缸等。

确定机电传动控制系统方案时，首先应根据设备是否要求电气调速、设备对调速要求的技术指标如何、设备要求恒功率调速还是恒转矩调速、设备工作过程复杂程度等来初选几种可能的方案，再进行经济指标的比较，然后根据企业当时的财经状况、技术水平、人员素质等具体情况，从而确定一个可行、经济、实用、可靠、使用与维修方便的机电传动控制系统方案。此外还需考虑执行装置与机械装置之间的协调与匹配。

对于不要求电气调速的设备：

空载或轻载启动，启、制次数不太频繁时，应采用一般笼型异步电动机拖动。在重载启动时，可选用特殊笼型异步电动机或绕线电机。

对于要求电气调速的设备：要求调速范围 $D=2 \sim 3$、调速级数为 $2 \sim 4$ 时，一般采用可变极数的双速或多速笼型异步电动机拖动；

要求调速范围 $D < 3$、调速级数为 $2 \sim 6$、重载启动、短时工作或重复短时工作时，常采用绕线式异步电动机拖动；

要求调速范围 $D=3 \sim 100$、无级调速时，常采用直流电动机拖动系统，或采用变频调速系统。

对于一些要求高精度、响应快、散热好、启动小、装配灵活和高稳定性传动的设备可采用直线电机传动（它是一种能直接将电能转换为直线运动的伺服驱动元件）。目前游乐设施中直线电机传动用得越来越多。需要低速、大推力或大扭矩的场合下，可考虑选用液压缸或液压马达，或采用力矩电动机（它能和负载直接连接产生较大的转矩，能保证电动机在低速或堵转下运行，在堵转情况下能产生足够大的力矩而不损坏，且精度高、反应速度快、线性度好）。另外，为了实现机电控制系统整体最佳的目标，实现各个要素之间的最佳匹配，市场上已经出现一些电动机与专用控制芯片、传感器或减速器等合为一体的装置。

③ 传感器与检测装置（检测功能）　传感器是从被检测对象中提取信息的器件，用于检测机电控制系统工作时所要监视和控制的物理量。大多数传感器将被测的非电量转换成电信号，用于显示和构成闭环控制系统。传感器的发展趋势是数字化、集成化和智能化。为了实现机电传动控制系统的整体优化，在选用或研制传感器时，要考虑传感器与其他要素之间的协调与匹配。例如，集传感检测、变送、信息处理及通信等功能为一体的智能化传感器，已广泛用于现场总线控制系统。游乐设施中常用的传感器有：位置传感器（微动开关、接近开关）、位移、角度、距离测量传感器（电位器、互感变压器、编码器、超声波距离传感器）、速度和加速度测量传感器（测速发电机、应变片加速度传感器、伺服加速度传感器、压电加速度传感器）、力和力矩测量传感器、视觉传感器等。

④ 动力源（运动功能）　动力或能源是指驱动电动机的"电源"、驱动液压系统的液压源和驱动气压系统的气压源。驱动电动机常用的"电源"包括直流调速器、变频器、交流伺服驱动器及步进电动机驱动器等。液压源通常称为液压泵站，气压源通常称为空压站。使用时应注意动力与执行器、机械部分的配合。

⑤ 信息处理与控制装置（控制功能）　机电传动控制系统的核心是信息处理与控制。机电传动控制系统的各个部分必须以控制论为指导，由控制器（继电器、可编程控制器、微处理器、单片机、计算机等）实现协调与匹配，使整体处于最优工况，实现相应的功能。在现代机电一体化产品中，机电传动系统中控制部分的成本已占总成本的50%，特别是近年来微电子技术、计算机技术的迅速发展，越来越多的控制器使用具有微处理器、计算机的控制系统，通信功能越来越强大。从机电一体化系统功能来看，人体是机电一体化系统最完美的参照物，其对应关系见表6.1。

表6.1　机电一体化系统构成要素与人体构成要素的对应关系

机电一体化系统装置	功能	人体构成要素
控制器（计算机等）	控制（信息储存、处理、传递）	大脑
传感器	检测（信息收集与变换）	感官
执行部件	驱动（操作）	四肢
动力源	提供动力（能量）	内脏
机械本体	支撑与连接	躯干

设备机电一体化系统 5 个组成部分在工作时相互协调，共同完成所规定的目的功能。在结构上，各组成部分通过各种接口及其相应的软件有机地结合在一起，构成一个内部匹配合理、外部效能最佳的产品。

6.2.2　防护系统

游乐设施电气设备失效造成的机械误动作严重威胁着乘客的安全，所以采用合理和可靠的电气安全保护系统是游乐设施安全运行的保障。安全防护是电气系统中必要的保护环节，它涉及外部环境和电气系统的各个环节。例如：采取最大额定电压或失效情况下的最大电流与具有较高电压的电路分开或隔离的措施，采用保护电路或漏电保护装置，加强带电体的绝缘，对乘客手动控制或容易接触的部分采用特低电压等级，采取有效措施预防电击、短路、过载和静电危险，设计时充分考虑环境因素等。

（1）运行环境保障

电气设备应能正常工作在空气温度 5～40℃范围内，对于非常热及寒冷的环境，对电气元件须有额外要求。

当环境温度为 40℃时，相对湿度应不超过 50%。

电气设备应能在海拔 1000m 以下正常工作，如在特殊的海拔环境下，对电气元件需有额外的要求。

（2）相序错误保护

保护装置具有选择性，在刀开关上安装熔丝或熔断器，便组成了兼有通断电路和短路保护作用的开关电器。

断路器是可进行失压、欠压、过载和短路保护的电器。熔断器对过载反应不灵敏，不宜用于过载保护，主要用于短路保护。

接触器有过载保护能力但没有短路保护功能。有些电器既有控制作用，又有保护作用，如行程开关既可控制行程，又能作为极限位置的保护。自动开关既能控制电路的通断，又能起短路、过载、欠压等保护作用。

漏电断路器用于对线路漏电的保护，以及运用物理参数进行检测并加以控制的电路，如：检测电压、电流、相序、频率、转速、速度、加速度、角度、流量、水位、温度、张紧力等物理量，通过检测电路加以控制，当检测出不正常的物理量时，通过合理控制电路使此分支路停止工作。

（3）其他保护方法与措施

由短路而引起的过电流，应采用过电流保护。额定功率大于 0.5kW 以上的电动机应配备过载保护（过载保护器、温度传感器、过流保护器）。此外还有接地故障保护、闪电和开关浪涌引起的过电压保护、异常温度保护、失压或欠电压保护、机械或机械部件超速保护等。

（4）人身伤害保护

① 剩余电流动作保护装置　电气设备应具备在直接接触与间接接触的情况下保护人们免受电击的能力。安装在水泵房、游泳池等潮湿场所的电气设备以及使用非安全电压的装饰照明设备，应有剩余电流动作保护装置。剩余电流保护装置的技术条件应符合《剩余电流动作保护器（RCD）的一般要求》（GB/T 6829）和《剩余电流动作保护装置安装和运行》（GB/T 13955）的有关规定，其技术额定值应与被保护线路或设备的技术参数相配合；用于直接接触电击防护时，应选用 0.1s、30mA 高灵敏度快速动作型的剩余电流保护器。在间接

接触防护中，采用自动切断电源的剩余电流保护器时，应正确地与电网的接地形式相配合。

用外壳做防护的直接接触的最低防护等级为 IP2X 或 IPXXD。

② 防止误启动控制装置　在作业时，需要察看危险区域或人体某个部分（例如手臂）需要伸进危险区域的设施，应有防止误启动控制装置。防止误启动控制装置应满足如下要求：

a. 控制或联锁元件设置于危险区域，并只能在此处闭锁或启动；

b. 具有可拔出的开关钥匙。

③ 接地保护电路　电气接地保护应采用等电位连接。电气设备正常情况下不带电的金属外壳、金属管槽、电缆金属保护层、互感器二次回路等必须与电源线的 PE 线可靠连接，低压配电系统保护重复接地电阻应不大于 10Ω。接地装置的设计和施工应符合《电气装置安装工程　接地装置施工及验收规范》（GB 50169）的规定。

④ 急停装置　操作台上必须设置紧急事故按钮（必要时站台上也应设置），按钮形式应采用凸起手动复位式。不允许由于按动紧急事故按钮而造成危险。紧急事故开关复位前不允许设备有新的动作。

⑤ 安全电压　乘客易接触部位（高度小于 2.5m 或安全距离小于 500mm 范围内）的装饰照明电压应采用不大于 50V 的安全电压。由乘人操作的电器开关应采用不大于 24V 的安全电压。轨道带电在地面行驶的游乐设施，如儿童小火车等，轨道电压应不大于 50V。

⑥ 电机绝缘防护　电机绝缘等级及安全防护等级的选择按《外壳防护等级（IP 代码）》（GB/T 4208—2017）进行。

⑦ 避雷接地防护　高度大于 15m 的游乐设施和滑索上、下站及钢丝绳等应装设避雷装置，高度超过 60m 时还应增加防侧向雷击的避雷装置。引下线宜采用圆钢或扁钢，圆钢直径不应小于 8mm，扁钢截面不应小于 48mm²，其厚度不应小于 4mm。当利用设备金属结构架做引下线时，截面和厚度不应小于上述要求，在分段机械连接处应有可靠的电气连接。引下线宜在距地面 0.3 ~ 1.8m 之间装设断接卡或连接板，并应有明显标志。避雷装置的接地电阻应不大于 30Ω。避雷装置的设计和施工应符合《建筑物防雷设计规范》（GB 50057）的规定。

6.3 ■ 接地与避雷

6.3.1　接地保护

电气设备的任何部分与土壤之间作良好的电气连接，称为接地。接地的作用是利用大地为电力系统在正常运行、发生故障和遭受雷击等情况下提供对地电流构成回路，从而保证电力系统中各个环节（包括发电、变电、输电、配电和用电的电气设备、电气装置和人身）的安全。

接地按作用不同可分为工作接地、保护接地、防雷接地和重复接地等。

（1）工作接地

在电力系统中，凡是因设备运行的需要而进行的工作性质的接地，叫作工作接地。工作接地可直接接地或经过一些专门装置（如消弧线圈、击穿熔断器等）与大地相连接。配电变压器低压侧中性点的接地，能为低压线路或低压用电设备发生对地短路时提供回路，使线路上的保护装置（如熔断器等）迅速动作，及时切断对地短路电流，从而保证设备和人身的安全。避雷器的接地，能使雷电流迅速泄入大地，使设备免遭破坏，这些都是为了设备运行的需要而进行的接地。工作接地如图 6.5 所示。

（2）保护接地

电气设备的金属外壳由于绝缘损坏而有可能带电，为了防止这种情况危害人身安全，将正常情况下不带电的金属外壳或构架同接地体相连接，这种因保护性质需要而进行的接地，叫作保护接地，如图 6.6 所示。

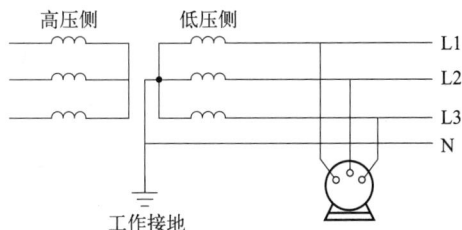

图 6.5　工作接地

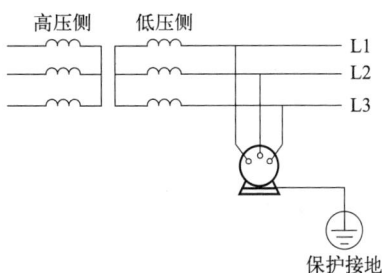

图 6.6　保护接地

（3）重复接地

为了提高安全可靠性，还可采用重复接地方式，如图 6.7 所示。在中性点直接接地的低压三相四线制系统中，将零线（接地中性线）上的若干点（例如图中 B 点）与大地再次作电气连接。这样，零线即使在 A 点断开，接地保护也能起到可靠的保护作用。

（4）保护接零

在中性点接地的低压电网中，把电气设备的金属外壳、框架与中性线或中干线（三相三线制电路中所敷设的接中干线）相连接，称为保护接零，如图 6.8 所示。因为电气设备绝缘一旦损坏而碰到金属外壳，构成相线与中性线短路回路，由于中性线的电阻很小，因此短路电流很大。很大的短路电流将使电路中的保护开关动作或使电路中的保护熔丝熔断，从而切断了电源，这时外壳便不带电，由此防止了触电。

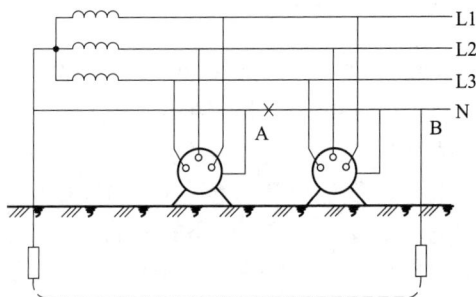

图 6.7　重复接地

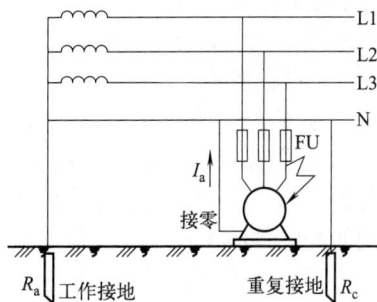

图 6.8　保护接零

但应该注意的是，用于保护接零的中性线或专用保护接地线上不得装设熔断器或开关；对于同一台变压器或同一段母线供电的低压线路，通常不应对一部分设备采用接零保护，而对另一部分设备采用接地保护，以免当采用接地的设备发生故障形成外壳带电时，将使采用接零的设备外壳均带电。一般具有自用配电变压器的用户，都采用接中性线的保护接零方式。

（5）低压配电系统接地形式

根据电气工作接地和电气装置外露导电部分保护接地的方式不同，ICE（国际电工委员会）标准将系统接地分为 TN、TT、IT 三种形式。TN 系统中第一个字母 T 表示供电电源直接接地，三相电源应是中性点直接接地；第二个字母 N 表示电气设备的外露可导电部分（可触及的金属外壳）与供电电源的接地端有直接连接。根据中性线 N 与保护接地线 PE 是否合并的组合情况，TN 系统的形式又分为 TN-S 系统、TN-C 系统和 TN-C-S 系统三种情况，如图 6.9 所示。

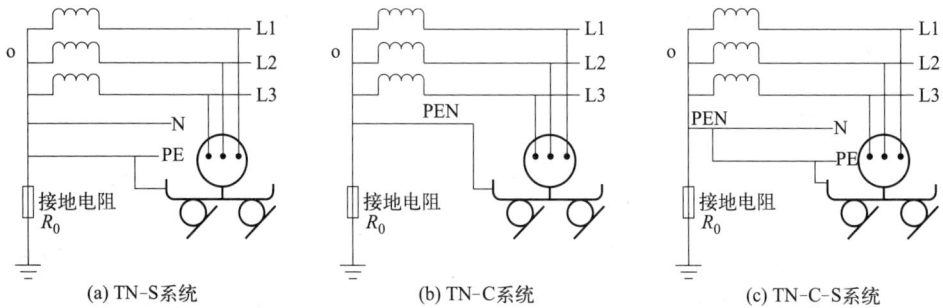

(a) TN-S系统　　(b) TN-C系统　　(c) TN-C-S系统

图 6.9　TN 系统接线

① TN-S 系统　整个系统的中性线 N 和保护接地线 PE 是分开的；在系统正常工作时，PE 线不通过工作电流，与 PE 线相连接的电气设备的外露可导电部分（可触及的金属外壳）上，不带有对地电位；对弱电控制的精密仪器不会产生干扰。这种系统与电气设备周围的零电位的金属物体（外部可导电部分）无电位差，两者相碰不会产生火花，因此，安全性最好，适合于爆炸、火灾危险场所。但它需要多用一根导线，造价较高。

② TN-C 系统　整个系统的中性线 N 和保护接地线 PE 是合一的，被称为 PEN 线。发生接地故障时，PEN 线中有较大的短路电流；三相不平衡时，PEN 线中也有电流；单相负载也可在 PEN 线中有工作电流；由于 PEN 线是与电气设备的外露可导电部分（可触及的金属外壳）相连接的，PEN 线中的电流会在电气设备的外露可导电部分上产生电压降。对弱电控制的电子设备会产生干扰。PEN 线中有电流时会在连接点处产生滋火，引起火灾和爆炸。因此，火灾和爆炸危险场所，不得采用 TN-C 系统。

③ TN-C-S 系统　从变压器开始，系统的中性线 N 和保护接地线 PE 是合一的，也称为 PEN 线，从某点开始，分为两条线，一条是中性线 N，另一条是保护接地线 PE；分开后，中性线 N 不做接地线用，保护接地线 PE 不得再接 220V 的负载。为防止分开后的 PE 线和 N 线混淆，PE 线和 PEN 线应涂以黄绿相间的色标，N 线涂以浅蓝色色标。TN-C-S 是被广泛采用的配电系统。在企业单位，对电位敏感的电子设备，往往在线路的末端，前端多为固定设备，因此，在末端采用 TN-S 系统是有利的。在民用建筑物中，在电源一侧采用 TN-C 系统，进入建筑物后改为 TN-S 系统，在电源侧的 PEN 线上难免有电压降，但对固定设备没有影响。PEN 分开后有专用的保护线 PE，有 TN-S 系统的优点。因此 PEN 自分开后，PE 线与 N 线不能再合并，否则将丧失分开后形成的 TN-S 系统的特点。

6.3.2　避雷保护

防雷包括电力系统的防雷和建筑物与其他设施的防雷。根据不同保护对象的危险程度和重要性，对于直击雷、雷电感应和雷电侵入波应采取相应的防雷措施。

（1）直击雷的防护装设

避雷针、避雷线、避雷网、避雷带是防护直击雷的基本措施。这些避雷装置由接闪器、接地引下线和接地装置组成。

① 接闪器。高耸的针、线、网、带都是接闪器。接闪器高于被保护设施而更接近雷云，在雷云对地面放电前，接闪器在电场的作用下，上面积累了大量的异性电荷，它们与雷云之间的电场强度超过附近地面被保护设施与雷云之间的电场强度。放电时，接闪器承受直接雷击，强大的雷电流通过接地引下线和接地装置泄入大地，使被保护设施免遭直接雷击。

避雷针是专用来接受雷云放电的，被称为受电尖端。通常采用直径不小于 20mm、长度为 1～2m 的镀锌圆钢，或采用直径不小于 25mm 的厚壁镀锌钢管制作。圆钢或钢管的头部制成针尖状。

避雷针一般应用于各级变电站、危险品库房，作为输变电设备和建筑物的防雷保护装置。避雷针的一般结构和安装形式如图 6.10、图 6.11 所示。

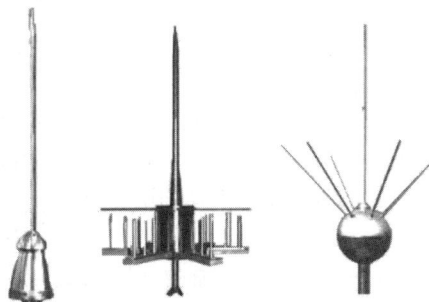

图 6.10　避雷针的一般结构

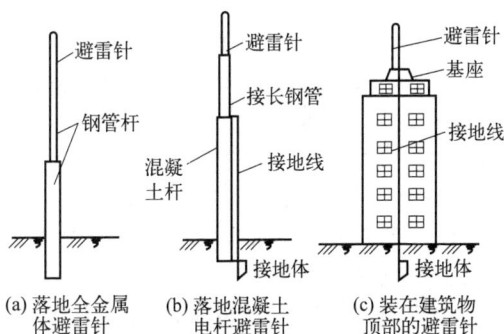

(a) 落地全金属体避雷针　(b) 落地混凝土电杆避雷针　(c) 装在建筑物顶部的避雷针

图 6.11　避雷针的安装形式

单根避雷针的保护范围如图 6.12 所示，避雷针对地面的保护半径 $r=1.5h$（h 为避雷针高度）。从针的顶点向下作 45°的斜线旋转一周形成的曲面内，构成锥形保护空间的上部；从距针的底部两边各 1.5h 处向上作斜线，与 45°斜线相交，交点（$h/2$）以下的斜线旋转一周形成的曲面内，构成了锥形保护空间的下部。图中，r_x 为保护范围半径，h_r 为保护范围对应的避雷针高度，x 为偏离避雷针中心点的距离。

独立的避雷针应有自己专用的接地装置，接地电阻应小于 10Ω。接地装置与其保护物地下导体（接地体）之间的地中距离，不宜小于 3m。

避雷线的功用和避雷针相似，主要用来保护电力线路，通常用在 35kV 以上的高压架空线路上，这时的避雷线也叫作架空地线，如图 6.13 所示。避雷线采用镀锌钢绞线制作，避雷带和避雷网主要用于工业和民用建筑物对直击雷的防护，其保护范围无须进行计算。避雷网的网格大小可根据具体情况选择。对于工业建筑物，根据防雷的重要性可采用（6m×6m）～（6m×10m）的网格或适当距离的避雷带；对于民用建筑物，可采用 6～10m 的网格。应当注意的是，不论是什么建筑物，对其屋角、屋脊和屋檐等易受雷击的凸出部位都应装设避雷带。

避雷针（线、网、带）等都有一定的保护范围。所谓保护范围是指保证被保护物不会受雷击的空间。被保护物应完全置于避雷针（线、网、带）的保护范围内，才能避免遭受直接雷击。

② 接地引下线。它是接闪器与接地装置之间的连接线，它将接闪器上的雷电流安全地引入接地装置，使之尽快泄入大地。

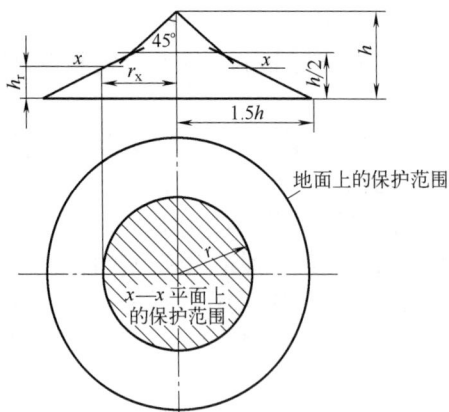

图 6.12　单根避雷针的保护范围

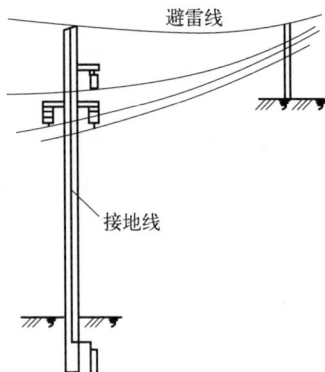

图 6.13　避雷线

③ 接地装置。接地装置是埋在地下的接地导线和接地体的总称，其作用是将雷电流直接泄入大地。避雷装置承受雷击时，在雷电流通道上呈现很高的冲击电压，可能击穿与之邻近的导体之间的绝缘而发生放电，这就叫作反击。反击可能导致火灾事故和爆炸事故。为了防止反击事故的发生，必须保证接闪器、引下线、接地体与邻近设施之间保持一定的距离。作为建筑物或构筑物上的避雷装置，如不能保证要求的最小距离，为防止其对不带电体产生反击，往往把邻近的不带电金属导体与避雷装置连接起来，即采取等化其间电位的方法。

（2）雷电感应的防护

为防止电磁感应，平行管道相距不到 100mm 时，每 20～30m 必须用金属线跨接；交叉管道相距不到 100mm 时，也应用金属线跨接；管道与金属设备或金属结构之间距离小于100mm 时，也应用金属线跨接。此外，管道接头、弯头等接触不可靠的地方，也应用金属线跨接，其接地装置也可和其他接地装置共用，接地电阻应不大于 10Ω。

（3）雷电侵入波的防护

当架空线路或管道遭到雷击时，雷击点要产生高电压，如果雷电荷不能就地导入大地，高电压将以波的形式沿线路或管道传到与之连接的设施上，危及设备和人身的安全。沿线路或管道传播的高压冲击波叫作侵入波，雷电侵入波造成的危害事故很多，所以必须对雷电侵入波采取防护措施。防护雷电侵入波的措施如下。

① 安装避雷器。安装避雷器是防止雷电侵入波的主要措施。避雷器装设在被保护物的引入端，其上端接在线路上，下端接地。正常时，避雷器的间隙保持绝缘状态，不影响系统运行。当遭受雷击，有高压冲击波沿线路来袭时，避雷器间隙被击穿而接地，从而强行切断侵入的冲击波。这时，能够进入被保护物的电压，仅为雷电流通过避雷器及其引下线和接地装置后的残余电压。雷电流通过以后，避雷器间隙又恢复绝缘状态，以便系统正常运行。

避雷器有管型避雷器、阀型避雷器和磁吹避雷器，其中以阀型避雷器使用最广泛。阀型避雷器由火花间隙及阀片电阻组成，阀片电阻的材料是特种碳化硅，当有雷电过电压时火花间隙被击穿，阀片电阻下降，将雷电流引入大地。这就保护了电气设备免受雷电流的危害。正常情况下火花间隙不会击穿，阀片电阻上升，阻止了正常交流电流通过。阀型避雷器的结构与外观如图 6.14 所示。

避雷器按电气设备的额定电压选择，架空线路终端及变配电装置的母线上都需要装设避雷器进行保护。避雷器可与电气设备共用接地装置，接地电阻应不大于 5～10Ω。安装避雷器时应尽量靠近被保护物。

② 接地。接地可以降低雷电侵入波的陡度。在架空管道进户处及邻近的 100m 内，采取 1 ～ 4 处接地措施，可防止沿架空管道传来的雷电侵入波，接地体可与附近的电气设备接地装置合用，接地电阻应不大于 10 ～ 30Ω。

容易遭雷击的较重要的低压架空线路，除使用避雷器外，还辅以接地来保护。即将进户处的绝缘子的铁脚接地，降低绝缘，在雷电侵入波袭击时，使雷电流入户前即全部泄入大地，以保护室内人员和设备的安全。

6.3.3　游乐设施中对接地和避雷的要求

① 低压配电系统的接地形式应采用 TN-S 系统或 TN-C-S 系统。

② 电气设备正常情况下不带电的金属外壳、金属管槽、电缆金属保护层、互感器二次

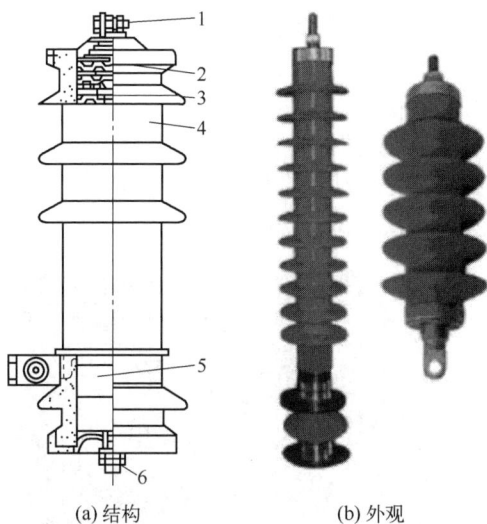

(a) 结构　　　(b) 外观

图 6.14　阀型避雷器的结构与外观
1—上接线端；2—火花间隙；3—云母片垫圈；
4—瓷套管；5—阀片；6—下接线端

回路等必须与电源线的 PE 线可靠连接，低压配电系统保护重复接地电阻应不大于 10Ω。接地装置的设计和施工应符合国家标准的规定。

③ 高度大于 15m 的游乐设施和滑索上、下站及钢丝绳等应装设避雷装置，高度超过 60m 时还应增加防侧向雷击的避雷装置。接地引下线宜采用圆钢或扁钢，圆钢直径不应小于 8mm，扁钢截面积不应小于 48mm²，其厚度不应小于 4mm。当利用设备金属结构架做引下线时，截面积和厚度不应小于上述要求，在分段机械连接处应有可靠的电气连接。引下线宜在距地面 0.3 ～ 1.8m 处装设断接卡或连接板，并应有明显标志。避雷装置的接地电阻应不大于 30Ω。避雷装置的设计和施工应符合国家标准的规定。

6.4 ■ 典型游乐设施的电气及控制系统设计规定

6.4.1　转马类游乐设施的电气及控制系统

（1）转马系列
操作控制台表面面板上分布有各种按钮和指示灯，内部安装有各种控制元件和电器开关，主要是为了方便操作人员控制设备运转。

（2）荷花杯系列
① 旋转动力系统　该系统共有两套：一套是大转盘的旋转系统，一套是小转盘的旋转系统。大转盘的旋转系统是由减速电动机连接小齿轮和与之相啮合的回转支承的大齿轮组成的。

② 站台和控制室　站台一般由角铁和花纹板制成，有两个阶梯区分进出口，在站台一端安装有操作室，操作室里安装操作系统。

（3）滚摆舱系列
① 旋转动力系统　该系统可分为两部分：一部分是绕中心轴的旋转，由电动机、带轮、V 带、蜗杆减速器、开式齿轮副和回转支承组成，如图 6.15 所示；另一部分是座舱在垂直

面内旋转,由摩擦板、摩擦轮、液压缸、泵站组成。

② 操作室 它是由角铁、铁皮和玻璃做成的,也有用铝合金或玻璃钢制造的,里面放置操作柜。

(4)爱情快车系列

① 旋转动力系统 它由电动机、减速器和轮胎组成,电动机连接减速器,减速器再与轮胎连接,如图 6.16 所示。

图 6.15 旋转动力系统

图 6.16 电动机、减速器和轮胎

② 操作室 它由角铁、铁皮和玻璃做成,也有用铝合金或玻璃钢制造的,里面放置操作柜。

电气系统应符合 GB 5226.1 和 GB 8408 的规定。

控制系统应符合《机械安全 控制系统有关安全部件 第 1 部分:设计通则》(GB/T 16855.1)和 GB 8408 中的相关规定。

采用电子可编程控制器件的控制系统应符合《电气 / 电子 / 可编程电子安全相关系统的功能安全》(GB/T 20438)所有部分的规定。

安全防护应符合 GB 8408 的规定。转马类游乐设施的紧急停车制动装置的设计应符合《机械安全 急停功能 设计原则》(GB 16754)的规定。

座舱之间的电缆连接应设有电器插头。

集电器与滑接线应接触良好,并应满足电流容量的要求。滑接器底座应灵活可靠,并有足够的补偿能力,滑接线应采用耐磨材料,接头处应平整,拉紧适度。外漏的集电器和滑接线应有防雨设施。

接地系统应符合 GB 8048 的规定,导轨与导电轨之间的绝缘电阻应小于 0.1MΩ。

6.4.2 滑行车类游乐设施的电气及控制系统

(1)电气控制

自旋滑车电气控制的主要功能是,利用可编程序控制器控制各制动装置的动作,以控制滑车间的限距,进而起到防撞联锁控制的作用。主传动装置的作用是,载客状态连续不间歇运转,而无客状态可自动延时停机。摩擦轮驱动制动装置的设置为点动式。自旋滑车外形如图 6.17 所示。

① 系统方案 系统由 PLC、变频器(或软启动器、电动机保护器)、触摸屏、位置传感器、执行机构(电磁阀或电磁铁)及其他辅助设备等组成。

② 驱动系统

a. 发车驱动电动机:其作用是将滑车传送至提升位。

b. 提升驱动电动机：其作用是将滑车传送至最高点。

c. 进站驱动电动机：其作用是将滑车传送至下车位。

③ 制动系统 制动系统主要由气动系统组成。传感器检测到自旋滑车时按要求打开或关闭制动系统。位置检测只允许一辆滑车通过同一运行区段或同一运行时间段。如果有两辆滑车在同一时间段或同一运行区段运行，则通过声音或指示灯通知操作者，同时在人机界面记录下当时的状态，并使控制系统进入防撞程序。

图 6.17 自旋滑车外形
1—轨道；2—站台；3—车体；4—制动系统；
5—提升装置

④ 安全联锁及自检测过程

a. 系统通电自检。

b. 首先启动空气压缩机，运行一段时间后，检查压力是否足够。

c. 检查各驱动器或电动机保护装置是否正常，并通过声、光显示通知操作者，并在触摸屏上进行记录和显示。

d. 在无乘客时运行一周，检查其位置传感器、刹车装置等是否正常。

e. 如果任一自检未通过，可通过人机界面查找其故障部位并检修，直到自检、空运行完全通过。

⑤ 防撞程序 当滑车经过第一个刹车点 A，进入第一刹车点 A 和第二刹车点 B 区段时，如果第二辆车进入 A 点，此时 A 点的刹车装置动作，让第二辆车停在 A 点，直到第一辆车经过 B 点后第二辆车的刹车装置放开让第二辆车进入 AB 区段，依此类推，以保证同一区段内只有一辆滑车运行。

⑥ 手动操作 断电（或跳闸）时，在轨道运行的车应全部处于断电刹车状态，即轨道上所有车都将在其前方的刹车装置处停车，此时应将操作转换为手控，分以下几种情况：

a. 发车段至最高点有车。此时应将操作转为手控回车预防突然来电误动作，同时将刹车制动系统压力充足，并检查离下客站最近的车，由手动控制相对应的刹车将该处的滑车放回站。按此顺序逐一将轨道上离下客站最近的滑车放回站台，方可进入自动运行操作，使发车段至最高点的车辆回站。

b. 发车段至最高点没有车。此时应将操作转为手控回车预防突然来电误动作，同时将刹车制动系统压力充足，并检查离下客站最近的车，由手动控制相对应的刹车将该处的滑车放回站。按此顺序逐一将轨道上离下客站最近的滑车放回站台。

c. 手动操作无法完成时应采取人工疏导或其他方法将乘客安全接送出站。必须指出的是，不管出现什么情况，将自动控制转换为手控时，应首先断电，然后才能转换。

⑦ 自动运行 只有所有自检均通过后系统才会进入自动运行状态。当运行中出现制动不良或其他故障导致不能正常运行时，系统都会将轨道上运行的车停在其前方的刹车位置，此时需用手动操作逐一将轨道上离下客站最近的滑车放回站台；然后再查阅人机界面中的数据、指示灯状态或用其他人工方法找出故障原因。

系统设置了紧急按钮，当按下紧急按钮时，滑车都将停在其前方的刹车位，然后按手动控制处理。按下进站按钮，离发车区最近车辆滑行至发车区，其后的车辆依次前移。乘客按安全要求坐上滑车后，按下发车按钮，滑车驶离发车区进入提升区至下客区结束。

当提升区或发车区有车辆时，第二辆车是无法出发的。只有在发车区、提升区均无车辆时才可以发第二辆车。

⑧ 设备显示器状态 主画面显示轨道上车辆位置，各驱动电动机状态、转速，空压机状态及系统压力等信息；帮助画面显示操作说明；故障记录画面显示系统发生故障的时间、

原因以及恢复时间、检查要点等信息；弹跳式窗口在有故障发生时显示发生的故障原因、时间等信息。

⑨ PLC 程序编写　PLC 程序是根据输入信号、输出信号及安全要求进行编写的。输入信号有传感器、控制按钮、旋钮、各驱动装置的故障信号及 PLC 扩展模拟输入气压系统的压力信号等；PLC 的输出信号有电磁阀、驱动装置、指示灯、电铃等的信号。

（2）控制系统

滑行车里的控制系统大都比较简单，相对复杂一点的是发射式过山车，主要是发射部分的控制比较复杂。就车的控制来说，比较复杂的还是多车滑行车，主要是要控制车不发生碰撞，下面就举例简单地介绍一下多车的控制方法。图 6.18 是某多车滑车的系统布置图，

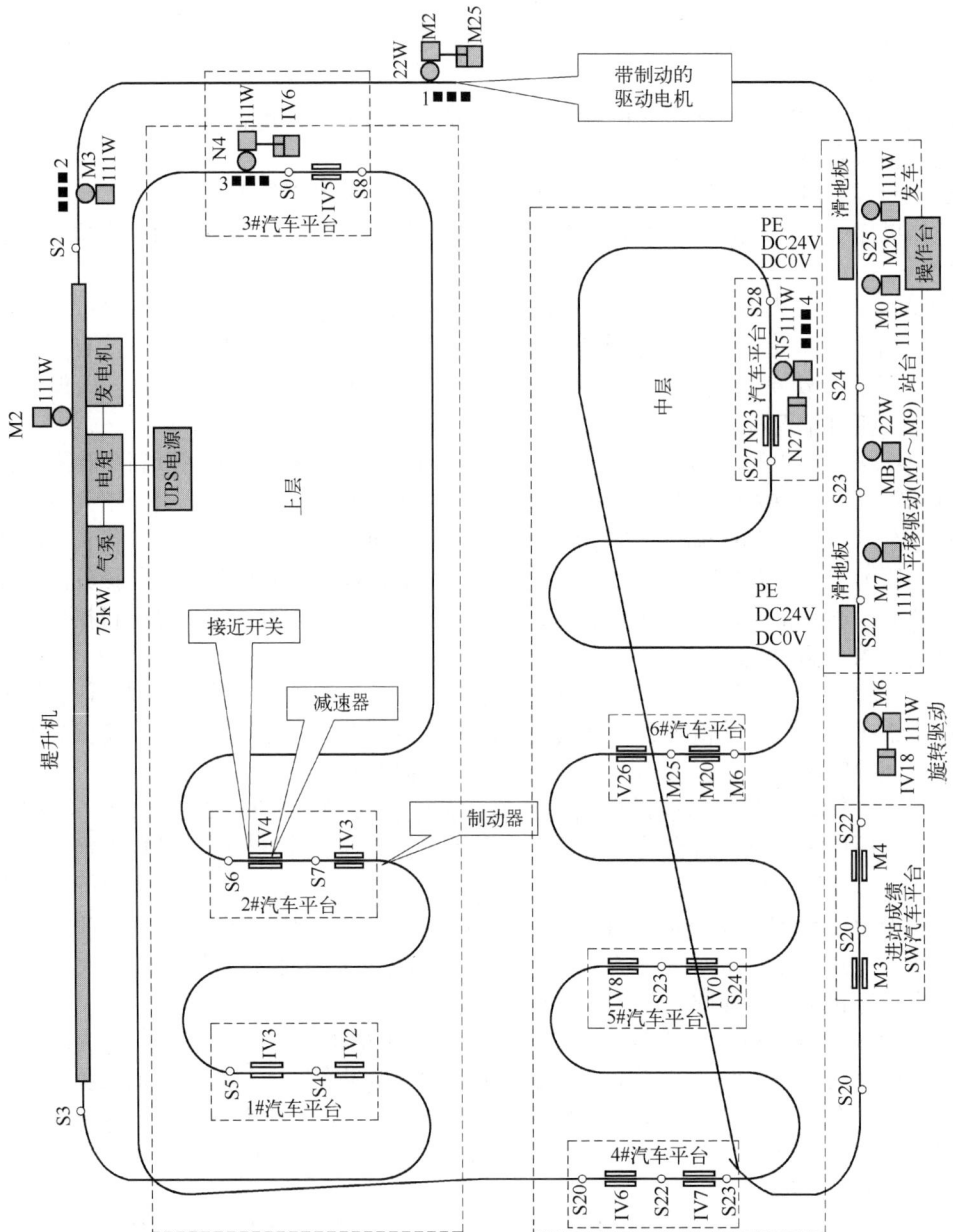

图 6.18　某多车滑车的系统布置图

在该系统布置图中有带制动的驱动电机、提升电机、制动器、接近开关。驱动电机带制动器，一般布置在低速区域，只要电机停止驱动，制动器就制动，车辆就会停止在制动器上，当车辆可以运行时，就打开驱动电机和电机的制动器让车辆继续运行。

图中的提升区域是具有止逆功能的，只要系统发生故障，车辆就会停下来，由止逆系统作用使车不能向下移动。图中的制动器布置在车的高速段，是常闭的，当系统有故障时，就会闭合使车辆停在制动器的上面，每个制动器附近配有一个减速器，该减速器是常开的，具有与制动器相同的结构，当检测到超速时，减速器就会工作 1 ～ 2s，让车的速度减下来。由于驱动电机、提升电机、制动器具有上述功能，因此可以利用驱动电机、提升电机、制动器把滑行车轨道分成若干区域。在每个区域的出口和入口都有接近开关，编程时，每个低速区域（如果发生碰撞不会对车及乘客造成伤害）只允许有一辆车，在高速区域（如果发生碰撞会对车及乘客造成伤害），每两个区域只允许有一辆车存在，保证了一旦某个区域的传感器或制动器出现故障，还有另一个区域起作用，提高了系统的可靠性。

6.4.3　观览车类游乐设施的电气及控制系统

供电与控制系统由供电系统、驱动控制系统、座舱控制系统（门控系统、自平衡系统等）、监控系统、通信系统、音响和视频系统等组成。控制系统的设计应符合《大型游乐设施安全规范》（GB 8408—2018）中 6.2、6.4 条的规定。

① 供电系统　变压器由双回路市电供电，采用自动电源转换系统互为备用，并用浪涌保护器进行线路保护，如图 6.19 所示；控制系统采用隔离变压器 AC 380/AC 220V 供电；通过滑触线或集电环向座舱供电。

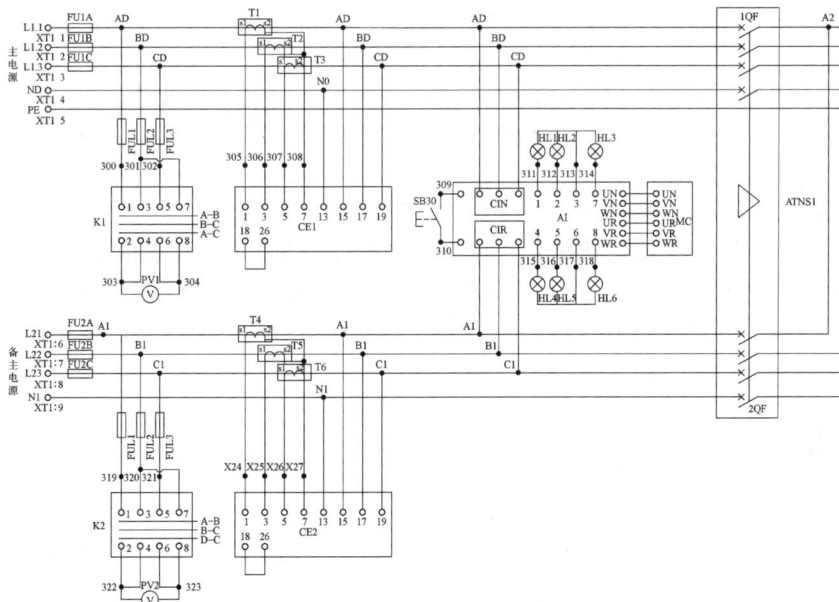

图 6.19　供电系统

② 驱动控制系统　分为液压驱动控制和电机驱动控制两种。液压驱动控制是由变频电机带动液压泵站，通过变频电机调速控制液压流量实现无级调速或者有级调速。电机驱动控制则是在转盘两侧布置同等数量的变频电机，采取同步驱动，并通过变频器依据要求实现无级调速或者有级调速。

③ 操作室控制　在必要情况下，由系统各硬件组成总线网络，实现数据交互、监控以及各种功能控制。采用可编程控制器实现逻辑控制以及数据采集。从安全角度出发，可在功能上实现硬件冗余，同时可控制程序实现软冗余。可采用总线通信实现控制室与外部变频器之间的远程数据交互，在操作台上显示检测数据。

④ 座舱控制系统　每个座舱采取独立系统控制，包括门控系统及座舱平衡控制。

⑤ 门控系统　设置自动开关门系统，实现到站开门、出站关门、防夹报警等功能。

⑥ 自平衡系统　设置自适应平衡机构，使座舱始终处于水平状态，增加乘客的安全感和舒适感。

⑦ 监控系统　设置若干监控点，监控设备运行情况。控制系统安全设计涉及双回路供电、PLC 运行控制、驱动电机冗余配置、电流表实时监控、故障指示及报警、设置急停按钮等方面内容。

⑧ 双回路供电　一般大型或巨型观览车系统电源采用供电电网和备用柴油发电机组两路电源供电。正常情况下由供电电网供电，在供电电网电源断电时使用备用电源以保证观览车正常运行。电网电源与备用电源供电采用接触器实现互锁控制，防止两路电源同时供电造成设备、器件损坏。

⑨ PLC 运行控制　系统采用 PLC 进行观览车运行控制，相关电器件的运行状况由相应的开关接点接入 PLC 的输入，通过接点的通断状态判断相关电器件的工作状态，确保器件失效能被及时发现、及时处理。同时通过相关接点的状态，实现相关的控制闭锁关系，防止设备的误操作、误动作。

⑩ 驱动电机冗余配置　观览车驱动电机通常采用了数量和功率双重冗余配置。每台变频电机配 1 台变频器，电机相互独立运行，其中一台失效，不影响其他电机的正常运行。电动机功率的冗余配置亦可保障，在个别电机因故退出工作时，观览车仍可正常工作。

⑪ 电流表实时监控　在操作台上设置有电流表，对每台电机的工作电流进行实时监控。

⑫ 故障指示及报警　在操作台上设置有变频器故障指示灯和报警器，在变频器发生故障时，对应的故障指示灯亮，同时报警蜂鸣器闪光、鸣叫，以提醒操作人员及时处理。

⑬ 设置急停按钮　在操作台上和站台各设置 1 只紧急停止按钮，在设备发生特殊情况时，紧急停止观览车的运转。

在控制系统中如果主断路器、主接触器、PLC 装置等关键器件失效，将造成观览车停止运行。为保证关键器件失效后观览车能很快恢复正常运行，设计观览车时应将主断路器、主接触器等关键零件安装在方便观察、更换的位置并准备必要的备件，发现零件失效，即可在很短的时间内予以更换。同时为 PLC 准备好备件并装好运行程序，一旦发生故障，立即予以更换。

思考题

1. 电气控制的模式有几种？试调研分析所在地区大型游乐场中的游乐设施主要采用了哪种控制模式。

2. 游乐设施控制系统具体设计的要求有哪些？

3. 游乐设施中电气安全保护系统的作用是什么？

4. 大型游乐设施中按照作用分工不同，可以把接地分为哪几种类型？电气设备的金属外壳或构架同接地体相连，属于哪种类型接地？其作用是什么？

5. 大型游乐设施设计中对避雷器安装的具体要求有哪些？

第**7**章

大型游乐设施的承载系统设计

游乐设施依据设备的性能、运行方式、速度及其结构的不同，并考虑乘客的身体特征，设置相应形式的乘载系统。乘载系统包括乘人装置和乘客束缚装置。乘客束缚装置可采用安全带、安全压杠、挡杆等。

7.1 ■ 承载系统概述

当游乐设施运行时，乘客有可能在乘人装置内移动、碰撞或甩出、滑出时，应设有乘客束缚装置。乘载系统应可靠、舒适。乘载系统的设计应防止乘客被夹伤或压伤，且易于调节、操作方便。

在运动过程中，由于翻滚、冲击或惯性力等作用，乘载系统的反作用力不应对乘客造成伤害。乘载系统应可靠地固定在游乐设施的结构件上，且有足够的强度承受各种工况发生的最大作用力。

乘人装置的座位结构和形式应具有一定的束缚功能。对于运行过程中乘客有翻滚动作的设备，乘客座椅面两边和中间应设有效拦挡结构，适当增加座椅面倾角。乘客束缚装置的锁紧装置，在游乐设施出现功能性故障或急停刹车的情况下，仍能保持其闭锁状态，除非采取疏导乘客的紧急措施。

7.2 ■ 乘客束缚装置

在游乐设施运行时，由于乘人在乘坐物中可能存在移动、碰撞或者被甩出、滑出的危险，所以必须设置乘人安全束缚装置。对危险性较大的游乐设施必要时还应考虑设置两套独立的束缚装置。安全束缚装置的设计应注意防止乘人被夹伤或压伤，且行程应容易调节，操作方便，与乘人直接接触的部件应当具有适当的柔软性。

常见的安全束缚装置有安全带、安全压杠、挡杆等。通常依据游乐设施的性能、运行方式、速度及其结构的不同，选择不同的束缚装置。

7.2.1 安全带

安全带可单独用于轻微摇摆或升降速度较慢、没有翻转、没有被甩出危险的设施上，使用安全带一般应配辅助把手。对运动激烈的设备，安全带可作为辅助束缚装置。

安全带宜采用尼龙编织带等适于露天使用的高强度的带子，不要采用棉线带、塑料带、人造革带及皮带，因为前3种安全带的强度较弱，易破损；皮带经雨淋后，易变形断裂。安全带的带宽应不小于30mm，安全带的破断拉力应不小于6000N。安全带宜分成两段，分别固定在座舱上，安全带与机体的连接必须可靠，可以承受可预见的乘人各种动作产生的力。若直接固定在玻璃钢件上，其固定处必须牢固可靠，否则应采取埋设金属构件等加强措施，如图7.1所示。安全带作为第二套束缚装置时，可靠性按其独立起作用设计。

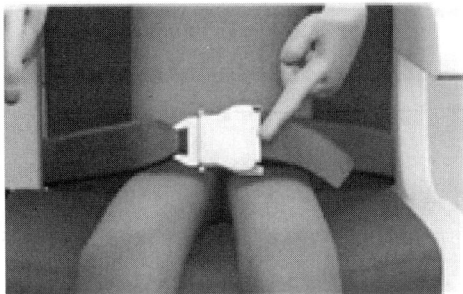

图 7.1 安全带连接

（1）安全带的分类及锁扣形式

① 安全带的分类 按照安装方式和固定点的差异，安全带大体可分为两点式、三点式、全背式三种。

a. 两点式。这种安全带按乘人不同的约束位置可分为腰带和肩带。腰带只限制乘人的腰部移动，肩带只限制乘人的上半身移动，如图7.2所示。腰带的缺点是设备运行过程中如有冲击或变速度时使得腹部受力很大，而且上身容易前倾，大大增加了乘人头部受伤的可能性。肩带斜挎于胸前，可防止上身的前倾，但设备如有冲击、翻滚或变速度时，腰、髋部容易滑出，而且膝部活动空间较大，容易碰伤。翻滚类游乐设施不能使用肩式安全带，人倒立时此安全带在垂直方向上作用不大。

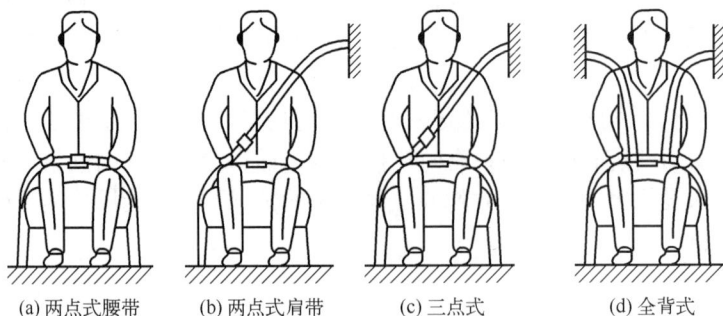

(a) 两点式腰带　　(b) 两点式肩带　　(c) 三点式　　(d) 全背式

图 7.2 安全带的形式

b. 三点式。这种安全带在游乐设施上作用很大，一定要大范围推广，它是腰式和肩式安全带的组合，达到限制乘人躯体前移和限制上身过度前倾的目的。

c. 全背式。这种安全带是左右对称的肩带，保护效率最高，但作业人员操作不方便，一般用于比较危险的游乐设施上。

② 安全带锁扣形式 目前安全带锁扣形式有以下几种，如图7.3所示。通过分析可知，图7.3中前四种锁扣乘客很容易自己打开，设备运行过程中如果乘客特别紧张或儿童没有安

全意识时，可能无意识地碰触到开锁按钮，安全带就打开了，进而起不到保护作用。第五种相对比较可靠，必须要操作人员用专用工具才能打开锁具。

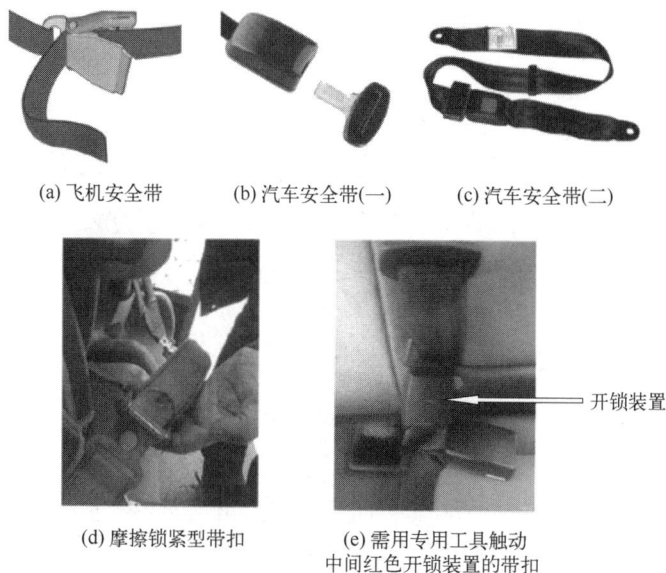

(a) 飞机安全带　　　(b) 汽车安全带(一)　　　(c) 汽车安全带(二)

开锁装置

(d) 摩擦锁紧型带扣　　　(e) 需用专用工具触动中间红色开锁装置的带扣

图 7.3　安全带带扣（锁扣）

（2）使用场合

安全带常常单独用于轻微摇摆或升降速度较慢，且没有翻转、没有被甩出危险的游乐设施上，如常见的自控飞机、转马、架空游览车等设备；安全带作为辅助束缚装置时，其可靠性既要考虑到按其独立起作用设计，同时也要考虑到锁扣不能轻易被打开，还能充分地把游客束缚在座位上。

（3）常见危险

允许儿童乘坐的设备，由于儿童对危险性认知不够，很多行为不可控制，比如在乘坐自控飞机时，虽然系好了安全带，但运转过程中，儿童可能自行打开安全带锁扣或无意识地碰到锁扣而打开，在离心力的作用下很容易被甩出，作业人员可通过加强现场管理来提醒游客规避这样的风险，但其也有麻痹大意的时候。

（4）相关建议

① 此类设备设计制造时建议设置儿童专座，同时要求安全带锁扣不宜被儿童打开，通过安全带本体的可靠性而不是通过管理来规避这样的风险。设计单位在设计时还要结合设备的运动特点，设置的安全带不但要约束游客的不安全行为，同时还要把游客约束在一定的安全空间内，在变加速度的情况下，不至于使身体跟周边物体发生碰撞，导致人员受伤。因此，还要考虑安全带的结构形式及锁扣形式。

②《大型游乐设施安全规范》（GB 8408—2018）中关于安全带以及安全带带扣的形式选择没有具体要求，修订该标准时可考虑增加相关要求。

因此，生产单位要根据设备的运动特点、适应对象选择合适的安全带形式和锁具，既要满足《大型游乐设施安全规范》的要求，又要以人为本，确保游客的安全。

7.2.2　安全压杠

对于运行时产生翻滚运动或冲击较大的运动的大型游乐设施，为了防止乘客脱离乘坐物，应当设置相应形式的安全压杠。

（1）结构形式及工作原理

根据使用场合不同，安全压杠可分为护胸压肩式和压腿式两种。安全压杠的基本形式如图 7.4 所示，其开启和下压动作都很简单，就是压杠围绕支点 O 旋转。

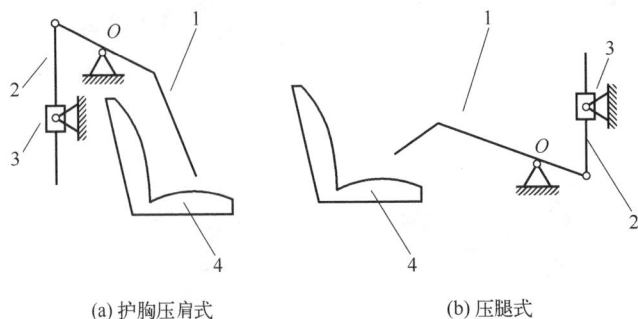

(a) 护胸压肩式   (b) 压腿式

图 7.4　安全压杠的基本形式
1—压杠、曲柄；2—摇杆；3—摇块；4—座椅

① 护胸压肩式安全压杠　这种安全压杠常用于座舱翻滚、颠倒及人体上抛的游乐设备，如过山杠车、垂直发射或自由落体穿梭机、翻滚类的高空揽月、乘人会倒悬的天旋地转多自由度的游乐设备。一般此类设备离地面的距离较高、运动惯性较大、乘人在游玩该类游艺机时有可能会脱离座位甩出舱外而受到意外伤害。为防止乘人脱离座位，就必须用护胸压肩式安全压杠强制乘人坐在座位上。游玩时，当乘人身体欲往上抬离座位时，压杠的挡肩部分将挡住肩膀；若身体要往前去，则压杠的护胸部分又挡住胸口。这样就将乘人限制在座位和靠背的很小活动范围内，防止意外受伤。

护胸压肩式安全压杠的内芯采用钢管（棒）弯制而成，外面与人的肩膀和胸口以及脸颊接触部位包裹较软的橡胶或织物，这样既保证了足够的机械强度，又不至于挫伤乘人的身体。

目前市场上的游乐设备越来越追求刺激，设备多自由度运转，为了防止护胸压肩式安全压杠在使用过程中失效，大部分设备还加装了辅助的独立的安全保护装置，如安全带等，如图 7.5 所示。有的压杠前端还加装了气动插销锁紧，如图 7.6 所示。它可以防止主锁紧装置失效，导致压杠可自由打开，从而有效地确保乘客的安全。

图 7.5　辅助安全带

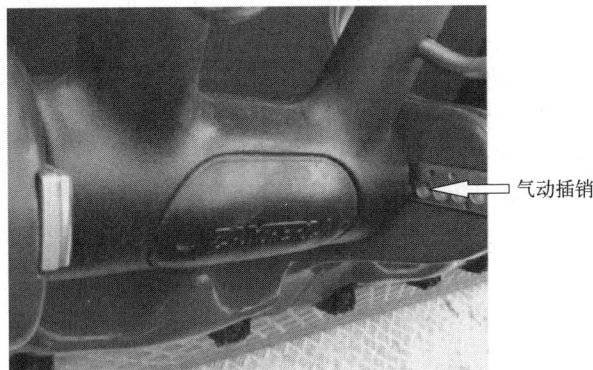

图 7.6　安全压杠端部二次保护

冲击较大或翻滚类的设备加设独立安全带时，要确保将乘客在座椅和安全压杠间活

动空间限制在很小的范围内，防止活动空间大了，由于冲击的作用，不断与压杠、压杠根部、座席间发生碰撞，导致头部、肩部、身体其他部位受伤；设备倒立时，有可能出现乘客从压杠间隙内甩出的现象。因此应根据实际情况，设置合理的安全带形式。对冲击较大或翻滚类设备在设置压肩护胸安全压杠的同时，建议设置如图 7.7 所示的柔性束缚装置，能充分将游客束缚在很小的活动空间内。

②压腿式安全压杠　这种安全压杠主要用于不翻滚、冲击不大的游乐设施，如惯性滑车、海盗船、美人鱼等设备，如图 7.8、图 7.9 所示。压杠压在乘人的大腿根部，不让乘人站起来离开座位，以免乘人甩出舱外。压腿式压杠也是由钢管制成的，外面包有橡胶或织物。

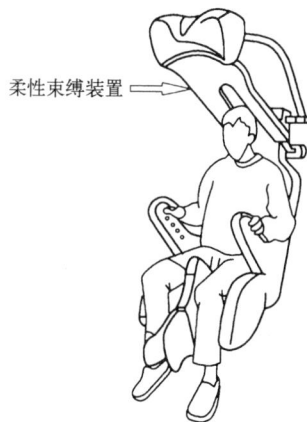

图 7.7　柔性束缚装置

图 7.8　压腿式安全压杠的外形

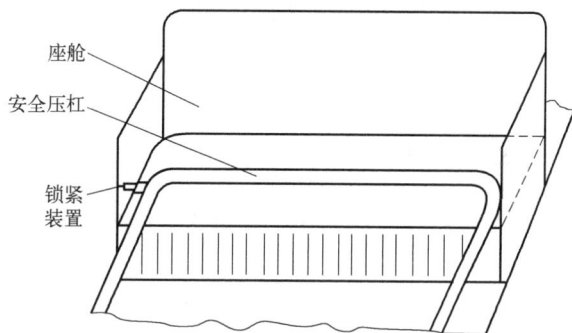

图 7.9　压腿式安全压杠的结构

（2）相关安全要求

① 游乐设施运行时有可能发生乘人被甩出去的危险，因此必须设置相应形式的安全压杠。

② 安全压杠本身必须具有足够的强度和锁紧力，保证乘人不被甩出或掉下，并在设备停止运行前始终处于锁定状态。

③ 锁定和释放机构可采用手动或自动控制方式。当自动控制装置失效时，应能够用手动开启。

④ 当设备有乘员时释放机构应不能随意打开，而操作人员可方便和迅速接近该位置，操作释放机构。

⑤ 安全压杠行程应无级或有级调节，压杠在压紧状态时端部的游动量不大于 35mm。安全压杠压紧过程动作应缓慢，施加给乘人的最大力，对成人不大于 150N，对儿童不大于 80N。

⑥ 乘坐物有翻滚动作的游乐设施，其乘人的肩式压杠应有两套可靠的锁紧装置。

7.2.3　挡杆

挡杆是一种简易的安全装置，常用于不翻滚、冲击不大的游乐设施中，例如部分自控飞机、海盗船、双人飞天等。挡杆既可以起到阻挡乘人不安全行为的作用，又可以当扶手。

其结构形式比较简单，如图 7.10 所示。挡杆由于结构简单，锁紧装置很容易被乘客打开，特别是旋转或摆动设备，在设备运行过程中或未停稳时，乘人打开挡杆锁紧装置，很容易导致事故，如摇头飞椅、超级秋千等设备。因此，设计制造时应考虑乘人不能轻易地打开锁紧装置，比如增加开锁的难度或开锁装置乘客很难接触到。

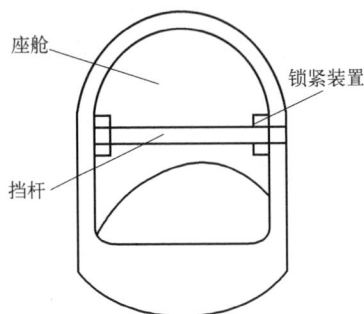

图 7.10　安全挡杆

7.3 ■ 束缚装置选型

束缚装置宜参考图 7.11 中设计加速度的 5 个区域来选型。图中的加速度为"持续加速度"而非"冲击加速度"，加速度的方向参见人体坐标系。

束缚装置的选型应结合设备的具体情况考虑，主要考虑的因素包括：加速度方向、大小、作用点、持续时间和角加速度等；乘载系统的结构形式和束缚情况、座椅面的结构形式和摩擦情况；乘客的姿态，如翻滚、倾斜等；侧面加速度，如持续的侧面加速度大于或等于 0.5g 时，座位、靠背、头枕、护垫等设计应作特殊考虑。

对图 7.11 中所示的 5 个区域，应按照表 7.1 的要求分别设置束缚装置，束缚装置可组合使用。

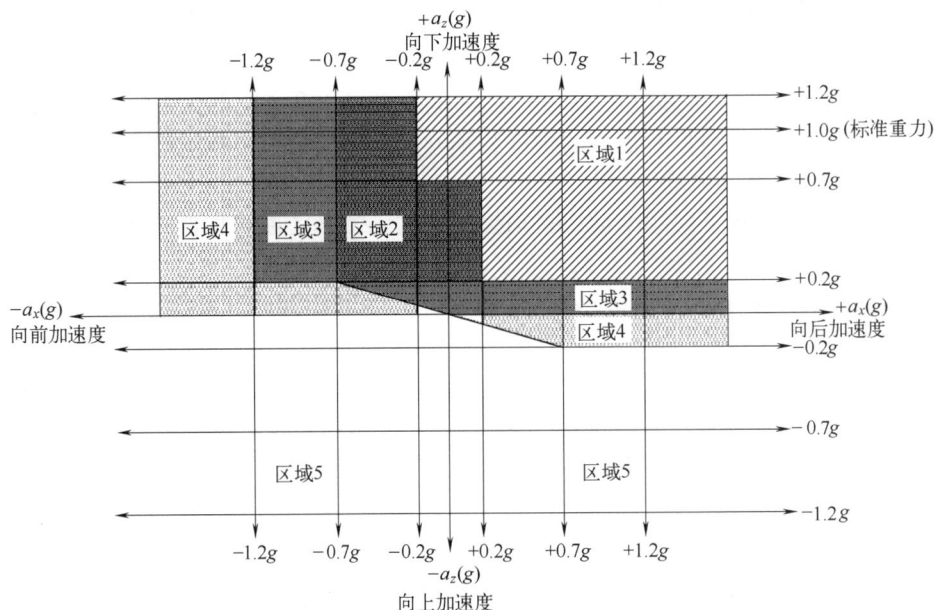

图 7.11　设计加速度的区域划分

表 7.1　束缚装置选用准则

类型	不同要求	1级	2级	3级	4级	5级	5级冗余
每套束缚装置保护的乘客数量	1.不需要束缚装置	△					
	2.一套束缚装置可以用于一个或多个乘客		△	△			△
	3.一套束缚装置仅保护一个乘客				△	△	
束缚装置的锁紧位置	1.锁紧位置固定或根据乘客情况调整		△				△
	2.锁紧位置根据乘客情况调整			△	△	△	
锁紧机构的锁紧类型	1.乘客或操作人员均可锁紧束缚装置		△				
	2.乘客或操作人员均可手动或自动锁紧束缚装置。操作人员须确认束缚装置已锁紧			△			△
	3.束缚装置应自动锁紧				△	△	
锁紧机构的释放类型	1.乘客或操作人员均可释放束缚装置		△				
	2.乘客可手动释放束缚装置，或操作人员可手动或自动释放束缚装置			△			△
	3.只允许操作人员手动或自动释放束缚装置				△	△	
外部指示	1.不要求外部指示		△				
	2.不要求外部指示。设计上应便于操作人员在每个运行周期对束缚装置进行目视或人工检查			△	△		△
	3.要求外部指示。设备应当设有乘客束缚装置有效锁紧后才能启动的联锁控制功能。设计上应便于操作人员在每个运行周期对束缚装置进行目视或人工检查					△	
束缚装置的锁紧和释放的方式	手动或自动控制锁紧和释放		△	△	△	△	△
锁紧装置的冗余	1.不要求冗余		△	△			
	2.锁紧装置应有冗余				△	△	
	3.不要求冗余，第二套束缚装置的锁紧和释放应独立于第一套束缚装置						△
束缚装置的配置	两套独立束缚装置或一套失效安全的束缚装置					△	

在实际的配置中，根据需要，也可通过具体设备的承载分析设置一个更高级别的束缚装置。表中所述的失效安全的束缚装置是指乘客束缚装置的任意一个部位失效，不会造成乘客脱离束缚装置。

对于区域 1，一般不需要设置束缚装置，对应表 7.1 中的 1 级束缚装置设置。但是，根据分析的结果可以要求设置一个更高级别的束缚装置，也即增添实际的物理束缚装置。

对于区域 2 所对应的 2 级束缚装置，要求每套束缚装置可以用于对一位或多位乘客的保护。束缚装置的锁紧位置可采用最后锁紧位置固定或可调节的方式，束缚装置的锁紧和释放可采用手动或自动开启和关闭。对于锁紧机构，乘客或操作员均可以通过操作将其锁紧或打开。该区域内不要求进行冗余配置，也不要求配置游乐设施运行正常或异常状态的外部指示装置。根据具体设备情况，如有扶手、脚踏或其他装置能够给乘客提供足够的支撑和保护时，也可不设置安全束缚装置。

对于区域 3 所对应的 3 级束缚装置，要求每套束缚装置可以用于对一位或多位乘客的保护。束缚装置的锁紧位置要求最后锁紧位置应可调节，并可通过手动或自动控制方式对束缚装置进行锁紧和释放。锁紧机构可以手动或自动锁紧，操作人员须确认束缚装置已锁紧。乘客可手动释放束缚装置，或者操作人员可手动或自动释放束缚装置。该区域的锁紧装置不要求冗余配置，也不要求配置游乐设施运行正常或异常状态的外部指示装置，但在设计上应便于操作人员在每个运行周期对束缚装置进行目视或人工检查。

对于区域4所对应的4级束缚装置，要求每套束缚装置仅可保护一位乘客。束缚装置的最后锁紧位置应可调节，并可采用手动或自动控制方式对其进行锁紧和释放。锁紧机构必须自动锁紧，锁紧机构释放时，只允许操作人员手动或自动释放束缚装置，且锁紧装置应有冗余配置。虽然不要求配置游乐设施运行正常或异常状态的外部指示装置，但设计上应便于操作人员在每个运行周期对束缚装置进行目视或人工检查。

对于区域5所对应的5级束缚装置，要求一套束缚装置仅可保护一位乘客。束缚装置的最后锁紧位置应可调节，可采用手动或自动控制方式对其进行锁紧和释放，且应当配置两套独立束缚装置，或一套失效安全的束缚装置。锁紧机构必须自动锁紧，锁紧机构的释放只允许操作人员手动或自动释放束缚装置，且锁紧机构必须冗余配置。该区域必须配置游乐设施运行正常或异常状态的外部指示装置，设备应当设有乘客束缚装置有效锁紧后才能启动的联锁控制功能，并且设计上应便于操作人员在每个运行周期对束缚装置进行目视或人工检查。

当对区域5配置5级束缚装置并带有冗余装置时，该冗余装置应为独立的束缚装置，要求单套冗余束缚装置可以用于一位或多位乘客保护。束缚装置的最后锁紧位置固定或可调节，束缚装置可通过手动或自动控制锁紧和释放。锁紧机构要求乘客或操作人员均可手动或自动锁紧束缚装置，但操作人员须确认束缚装置已锁紧，乘客可手动释放束缚装置，或者操作人员可手动或自动释放束缚装置。对该冗余配置的束缚装置不要求对其再进行冗余配置，第二套束缚装置的锁紧和释放应独立于第一套束缚装置。虽然不要求配置游乐设施运行正常或异常状态的外部指示装置，但设计上应便于操作人员在每个运行周期对束缚装置进行目视或人工检查。

7.4 ▪ 安全距离和防护

游乐设施设计时应确定乘客的安全距离，防止运动时乘客与其他物体接触。应考虑乘客高度的限制、承载系统的形状和尺寸、可能接触的物体、所处区域内的可移动设备或部件，以及乘人装置的位置或方向变化的可能性。承载系统的形状和尺寸包括座位、扶手、座位背部和侧部、脚踏等，还包括所设计的束缚装置，如压杠、安全带、肩部束缚装置等，以及承载系统限制乘客伸出装载物的允许范围。对于可能接触的物体，还需要进一步确定接触时的相对速度和方向。在游乐设施的运行区域内，任何侵占安全距离的可移动系统或装置，如上/下客平台、甲板或其他设施都需要严格设计，确保不影响游乐设施的安全运行。乘人装置的位置或方向变化的可能性包括了角度运动、侧向运动、无约束或无阻尼运动、自由摆动等。

对于在运行的同时上下乘客的游乐设施，乘人部分的进出口不应高出站台300mm。其他游乐设施乘人部分进出口距站台的高度，应便于乘客上下。凡乘客身体可伸到座舱以外时，应设有防止乘客在运行中与周围障碍物相碰撞的安全装置，或留出不小于500mm的安全距离。当全程或局部运行速度不大于1m/s时，其安全距离可适当减少，但不应小于300mm。从座位面至上方障碍物的距离应不小于1400mm。专供儿童乘坐的游乐设施应不小于1100mm。

设有转动平台时，为防止乘客的脚部受到伤害，转动平台与固定部分之间的间隙，水平方向不大于30mm。若平台高于站台面，其垂直方向的间隙应适当，不应对乘客的脚部造成危险。

7.5 ▪ 典型游乐设施的承载系统设计规定

7.5.1 转马类游乐设施的承载系统

乘人部分框架应采用金属结构材料，座席宜采用橡胶、木质或玻璃钢等材料制造，座席尺寸应符合 GB 8408 的规定。乘人部分应设有把手或安全压杆和其他形式的安全束缚装置。骑乘式转马除设置有把手外还应设置具有防滑功能的脚踏装置。

车轮及导向轮应转动灵活、耐磨、耐热和具有足够的强度。车轮的磨损允许值不应大于原直径的 5%，且最大不超过 15mm。导向轮的磨损允许值不应大于原直径的 5%，且最大不超过 10mm，导向轮与轨道的间隙应能调整适当。采用橡胶实心轮或尼龙轮时，其材料力学性能应符合 GB 8408 的相应规定。采用橡胶充气轮胎，充气压力应适度。

7.5.2 滑行车类游乐设施的承载系统

滑行车的车辆框架应采用金属结构材料，座席应采用软质、木质或玻璃钢等材料制造。车厢进出口外底板距站台高度应不大于 300mm，车厢座席距脚踏板高度宜不大于 450mm。车厢应设有安全把手，骑乘式滑行车除设有安全把手外还应设有护腰垫及脚踏板。车厢的深度和座席尺寸应符合 GB 8408 的规定。

车轮装置应转动灵活，润滑、维修方便。车轮应耐磨、耐热并有足够的强度。主车轮、侧轮和底轮的磨损允许值应符合 GB 8408 的规定。与水接触的零部件应采取防水、防漏、防锈蚀等措施。

速度大于 36km/h 的滑行车类游乐设施的侧轮或轮缘与轨道间隙每侧不应大于 5mm。采用橡胶充气轮，充气压力应适度。

7.5.3 观览车类游乐设施的承载系统

观览车的吊箱框架应采用金属材料。吊箱门窗应加拦挡物，乘客头部不允许伸出窗外。非封闭式吊箱，应设防止乘客在运行中与周围障碍物相干涉的安全装置或留出不小于 500mm 的安全距离。吊箱座席尺寸和非封闭吊箱深度，应符合 GB 8408 的规定。吊箱进出口不应高出踏台 300mm。

凡乘客可触及之处，均不允许有外露锐角、尖角、毛刺等危险突出物。大型观览车吊箱应设有吊箱与地面联络的系统，封闭式吊箱宜设置空调装置，并应设有通气孔。吊箱宜采用阻燃材料，应考虑防火措施。

🔖 思考题

1.乘客束缚装置有哪些？分别配置在哪些游乐设施中？

2.在大型游乐设施中设置安全压杠的安全要求有哪些？

3.波浪翻滚游乐设施的束缚装置选型需要根据设计加速度进行设计区域划分。根据设计分析可知，在正常运行状态下，波浪翻滚游乐设施在竖直方向的最大加速度为 $0.5g$，且其在水平方向的最大加速度为 g，则：（1）束缚装置应该按照哪个等级进行配置？（2）锁紧机构的释放类型需采取什么方式？（3）对束缚装置的冗余配置有什么具体要求？

第**8**章

大型游乐设施的安全防护装置设计

应根据游乐设施的具体形式和风险评价，设置相应的安全防护装置或采取安全防护措施，如乘客束缚装置、制动装置、限位装置、防碰撞及缓冲装置、止逆行装置、限速装置、风速计、防护罩、安全标志等。

8.1 ■ 安全防护装置

8.1.1 制动装置

为了使游乐设施安全停止或减速，大部分运行速度较快的设备都采用了制动系统，游乐设施的制动包括对电动机的制动和对车辆的制动。电动机的制动有机械制动和电气制动两种方式，车辆制动的方式主要采用机械制动。下面重点介绍游乐设备常用的机械制动装置。

机械制动的作用是停止电动机的运行（正常或故障状态）和固定停止位置。机械制动是接触式的。机械制动器主要由制动架、摩擦元件和松闸器三部分组成。许多制动器还装有间隙的自动调整装置。制动器的工作原理是利用摩擦副中产生的摩擦力矩来实现制动作用，或者利用制动力与重力的平衡，使机器运转速度保持恒定。为了减小制动力矩和制动器的尺寸，通常将制动器配置在机器的高速轴上。

制动器按用途可分为停止式和调速式两种，停止式制动器的功能是停止和支持运动物体；调速式制动器的功能是除上述作用外，还可以调节物体的运动速度。制动器按结构特征可分为块式、带式和盘式3种。制动器按工作状态分常开式和常闭式两种，常开式制动器的特点是经常处于松闸状态，必须施加外力才能实现制动；常闭式制动器的特点是经常处于合闸即制动状态，只有施加外力才能解除制动状态。而游乐设施基本都是采用常闭式制动器，因为这种制动器安全可靠。

（1）滑行类游乐设施上的制动装置

滑行类游乐设施多数采用图8.1所示的制动器。它用于作沿轨车辆限距防撞制动、中途减速和进站前制动，其设置独立的空压配气系统，采用常规的闸式制动。有的刹车带前端采用铜片，由于滑车速度较快，制动或减速时，冲击较大，如采用一般的刹车皮，很容易被磨损掉，拆卸更换比较麻烦，所以通常采用不易磨损的黄铜片，这样可减少维修工作量。有的制动器采用多个气囊，每个刹车都设置了单独的储气罐，过山车多采用此类制动方式，此类制动器类似于块式制动器。

图 8.1　滑行类游乐设施中的制动装置

过山车是典型的滑行类游乐设施，其制动装置具有代表性。图 8.2 是木制过山车上常用的陶瓷制动片，图 8.3 是位于两侧边的夹式制动器，图 8.4 是位于中间的夹式制动器。

（2）海盗船的制动

对于由电动机驱动的海盗船，其制动原理根据结构不同可分为两种：一种是在摩擦轮的另一端安装一个电磁铁控制的抱闸系统，要使设备停止时，断开抱闸系统的电源，闸瓦抱死，通过气缸顶升摩擦轮与船体底部槽钢相接触，产生反向摩擦使设备停止，如图 8.5 所示。另一种是单独设置一个制动系统，该制动系统可以通过角踏板与钢丝绳连接，钢丝绳与制动器连接，通过杠杆原理使制动片与船体底部槽钢接触，通过滑动摩擦力使设备停止，如图 8.6 所示；也可以通过气缸顶升制动片，使制动片与船体底部槽钢接触，通过摩擦力使设备停止，如图 8.7 所示。

图 8.2　陶瓷制动片

图 8.3　位于两侧边的夹式制动器

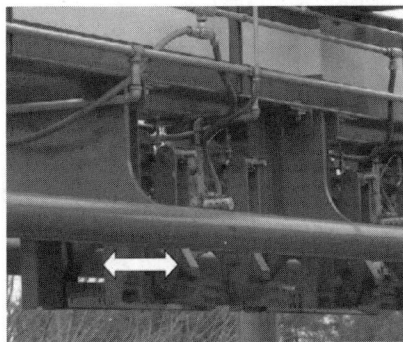

图 8.4　位于中间的夹式制动器

图 8.5　抱闸系统

图 8.6　机械制动

图 8.7　气动制动

图 8.8　液压马达的结构

对于由液压马达驱动的海盗船，它的工作原理是：摩擦轮直接与液压马达相连接，支座由液压缸顶升，通过摩擦力带动船体左右摆动。液压马达的结构如图 8.8 所示。这种海盗船的制动原理是：液压马达停止转动，通过液压缸顶升使轮胎与船体底部槽钢接触，通过摩擦力使设备停止。

（3）制动装置的安全要求

游乐设施机械制动装置必须平稳可靠，制动转矩不小于 1.5 倍的额定负荷轴扭矩。当切断电源时，制动装置应处于制动状态（特殊情况除外）；同一轨道有两辆（或两组）以上车辆运行时必须设有防止碰撞的自控停止制动和缓冲装置，制动装置的制动行程应能够调节。对于滑行车辆的停止，严禁采用碰撞方法。

当动力电源切断后，停机过程时间较长或要求定位准确的游乐设施，应设置制动装置。制动装置在闭锁状态时，应能使运动部件保持静止状态。

游乐设施在运行时若动力源断电，或制动系统控制中断，制动系统应保持闭锁状态（特殊情况除外），中断游乐设施运行。

游乐设施根据运动形式、速度及结构的不同，可采用不同的制动方式和制动器结构（如机械、电动、液压、气动以及手动等）。制动器构件应有足够的强度，必要时停车制动器应验算疲劳强度。

制动器的制动应平稳可靠，不应使乘人感受明显的冲击或使设备的结构有明显的振动、摇晃。制动加速度的绝对值一般不大于 $5.0 \mathrm{m/s}^2$，必要时可增设减速制动器。

8.1.2　限位装置

对于绕水平轴回转并配有平衡重的游乐设施，乘人部分在最高点有可能出现静止状态（死点），因此应设有防止或处理该状态的措施；油缸或气缸行程的终点，应设置限位装置。在游乐设施中，运动限制装置必须灵敏可靠，因为这关系到人身安全的问题。

通常见到的限位开关就属于运动限制装置，限位开关就是用以限定机械设备的运动极限位置的电气开关。限位开关有接触式的和非接触式的两种。接触式限位开关比较直观，机械设备的运动部件上设置了行程开关，与其相对运动的固定点上安装极限位置的挡块，或者安装在相反位置。当行程开关的机械触头碰上挡块时，便切断了（或改变了）控制电路，机械设备就停止运行或改变运行。由于机械设备的惯性运动，这种行程开关有一定的"超行程"以保护开关不受损坏。非接触式限位开关的形式很多，常见的有干簧管式、光电式、感应式等。

（1）接触式行程开关

接触式行程开关按其结构可分为直动式、滚轮式、微动式和组合式几种。

① 直动式行程开关　这种开关的结构如图 8.9 所示，其动作原理与按钮相同，但其触点的分合速度取决于生产机械的运行速度，不宜用于速度低于 0.4m/min 的场合。

② 滚轮式行程开关　滚轮式行程开关的结构如图 8.10 所示，当被控机械上的撞块撞击带有滚轮 1 的撞杆时，撞杆转向右边，带动凸轮转动，顶下推杆，使微动开关中的触点迅速动作。当运动机械返回时，在复位弹簧的作用下，各动作部件复位。

滚轮式行程开关又分为单滚轮自动复位式和双滚轮（羊角式）非自动复位式，双滚轮行程开关具有两个稳态位置，有"记忆"作用，在某些情况下可以简化线路。

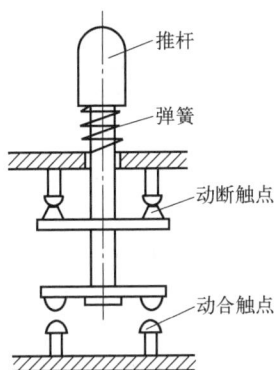

图 8.9　直动式行程开关
的结构

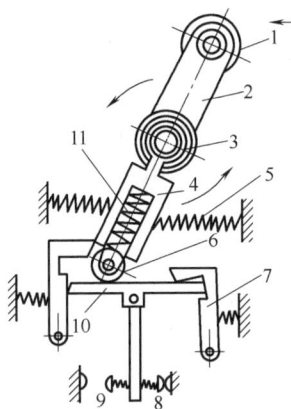

图 8.10　滚轮式行程开关的结构
1—滚轮；2—上转臂；3，5，11—弹簧；4—套架；6—滑轮；
7—压板；8，9—触点；10—横板

③ 微动式行程开关　微动式行程开关的结构如图 8.11 所示。常用的有 LXW-11 系列产品，它是游乐设施中常用的机械限位开关，如自控飞机类、陀螺类、飞行塔类游乐设施升降限位。

（2）无触点行程开关

无触点行程开关又称为接近开关。它除可以完成行程控制和限位保护外，还是一种非接触型的检测装置，用作检测零件尺寸和测速等，也可用于变频计数器、变频脉冲发生器、液面控制和加工程序的自动衔接等。其特点是工作可靠、寿

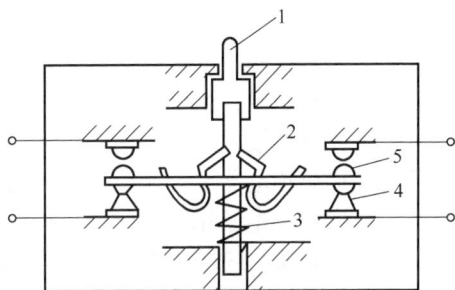

图 8.11　微动式行程开关的结构
1—推杆；2—弹簧；3—压缩弹簧；4—动断触点；
5—动合触点

命长、功耗低、复定位精度高、操作频率高以及适应恶劣的工作环境等。其原理框图如图 8.12 所示。

① 性能特点

a. 感知性。在各类开关中，有一种对接近它物件有"感知"能力的元件——位移传感器。利用位移传感器对接近物体的敏感特性达到控制开关通或断的目的，这就是接近开关。

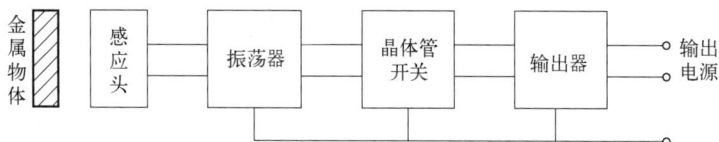

图 8.12 接近开关原理框图

b. 检测距离。当有物体移向接近开关，并接近到一定距离时，位移传感器才有"感知"，开关才会动作。通常把这个距离叫"检出距离"。不同的接近开关检出距离也不同。

c. 响应频率。有时被检测物体按照一定的时间间隔，一个接一个地移向接近开关，又一个一个地离开，这样不断地重复。不同的接近开关，对检测对象的响应能力是不同的。这种响应特性被称为"响应频率"。

② 常用无触点开关 因为位移传感器可以根据不同的原理和不同的方法制成，而不同的位移传感器对物体的"感知"方法也不同，通常有涡流式接近开关、电容式接近开关、霍尔接近开关、光电式接近开关、热释电式接近开关和其他形式的接近开关等。

a. 涡流式接近开关。这种开关有时也叫作电感式接近开关。它是利用导电物体在接近这个能产生电磁场的接近开关时，使物体内部产生涡流。这个涡流反作用到接近开关，使开关内部电路参数发生变化，由此识别出有无导电物体移近，进而控制开关的通或断。这种接近开关所能检测的物体必须是导电体。

b. 电容式接近开关。这种开关的测量端通常构成电容器的一个极板，而另一个极板是开关的外壳。这个外壳在测量过程中通常是接地或与设备的机壳相连接。当有物体移向接近开关时，不论它是否为导体，由于它的接近，总要使电容的介电常数发生变化，从而使电容量发生变化，使得和测量头相连的电路状态也随之发生变化，由此便可控制开关的接通或断开。这种接近开关检测的对象，不限于导体，也可以是绝缘的液体或粉状物等。

c. 霍尔接近开关。它是一种磁敏元件。利用霍尔元件做成的开关，叫作霍尔开关。当磁性物件移近霍尔开关时，开关检测面上的霍尔元件因产生霍尔效应而使开关内部电路状态发生变化，由此识别附近有磁性物体存在，进而控制开关的通或断。这种接近开关的检测对象必须是磁性物体。

d. 光电式接近开关。利用光电效应做成的开关叫作光电开关。将发光器件与光电器件按一定方向组装在同一个检测头内。当有反光面（被检测物体）接近时，光电器件接收到反射光后便有信号输出，由此便可"感知"有物体接近。

e. 热释电式接近开关。用能感知温度变化的元件做成的开关叫作热释电式接近开关。这种开关是将热释电器件安装在开关的检测面上，当有与环境温度不同的物体接近时，热释电器件的输出便发生变化，由此便可检测出有物体接近。

f. 其他形式的接近开关。当观察者或系统对波源的距离发生改变时，接收到的波的频率会发生偏移，这种现象称为多普勒效应。声呐和雷达就是利用这种原理制成的。利用多普勒效应可制成超声波接近开关、微波接近开关等。当有物体移近时，接近开关接收到的反射信号会产生多普勒频移，由此可以识别出有无物体接近。

游乐设施中，目前采用的霍尔接近开关较多。

8.1.3 防碰撞及缓冲装置

同一轨道、滑道、专用车道等有两组以上（含两组）无人操作的单车或列车运行时，应设有防止相互碰撞的自动控制装置和缓冲装置。当有人操作时，应设置有效的缓冲装置。

（1）防碰撞装置

防碰撞装置的工作原理是：当游乐设施车辆运行到危险距离范围时，防碰撞装置便发出警报，进而切断电源，制动器制动，使车辆经过时停止运行，避免车辆之间的相互碰撞。目前防碰撞装置主要有激光式、超声波式、红外线式和电磁波式等类型。游乐设施中常见的激流勇进、疯狂老鼠、自旋滑车等，大部分都装有防碰撞的自动控制装置。

（2）缓冲装置

对于可能碰撞的游乐设施，必须设有缓冲装置。游乐设施常见的缓冲器分为蓄能型缓冲器和耗能型缓冲器，前者主要以弹簧和聚氨酯材料等为缓冲元件，后者主要是油压缓冲器。当游乐设施的运行速度很低时，例如多车滑行类、弯月飞车系列、架空游览车类、青蛙跳系列、滑索类等游乐设施，缓冲器可以使用实体式缓冲块或弹簧缓冲器，实体式缓冲块的材料可用橡胶、木材或其他具有适当弹性的材料。但使用实体式缓冲器也应有足够的强度。当游乐设施提升高度很大时，例如高空飞行塔等游乐设施，其对重用和座舱用缓冲器大部分采用的是耗能型缓冲器，即通常所讲的液压缓冲器。下面简单介绍几种常见的缓冲器。

① 弹簧缓冲器　弹簧缓冲器是一种蓄能型缓冲器。弹簧缓冲器一般由缓冲橡胶、缓冲座、弹簧、弹簧座等组成，用地脚螺栓固定在底坑基座上。青蛙跳系列游乐设施采用的弹簧缓冲器较多，其结构如图 8.13 所示。

当座舱失控坠落时，弹簧缓冲器在受到冲击后，它将座舱的动能和势能转化为弹簧的弹性变形能（即弹性势能）。弹簧的反作用力使座舱得到缓冲并减速。但是，当弹簧压缩到极限位置后，弹簧要释放缓冲过程中的弹性势能使座舱反弹上升，撞击速度越高，反弹速度越大，并反复进行，直至弹力消失、能量耗尽，设备才完全静止。

② 油压缓冲器　油压缓冲器主要由缸体、柱塞、缓冲橡胶垫和复位弹簧等部分组成，缸体内注有缓冲器油。高空飞行塔常用的油压缓冲器的结构如图 8.14 所示。

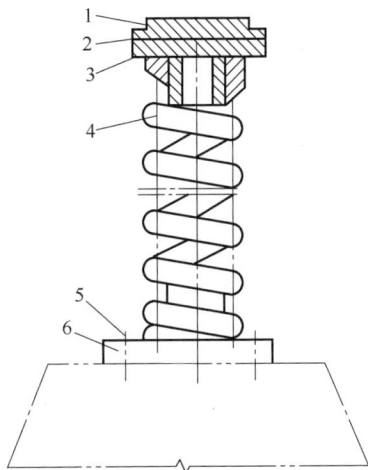

图 8.13　弹簧缓冲器的结构
1—螺钉及垫圈；2—缓冲橡胶；3—缓冲座；4—压弹簧；5—地脚螺栓；6—底座

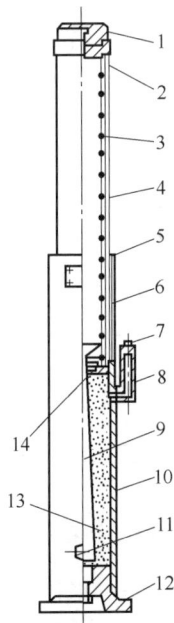

图 8.14　油孔柱式油压缓冲器的结构
1—橡胶垫；2—压盖；3—复位弹簧；4—柱塞；5—密封盖；6—液压缸套；7—弹簧托座；8—注油弯管；9—变量棒；10—缸体；11—放油口；12—液压缸座；13—油；14—环形节流孔

它的工作原理是当油压缓冲器受到座舱或对重的冲击时，柱塞 4 向下运动，压缩缸体 10 内的油，油通过环形节流孔 14 喷向柱塞腔。当油通过环形节流孔时，由于流动截面积突然减小，就会形成涡流，使液体内的质点相互撞击、摩擦，将动能转化为热量散发掉，从而消耗了设备的动能，使座舱或对重逐渐缓慢地停下来。

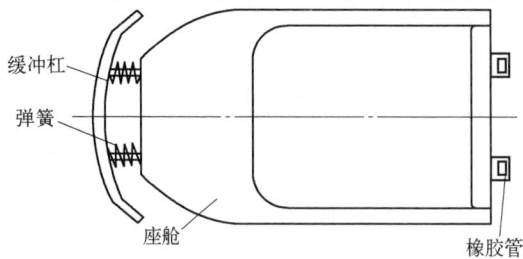

图 8.15　疯狂老鼠车体

③其他形式的缓冲器

a. 多车滑行类游乐设施的缓冲装置。图 8.15 是一个疯狂老鼠游艺机的座舱，座舱前后均设有撞击缓冲装置，前面有缓冲杠和弹簧，当发生本车撞击其他车辆时，靠弹簧起到缓冲作用，当其他车辆撞击本车时，其他车辆前有弹簧缓冲装置，本车后面有橡胶管缓冲，所以可大大减轻撞车对乘人造成的伤害。疯狂老鼠在运行时，轨道上经常有几辆车，若车本身出现故障，或轨道上的刹车装置失灵，就有可能出现撞车事故，另外，站台上的刹车装置若失灵，车辆进站时也会撞击停在站台上的车。因此，疯狂老鼠游乐设施必须设前后缓冲装置，以保证乘客安全。

b. 架空游览车的缓冲装置。架空游览车的轨道上，有时会有多部车辆同时运行，由于车的运行有的是靠人力驱动，故各车的运行速度快慢不一，易发生撞车事故。有的车靠电力驱动，但可能速度也不一样，也能发生撞车事故。再有车辆进站时，若刹车不及时，也会撞在停止的车辆上，故前后都设置了缓冲装置，前面为弹簧缓冲，后面为橡胶板或方形管缓冲，如图 8.16 所示。

c. 滑索的缓冲装置。滑索的滑车进站时，若速度过快，冲击力较大，除有刹车装置外，还必须设置缓冲装置，现大部分滑索都采用了弹簧缓冲加缓冲垫缓冲的方式，当滑车撞到弹簧后，速度会降低或停止，若停不下来，乘人撞到缓冲垫上，冲击力已不大（大部分乘人都用脚触垫），不会对人体造成伤害。但缓冲弹簧要有足够长度，以保证有足够的缓冲力。缓冲垫大都用泡沫塑料制成，并有足够的面积，如图 8.17 所示。

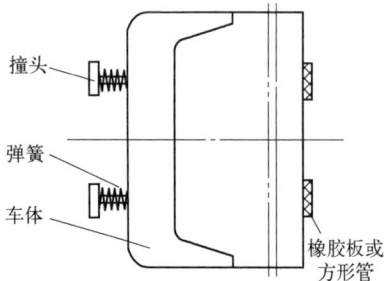

图 8.16　架空游览车缓冲装置

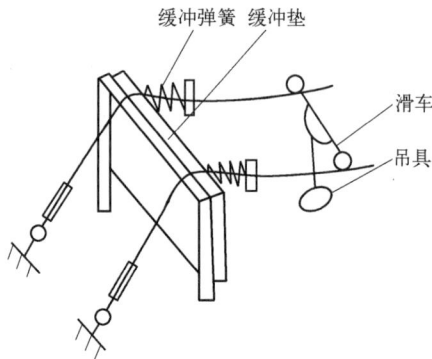

图 8.17　滑索的缓冲装置

d. 卡丁车的缓冲装置。如图 8.18 所示，车体四周装有防撞保险杠，而且保险杠上装有轮胎皮，车场赛道四周均有缓冲轮胎，当前后两辆车相撞时，因为车辆四周有保险杠，可减轻撞击力，如车辆与赛道两侧相撞，因为车场有缓冲轮胎，且车辆有保险杠，同样可减轻撞击力。

e. 碰碰车的缓冲装置。碰碰车外围设一个气胎框，充气胎安装在气胎框上，在车架两侧设有支承气胎框的支承滑轮，并在前端和后端分别设有气胎框连接的减振器和弹簧缓冲器。因此，碰碰车能明显地缓和碰撞力对车架的撞击，具有不容易损坏车体零件和使玩耍人能感受到有较高安全感的优点。

8.1.4　止逆行、保险及限速装置

图 8.18　卡丁车安全保护装置

（1）止逆行装置

对于沿斜坡牵引的提升系统，必须设有防止载人装置逆行的装置（特殊情况除外，例如太空飞车形式的，提升时驱动轮驱动，车辆靠很大的动量上升），即止逆行装置。止逆行装置逆行距离的设计应使冲击负荷最小，在最大冲击负荷时必须止逆可靠。例如，多车或单车滑行类游乐设施在提升段基本设置了止逆装置，以供车辆在提升段由停电或提升系统故障导致不能继续提升，或乘人在提升段有特殊情况急停时需要。因为在这些情况下若无止逆装置，车辆便会倒退，从而产生撞车伤人事故。因此，滑行类游乐设施提升段设置止逆装置至关重要。图 8.19 和图 8.20 为两种止逆装置。如图 8.21 所示情况下，斜坡上要设置挡块，车下要设置倒钩。图 8.22 是防止车轮倒转的止逆装置。

图 8.19　提升段止逆齿条

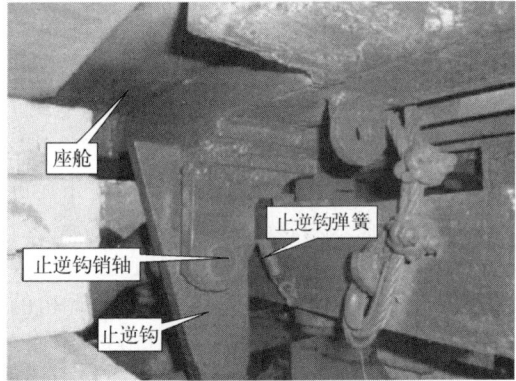

图 8.20　防逆行倒钩

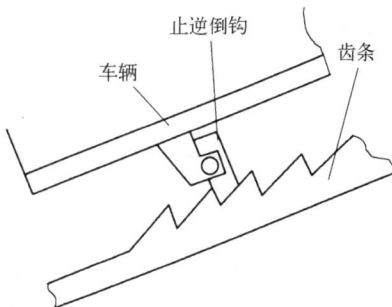

图 8.21　止逆装置（1）

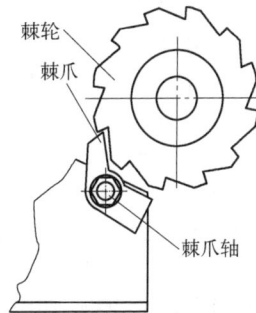

图 8.22　止逆装置（2）

另外，还有一种止退装置，就是斜坡上装有防逆倒钩，运动体上预装固定挡块，这样当运动下滑时，防逆倒钩便勾住挡块，阻止运动体下滑。如激流勇进的游乐设施中，在船体上装有固定挡块（此挡块跟船体的预埋件相连），提升段每隔一段距离装有防逆行倒钩。

（2）保险装置

车辆连接器是滑行车类游乐设施的重要部件，用于多辆车之间的连接，连接器是否可靠有效直接关系到游客的人身安全。为了防止车辆连接器失效而引发事故，通常在车辆连接器上附加保险装置，如钢丝绳等。图 8.23、图 8.24 所示为车辆连接器保险装置。

图 8.23　车辆连接器保险装置（1）

图 8.24　车辆连接器保险装置（2）

（3）限速装置

在游乐设施中，采用直流电动机驱动或者设有速度可调系统时，必须设有防止超出最大设定速度的限速装置，而且必须灵敏可靠。常用的限速控制方式有：电压比较反馈方式、驱动输入设置方式（模块）、单向编码计数器方式（限圈）、单向运转时间继电器方式（限时）等。比较可靠的是采用两种独立方式控制，最好另加一套保护装置，常用的超速保护控制装置有测速发电机、超速保护开关和旋转编码器等。

游乐设施采用超速保护开关时，超速开关也称为离心开关，其一般用于直流电动机的超速保护。因为直流电动机的转速与磁场成反比，一旦磁场小于最低允许值。电动机的速度将超过最大允许值。因此，在直流电动机的轴端安装超速开关，当电动机速度超速时，则超速开关靠内部的离心机构便使其触点动作。

游乐设施采用变频调速时，具有超速保护功能，系统一般采用闭环控制并配有旋转编码器，能够在触摸屏上显示系统的运行速度，当系统超速时能够自动保护。

下面介绍旋转编码器的工作原理和技术性能。旋转编码器是用来测量转速的装置，光电式旋转编码器通过光电转换，可将输出轴的角位移、角速度等机械量转换成相应的电脉冲以数字量输出（REP）。它分为单路输出和双路输出两种。单路输出是指旋转编码器的输出是一组脉冲，而双路输出是指旋转编码器输出两组 A/B 相位差 90° 的脉冲，通过这两组脉冲不仅可以测量转速，还可以判断旋转方向。

编码器按信号原理不同，可分为增量脉冲编码器（SPC）和绝对脉冲编码器（APC）两种。

旋转编码器有一个带中心轴的光电码盘，其上有环形通、不通的刻线，由光电发射和接收器件读取，获得四组正弦波信号，这些信号组合成 A、B、C、D，每个正弦波相差 90° 相位差（相对于一个周波为 360°），将 C、D 信号反向，叠加在 A、B 两相上，可增强稳定性；每转输出一个 Z 相脉冲以代表零位参考位。由于 A、B 两相相差 90°，可通过比较 A 相在前还是 B 相在前，以判别编码器的正转与反转，通过零位脉冲，可获得编码器的零位参考位。

编码器码盘的材料有玻璃、金属、塑料 3 种，玻璃码盘是在玻璃上沉积很薄的刻线，其热稳定性好，精度高；金属码盘直接以通和不通的方式刻线，不易碎，但由于金属有一定的厚度，精度就受到限制，其热稳定性要比玻璃差一个数量级；塑料码盘是经济型的，其成本低，但精度、热稳定性、寿命均要差一些。

分辨率是编码器的一个重要技术参数，它以每旋转 360° 提供多少的通或不通刻线称为分辨率，也称为解析分度。

信号输出波形有正弦波（电流或电压）和方波（TTL、HTL）两种；输出电路有集电极开路（PNP、NPN）和推拉式多种形式，其中 TTL 为长线差分驱动（对称 A，A—；B，B—；Z，Z—），HTL 也被称为推拉式、推挽式输出。编码器的信号接收设备接口应与编码器相对应。

编码器的脉冲信号输出一般连接计数器、PLC、计算机，PLC 和计算机连接的模块有低速模块与高速模块之分，开关频率有低有高。如单相连接，可用于单方向计数，单方向测速；若 A、B 两相连接，可用于正反向计数、判断正反向和测速；A、B、Z 三相连接，可用于带参考位修正的位置测量；A、A—，B、B—，Z、Z—连接，由于带有对称负信号的连接，电流对于电缆贡献的电磁场为 0，衰减最小，抗干扰性最佳，可传输较远的距离。对于 TTL 的带有对称负信号输出的编码器，信号传输距离可达 150m。

旋转编码器由精密器件构成，因此当受到较大的冲击时，可能会损坏内部功能，使用上应充分注意。

安装时不要给轴施加直接的冲击。编码器轴与机器的连接，应使用柔性连接器。在轴上安装连接器时，不要硬性压入。即使使用连接器，因安装不良，也有可能给轴加上比允许负荷还大的负荷，或造成拨芯现象，因此，要特别注意。

轴承使用寿命与使用条件有关，受轴承荷重的影响特别大。如轴承负荷比规定荷重小，可大大延长轴承使用寿命。

不要将旋转编码器进行拆解，这样做将有损防油和防滴性能。防滴型产品不宜长期浸在水或油中，表面有水或油时应擦拭干净。

由于旋转编码器的振动，往往会发生误脉冲。因此，应对设置场所、安装场所加以注意。每转发生的脉冲数越多，旋转槽圆盘的槽孔间隔越窄，越易受到振动的影响。在低速旋转或停止时，施加在轴或本体上的振动使旋转槽圆盘抖动，也可能会发生误脉冲。

8.2 ■ 安全防护设施

8.2.1　防护罩

乘客可触及的机械传动部件（如齿轮、带轮、联轴器等）应有防护罩或其他保护措施。在地面上行驶的车辆，其驱动和传动部分及车轮应进行覆盖。

8.2.2　安全隔离设施

游乐设施应有有效的隔离措施，防止人员误入，并分别设有进、出口。游乐设施周围及高出地面 500mm 以上的站台，应设置安全栅栏或其他有效的隔离设施。室外安全栅栏高度应不低于 1100mm，室内儿童娱乐项目，安全栅栏高度应不低于 650mm。栅栏的间隙和距离地面的间隙应不大于 120mm，安全栅栏应设置为儿童不易攀爬的结构。工作人员专用通道或平台的栅栏除外。

安全栅栏应分别设进、出口，在进口处适宜设置引导栅栏。站台应有防滑措施。

安全栅栏门开启方向应与乘客行进方向一致（特殊情况除外）。为防止开关门时对人员的手造成伤害，门边框与立柱之间的间隙应适当，或采取其他防护措施。

游乐设施进出口的台阶宽度应不小于240mm，高度范围为140～200mm，阶梯的坡度应保持一致，进出口为斜坡时，坡度应不大于1：60。有防滑花纹的斜坡，坡度应不大于1：4。

游乐设施的操作室应单独设置，视野开阔，有充分的活动空间和照明。对于操作人员无法观察到运转情况的盲区，有可能发生危险时，应有监视系统等安全措施。操作室内不能观察到全部上下客情况且乘客安全束缚装置没有和启动联锁的，应在相应的位置增加安全确认按钮，且与启动联锁。

沿斜坡提升段或架空轨道高空处应设置安全通道，安全通道应牢固可靠，方便疏导乘客或检修。游乐设施本体、运行通道和通过的涵洞，其包容面应采用不易脱落的材料，装饰物等应固定牢固。

在有可能导致人体、物体坠落而造成伤害的地方，应设置安全网，安全网的连接应可靠，安全网的性能应符合GB 5725的要求。用于检查维修用的爬梯、通道、平台应牢固可靠，其空间应能满足工作要求。对于高于3m的爬梯应设置防护装置或安全带挂接装置。

8.2.3　安全标志

必要时，应在游乐设施的明显位置设置醒目的安全标志。安全标志分为禁止标志（红色）、警告标志（黄色）、指令标志（蓝色）和提示标志（绿色）四种类型。安全标志的图形式样应符合GB 2894、GB 13495.1的规定。

8.2.4　风速计

高度20m以上的室外游乐设施，应设有风速计，风速大于15m/s时，应停止运营。风速计应有方便操作人员观察的数据显示装置和报警功能，其最低安装高度为10m。

8.2.5　其他安全要求

游乐设施在空中运行的乘人部分，整体结构应牢固可靠，其重要零部件宜采取保险措施。

吊挂乘人部分用的钢丝绳或链条数量不得少于两根。与座位部分的连接，应考虑一根断开时能够保持平衡。钢丝绳的终端在卷筒上应留有不少于三圈的余量。当采用滑轮传动或导向时，应考虑设置防止钢丝绳从滑轮上脱落的结构。距地面1m以上封闭座舱的门，应设乘客在内部不能开启的两道锁紧装置或一道带保险的锁紧装置。非封闭座舱进出口处的拦挡物，也应有带保险的锁紧装置。

沿架空轨道运行的车辆，应设防倾翻装置。车辆连接器应结构合理，转动灵活，安全可靠。沿钢丝绳运动的游乐设施，应有防止乘人部分脱落的保险装置，保险装置应有足够的强度。

当游乐设施在运行中，动力电源突然断电或设备发生故障，危及乘客安全时，应设自动或手动的紧急停车装置。游乐设施在运行中发生故障后，应有疏导乘客的措施。

游乐设施的建造应符合国家有关防火安全的规定。在高空运行的封闭座舱，必要时应设灭火装置。

游乐设施产生的噪声对区域环境的影响应符合GB 3096的规定。

8.3 ■ 典型游乐设施的安全防护装置设计规定

8.3.1　转马类游乐设施的安全防护装置

在所有可能危及乘客安全的地方，都应该采取安全措施。安全标志、安全栅栏、站台及操作室的设置都应符合规范。务必确保足够的安全距离。

多层转马的二层及以上平台应单独设置出入口，楼梯出入口应能与旋转平台进出口自动对齐。

（1）转马系列

旋转木马的安全装置主要是安全带。安全带可以防止年龄小的乘客在运行过程中摔下来。

（2）荷花杯系列

荷花杯的安全装置主要是安全带。该安全带是与汽车安全带类似的插扣式安全带。

（3）滚摆舱系列

浑天球的安全装置主要是安全带和液压缸限位装置。安全带使用的是帆布带通过带扣锁紧把乘客安全地固定在座椅上，如图 8.25 所示。液压缸限位装置是通过限位开关来控制液压缸顶升的上下幅度，当顶升幅度超过设计距离时，限位开关动作，切断顶升回路电源，如图 8.26 所示，其主要部件是电动机及液压系统。

图 8.25　安全带

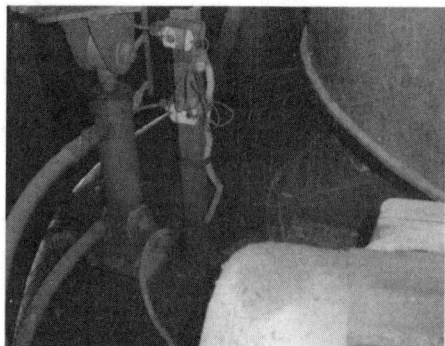

图 8.26　液压缸限位装置

（4）爱情快车系列

爱情快车的安全装置主要是安全压杠、安全带和吊挂二次保险（图 8.27）。安全压杠和安全带的作用是把游客安全可靠地固定在设备的座椅上。安全压杠通过锁紧装置固定在座椅上；安全带采用类似汽车安全带的插扣式锁紧装置；吊挂二次保险是防止座舱和大臂的连接轴断裂的补救措施，用钢丝绳绕过大臂连接座舱支架。

8.3.2　滑行车类游乐设施的安全防护装置

（1）止逆装置

过山车的止逆装置的种类繁多，包括钳式止逆装置、止逆齿、电机制动器、板式刹车或永磁

图 8.27　吊挂二次保险

涡流制动器止逆等。在进行过山车设计时，一般是根据提升方式的不同，以及止逆装置的不同特点，选择不同种类的止逆装置。

钳式止逆装置的最大特点是单向性，如图 8.28 所示的止逆齿安装在车上，止逆板安装在轨道上，当止逆板通过时止逆齿在弹簧的作用下紧贴止逆板，当车前进时，摩擦力对止逆齿的作用方向与车的提升方向相同，这时止逆齿就有张开的趋势，车能顺利通过。如果车的运行方向与提升方向相反时，摩擦力对止逆齿的作用方向与车的提升方向相反，止逆齿的间隙就会越来越小，直到列车停下来。当然，止逆板也可安装在车上，止逆齿安装在轨道上。该止逆装置一般有冗余设计。

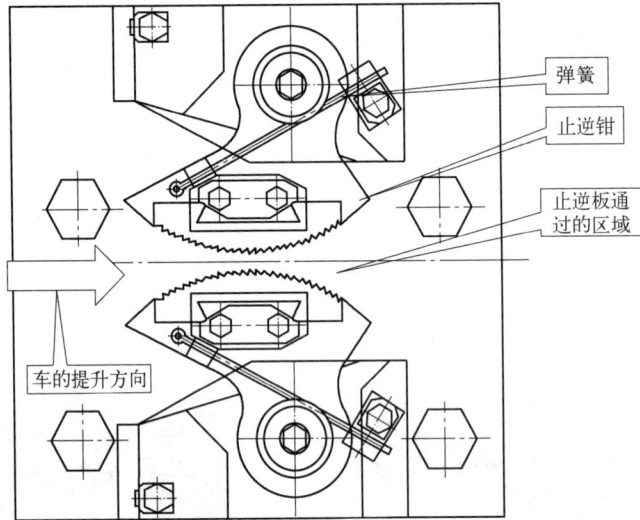

图 8.28　止逆钳

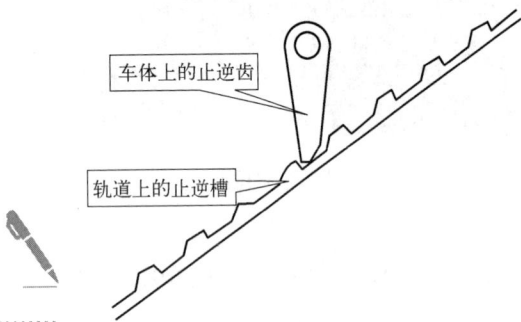

图 8.29　止逆齿

止逆齿是最常用的一种止逆方法，见图 8.29。这种方法简单实用，有的为了解决提升时噪声太大的问题，在提升时止逆齿自动抬起，当需制动时，就会自动降下来。止逆齿和止逆槽一般都有冗余设计。

电机制动器一般只用于轮胎提升，在提升电机的轴上加装电磁制动器，当断电或设备发生故障时，提升电机停止驱动，制动器动作，该制动器为常闭式，每个驱动电机都应有制动器。

板式刹车或永磁涡流制动器止逆主要用在发射式过山车上，通过控制系统，在发射前，板式刹车自动打开，永磁涡流制动器离开发射线路，当检测到列车通过了该区域时，板式制动器自动闭合，永磁涡流制动器自动升起，当设备故障或停电导致发射的速度不够时，它们就会起到止逆的效果。

（2）制动装置

制动装置是过山车的一个重要的安全部件，它关系到过山车是否能安全运行。过山车制动器大部分是板式制动器，在低速时也可采用轮胎制动，这种制动一般只是定位使用。板式制动器分为气缸或油缸驱动式制动器、气囊式板式制动器、永磁涡流制动器、机械弹簧式制动器。

① 气缸或油缸驱动式　图 8.30 所示制动器是由气缸驱动的，转动板通过轴把固定板和刹车板连在一起，固定板固定在轨道上，当气缸往前推时两刹车板之间的间隙变小，进而起到刹车的作用，可以通过改变气缸的模式（单作用、双作用）来改变刹车的模式（常闭、常开等）。

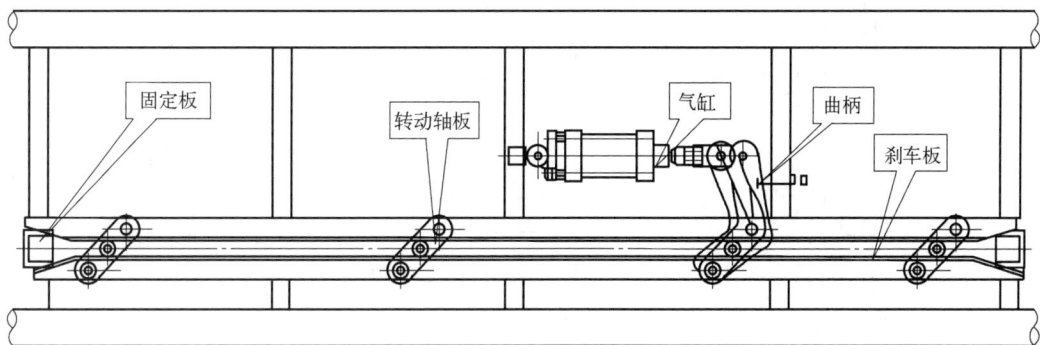

图 8.30　气缸驱动式制动器

② 气囊式板式制动器　这种刹车的气囊可以是鼓式的也可以是带式的。图 8.31 所示是一个使用带式气囊的制动器，气囊安放在板式弹簧和刹车板之间，在里面也可安装鼓式气囊。改变板簧的方向也可以改变刹车的模式（常开或常闭）。

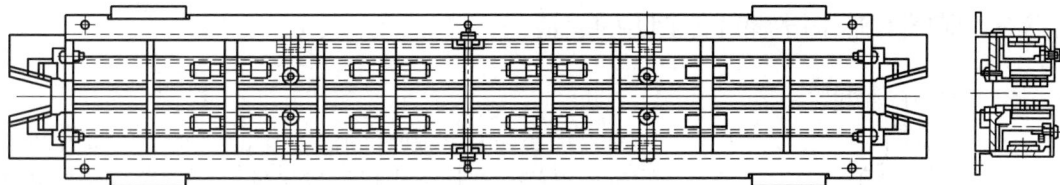

图 8.31　气囊式板式制动器

③ 永磁涡流制动器　永磁刹车是现在比较常用的刹车方式，特别是对高速运动的车来说，因为是非接触式刹车（如图 8.32 所示），所以其具有冲击小、无磨损、维护费用少等优点，缺点是造价高，不能用于定点制动。

图中，b 为永磁体固定板厚度，g_{ap} 为永磁体和固定板的间距，p_u 为永磁体的中心距，p_w 为永磁体的长度，p_t 为永磁体的厚度，p_1 为永磁体的宽度，m_t 为轨道导体的厚度，m_w 为轨道导体的长度，m_{con} 为永磁体至轨道导体边缘的距离。

滑行车类游乐设施应进行适宜的安全分析和安全评估。安全评估的内容及范围符合 GB 8408 的规定。有危及乘客安全之处应有适当的安全措施。安全标志的设置应符合规定。

使用钢丝绳传动或导向的滑车应符合 GB 8408 7.2.3 的规定。车辆连接器应结构合理、转动灵活，宜设有保险装置。同一轨道上有两组或两组以上的单车或列车运行时，应设置防止相互碰撞的自动控制和缓冲装置。沿斜坡或垂直方向上牵引的滑动车，应在提升段设有防止车辆逆行装置，止逆装置应动作可靠，在轨道沿途可能产生车辆意外停止或用于维修的区域应具有安全走道或疏导乘客措施。疏导乘客措施应满足在提升段任何位置安全疏导乘客的要求。

在提升段，当动力电源突然断电或装备发生故障而停车时，在动力电源恢复以后滑行车应能重新具备正常运行的能力，保证设备和人员的安全。

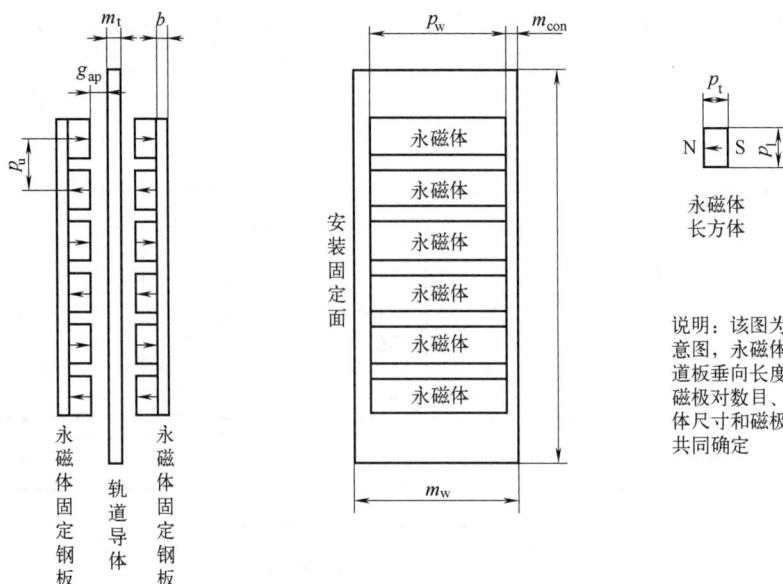

图 8.32　单铝板导体轨道双边磁极对方案

乘客束缚装置、制动安全装置应符合规定。滑行车轨道距地面高度大于 15m 时，应设置避雷装置，其接地电阻不大于 30Ω。

8.3.3　陀螺类游乐设施的安全防护装置

（1）安全压杠和安全带

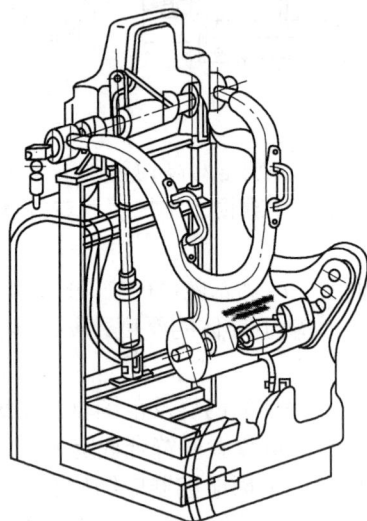

图 8.33　肩式安全压杠座椅

陀螺类游乐设施有翻滚动作的，属于危险性较大的游乐设施，在运行中可能发生的最严重事故是把乘客从座椅里甩出去，因此必须设置两套独立的乘客束缚装置——安全压杠和安全带，且肩式安全压杠必须设置两道锁紧装置。

① 肩式安全压杠　"极速风车""天旋地转"游乐设施采用肩式安全压杠（图 8.33）作为主保险，纵式安全带作为副保险。压杠的升降由双作用的气缸来完成；锁紧装置采用一对相背安装的单作用气缸，缸内的弹簧始终使活塞杆外伸，插入座舱壁上调节孔内以达到锁紧目的。开锁必须要有压缩空气，所以运行中乘客无法打开锁紧装置。另外，锁紧装置与电脑控制联锁，当锁紧气缸未锁紧时，控制台上指示灯便显示，此时整机无法启动。

② 安全带　安全带宜采用尼龙编织带等适于露天使用的高强度带子，带宽应为 50mm 左右。安全带的破断拉力不小于 6000N。安全带宜分为两段，分别固定在座舱上，固定方法必须可靠。若安全带固定在玻璃钢座舱上，其固定处必须有筋板或埋设的金属构件，以保证其固定强度。

"双人飞天"除采用安全带外，还采用一条横杆拦在腰部，既可当扶手，又可作安全挡杆。挡杆的一端有锁紧装置（插销式或弹簧式），锁紧后运行中乘客无法打开。

（2）吊篮悬挂装置的保险措施

"双人飞天"和"勇敢者转盘"座舱悬挂在圆形转盘外缘，悬挂装置必须有保险措施。一般采用直径 8mm 左右的钢丝绳作为保险索（见图 8.34、图 8.35）。

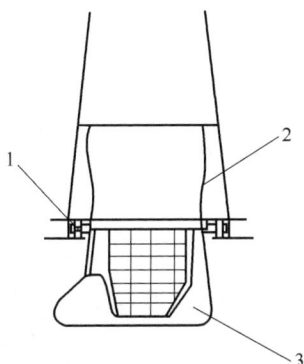

图 8.34　"双人飞天"吊篮保险装置
1—销轴；2—保险索；3—座舱

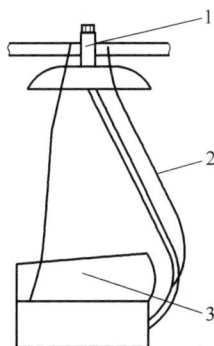

图 8.35　"勇敢者转盘"座舱保险装置
1—支承轴套；2—保险索（连在转盘上）；3—座舱

（3）其他安全装置

① 大臂限位装置　大臂提升倾角增大，至最大倾角时必须停住，不得"越位"。所以液压传动设计时必须有一套完善的限位装置。

② 大臂限速装置　乘人部分由油缸支撑升降，当压力管道、软管及油泵损坏时，大臂下降，此时乘人部分的下降速度不得超过 0.5m/s，所以必须设计一套完善的限速装置。

③ 液压系统过压保护　液压系统应从设计上防止系统工作压力不超过系统的最高压力和任何组件的额定压力。为此应设有不超过工作压力 1.2 倍的过压保护装置。

④ 预防出现"死点"措施　绕水平轴回转并配有平衡重的大臂或动臂（"极速风车""天旋地转"），乘人部分在最高点有可能出现静止状态时（死点），应有防止和处理该状态的措施。

⑤ 备用电源　为便于救援，危险性较大的陀螺类游乐设施应在设计时设置备用电源，以备突然停电时使大臂顺利下降，提供压缩空气给锁紧气缸开锁，使乘客快速疏散（如"极速风车"配有 30kW 柴油发电机组作为备用电源）。

安全分析、安全评估和安全控制应符合要求。

在空中运行的乘人部分，整体结构应牢固可靠，其重要零部件宜采取保险措施。当动力电源突然断电或设备发生故障危及乘人安全时，应有疏导乘人的措施。

限位装置按要求设置。大臂升降油缸行程的终点，应设置限位装置。大臂升降装置的极限位置，必要时应设置缓冲装置。配有平衡重的陀螺，乘人部分在最高点有可能出现静止状态时（死点），应有防止或处理该状态的措施。

乘人安全束缚装置、制动装置应符合规定。当动力电源切断后，停机过程时间较长或要求定位较准确的陀螺，应设制动装置。整机停稳后，乘人部分的座舱在上、下乘客时，不应发生明显摆动现象，可能发生明显摆动的应采用常闭式制动或移动站台等装置。陀螺根据其运动形式、速度及结构的不同，可采用不同的制动方式和制动器结构，如机械、电动、液压、气动以及手动等。制动器构件应有足够的强度，必要时停车制动器应验算疲劳强度。制动器的制动行程应可调节。制动器制动应平稳可靠，不应使乘人感受到明显的冲击或设备结构出现明显的振动、摇晃，制动加速度的绝对值一般不大于 5m/s²。必要时可增设减速制动器。

8.3.4　飞行塔类游乐设施的安全防护装置

飞行塔类游乐设施的安全分析、安全评估应符合要求。在设计中应制定乘客紧急疏导措施。落地式飞行塔游乐设施的吊舱着地支脚处应设置缓冲装置，升降系统应设置上行和下行极限位置的限位装置。

探空飞梭在运行时有很大的加速度，其对乘客产生很大的惯性载荷，为保证乘客乘坐探空飞梭的安全，其安全设计是重要内容。探空飞梭应设两套安全装置，一套为安全压杠，另一套为安全带。当安全压杠因各种原因失效时，安全带还能保障乘客的安全。压杆机棘齿结构如图 8.36 所示，压杆安全机构如图 8.37 所示。

图 8.36　压杆机棘齿结构　　　　图 8.37　压杆安全机构

8.3.5　观览车类游乐设施的安全防护装置

观览车是高空观光设备，观览车的座舱是孤立的，转盘桁架没有攀爬设施，一旦出现运行意外，如何尽快地疏散乘客是设计时应考虑的重点问题。因此，应精心考虑并有效编制可预见的观览车突发故障情况下的急救和疏散作业规定，如：供电电源意外断电、电路控制系统突然失灵、观览车座舱发生火情、供电电源意外断电且柴油机发电失灵、遇大风恶劣天气、观览车转盘不转等情况的处置办法等。

观览车类游乐设施的安全分析、安全评估和安全控制应符合要求。观览车应按照规定装设避雷装置和风速计。结构高度大于 45m 的观览车类游乐设施应设置航空障碍警示灯。

高空座舱的玻璃应该具有足够的强度，要求以乘人质量在座舱内最大回转空间落下后，玻璃不破碎的强度为准。

观览车游乐设施各典型结构主体支承轴轴心线与水平面的平行度偏差不应大于 1/1000，倾斜度偏差不应大于两支承中心距离设计值的 1/1500。

观览车类游乐设施的转盘支承轴、吊箱轴及其他典型结构功能相似的支承轴等重要轴应进行超声波与磁粉或渗透探伤，探伤结果的评定应符合 GB 8408 的规定，且这些重要轴的磨损和锈蚀允许值应符合规定。焊接结构的支承轴、吊箱框架、压杠、摆臂连接法兰等重要焊缝应进行磁粉或渗透探伤，探伤结果的评定应符合规定。重要轴、销轴、重要焊缝和一般构件的范围应符合 GB 8408 附录 B 的规定，其许用安全系数应符合要求。

对于采用升降站台或移动装置的观览车类游乐设施，在设备运行时应有可靠的防止站台误动作的措施，并采用联锁控制系统。

例 1　在遇到大风恶劣天气情况时，必须停止运营，采用驱动轮压紧滚道盘的方式来限制观览车转盘的端面位移。将两根备用的系留钢缆按图 8.38 所示方法加以固定，达到防止观览车转盘随风转动的效果。

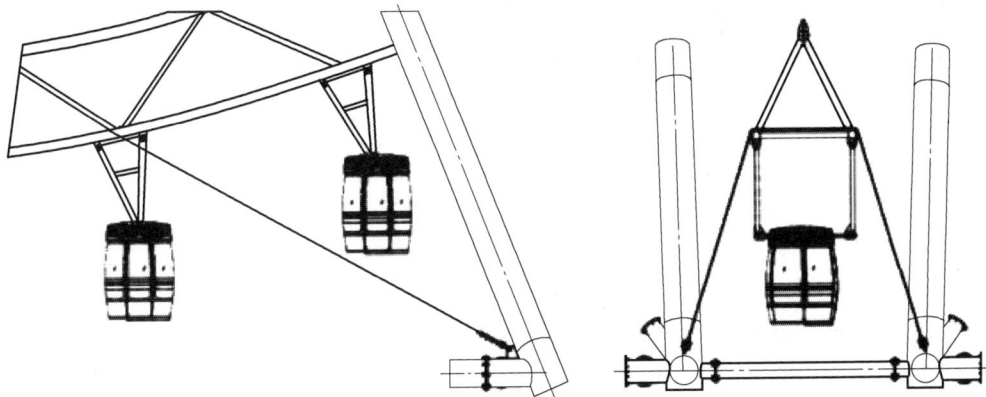

图 8.38　遇大风时缆索固定

例 2　在运行过程中，当转盘发生故障，短时间内不能转动时，乘客的疏散方法如图 8.39 所示。

当座舱所处的高度低于 50m 时，可设计采用下降绳索和消防云梯等方式救援，推荐使用消防云梯疏散座舱内的乘客。

图 8.39　低空救援方式

思考题

1. 试分析安全防护装置中的机械制动装置的基本构成。

2. 常见的海盗船游乐设施的制动装置有哪些形式？试对海盗船游乐设施的制动装置进行创新设计。

3. 大型游乐设施中制动装置设置的安全要求有哪些？

4. 大型游乐设施中限位装置的作用是什么？

5. 大型游乐设施中常见的缓冲装置有哪些类型？试分析在高空飞行塔中，需要设置什么类型的缓冲装置。

6. 试分析海盗船、过山车、极速风车等常见大型游乐设施的安全防护设施。

第**9**章

大型游乐设施的建造

大型游乐设施的建造包括游乐设施主体和重要部件的工厂内预制和现场安装。游乐设施制造与安装单位应按有关国家法规规定取得相应资质，建立完整的质量保证体系，并严格执行。产品安装调试完成后，应向使用单位提供使用维护保养说明书及有关维修图样，产品合格证及必要的备品备件和专用工具等。产品使用过程中，使用维护保养说明书如有涉及安全的修改应及时通知使用单位，并换发新的使用维护保养说明书。制造单位应为使用单位培训操作、维修人员，做好对使用单位的售后服务，并及时向使用单位供应备品备件。

9.1 ■ 建造技术

建造工程中的关键性技术包括工程测量技术、焊接技术、起重技术等。

9.1.1 工程测量技术

大型游乐设施建造工程属于机电工程。机电工程测量包括对设备及钢结构的变形监测、沉降观测，设备安装划线、定位、找正测量、工程竣工测量等，以保证将设计的各类设备的位置正确地测设到地面上，作为施工的依据。工程测量贯穿于整个施工过程中。从基础划线、标高测量到设备安装的全部过程，都需要进行工程测量，以使其各部分的尺寸、位置符合设计要求。

（1）工程测量的内容和特点

工程测量的内容主要包括基础检查验收、工序完工检查、变形观测和交工验收检测。在基础施工完毕后，需要通过测量检查基础是否符合设计和施工要求。每道工序施工完成后，都要通过测量检查工程各部位的实际位置及高程是否与设计要求相符。随着施工的进展，测定已安装设备在平面和高程方面产生的位移和沉降，收集整理各种变形资料，作为鉴定工程质量和验证工程设计、施工是否合理的依据。在工程完工交工时，也要进行相应的检测，以确保所完成的工程符合设计要求和施工质量要求。

工程测量是将图纸上的钢结构和设备测设到实地，因此具有精度要求高，测量工序与施工工序密切相关，易受施工环境干扰等特点。相比土建的建筑物，机电工程测量的误差要求要精确得多，有些精度要求较高的设备其标高和中心线要求近乎零偏差。在工程测量时，如果某项工序还没有开工，就不能进行与该项工序相关的工程测量。在测量中，测量人员必须了解设计的内容、性质及其对测量工作的精度要求，熟悉图纸上的设计数据，了解施工的全过程，并掌握施工现场的变动情况，使工程测量工作能够与施工密切配合。施工场地上工种多，交叉作业频繁，地面变动很大，又有车辆等机械振动，因此各种测量标志必须埋设稳固且在不易破坏的位置。

工程测量要遵循"由整体到局部，先控制后细部"的原则，即先依据建设单位提供的永久基准点、线为基准，然后测设出各个部位设备的准确位置。工程测量需要保证测设精度，满足设计要求，减少累积误差，避免因设备众多而引起测设工作的紊乱。在工程测量中，还必须要重视检核工作，充分认识其重要性。检核是测量工作的灵魂，即由内部或外部对测量工作全过程进行全面的复核及确认，从而保证测量结果的准确性。因此，加强外业和内业的检核是非常有必要的。检核的内容包括仪器检核、资料检核、计算检核、放样检核以及验收检核等。

（2）工程测量的原理

工程测量的原理主要包括水准测量原理和基准线测量原理。

水准测量的原理是利用水准仪提供的一条水平视线，测出两地面点之间的高差，然后根据已知点的高程和高差，推算出另一个点的高程。测定待定点高程的方法有高差法和仪高法两种。高差法是采用水准仪和水准尺测量待定点与已知点之间的高差，通过计算得到待定点的高程。仪高法则是先计算出水准仪的高程，然后利用水准仪和水准尺，测量多个前视点的高程。两种方法的区别在于计算高程时次序不同。在安置一次仪器，同时需要测出数个前视点的高程时，仪高法相比高差法更为方便，因此，在工程中仪高法被广泛应用。

基准线测量原理是利用经纬仪和检定钢尺，根据两点成一线原理测量基准线。测定待定位点的方法有水平角测量和竖直角测量，这是确定地面点位的基本方法。每两个点位都可连成一条直线（或基准线）。

（3）工程测量的设备

工程测量中常用的仪器有水准仪、经纬仪、全站仪、电磁波测距仪、激光测量仪器等。

① 水准仪　水准仪是测量两点间高差的仪器，主要功能是用来测量标高和高程，广泛用于控制、地形和施工放样等测量工作。

在工程测量中，水准仪一方面用于建筑工程测量控制网标高基准点的测设及厂房、大型设备基础沉降观察的测量。另一方面在设备安装工程项目施工中用于连续生产线设备测量控制网标高基准点的测设及安装过程中对设备安装标高的控制测量。通常标高测量主要分绝对标高测量和相对标高测量。绝对标高是指所测标高基准点、建（构）筑物及设备的标高相对于国家规定的 ±0.00 标高基准点的高程。相对标高是指建（构）筑物之间及设备之间的相对高程或相对于该区域设定的 ±0.00 标高基准点的高程。

② 经纬仪　光学经纬仪是测量水平角和竖直角的仪器，主要功能是测量纵、横轴线（中心线）以及垂直度的控制测量等。光学经纬仪主要应用于机电工程建（构）筑物建立平面控制网的测量以及厂房（车间）柱安装铅垂度的控制测量，用于测量纵向、横向中心线，建立安装测量控制网并在安装全过程进行测量控制。

例如，用两台光学经纬仪对厂房钢柱进行垂直校正测量。将两台经纬仪安置在钢柱的纵、横轴线上，离柱子的距离约为柱高的 1.5 倍。三脚架应安放平稳，并使三脚架顶面近似水平。光学经纬仪安置在三脚架顶面上，校平两台经纬仪后，先分别照准纵向和横向柱底中线，再渐渐仰视到柱顶，如柱顶中线偏离视线，表示柱子不垂直。这时，在统一指挥下，采取调节拉绳或支撑，敲打楔子或垫铁等方法使柱子垂直。经校正后，使柱子的垂直度在允许的偏差范围内。

③ 全站仪　全站仪是一种采用红外线自动数字显示距离的测量仪器。它与普通测量方法不同的是采用全站仪进行水平距离测量时省去了钢卷尺。全站仪的用途很多，具有角度测量、距离（斜距、平距、高差）测量、三维坐标测量、导线测量、交会定点测量和放样测量等多种用途。内置专用软件后，功能还可进一步拓展。

全自动全站仪（测量机器人）是一种能代替人进行自动搜索、跟踪、辨识和精确照准目标并获取角度、距离、三维坐标以及影像等信息的智能型全自动电子全站仪。它是在全站仪基础上集成步进马达、CCD影像传感器构成的视频成像系统，并配置智能化的控制及应用软件发展而成的。

④ 电磁波测距仪　应用电磁波运载测距信号测量两点间距离的仪器。测程在5～20km的称为中程测距仪，测程在5km之内的为短程测距仪。精度一般为5mm+5ppm，具有小型、轻便、精度高等特点。电磁波测距仪已广泛用于控制、地形和施工放样等测量中，成倍地提高了外业工作效率和量距精度。

⑤ 激光测量仪　装有激光发射器的各种测量仪器。这类仪器较多，其共同点是将一个氦氖激光器与望远镜连接，把激光束导入望远镜筒，并使其与视准轴重合。利用激光束方向性好、发射角小、亮度高、红色可见等优点，形成一条鲜明的准直线，作为定向定位的依据。常见的激光测量仪器有激光准直仪、激光指向仪、激光经纬仪、激光水准仪和激光平面仪。

激光准直仪和激光指向仪两者构造相近，用于沟渠、隧道或管道施工、大型机械安装、建筑物变形观测。激光准直（铅直）仪是将激光束置于铅直方向以进行竖向准直的仪器。激光准直（铅直）仪主要由发射、接收、附件三大部分组成，用于高层建筑、烟囱、电梯等施工过程中的垂直定位及以后的倾斜观测，大直径、长距离、回转型设备同心度的找正测量，以及高塔体、高塔架安装过程中同心度的测量控制。

激光经纬仪用于施工及设备安装中的定线、定位和测设已知角度，通常在200m内的偏差小于1cm。

激光水准仪除具有普通水准仪的功能外，尚可作准直导向之用。如在水准尺上装自动跟踪光电接收靶，即可进行激光水准测量。

激光平面仪是一种建筑施工用的多功能激光测量仪器，其铅直光束通过五棱镜转为水平光束，微电机带动五棱镜旋转，水平光束扫描，给出激光水平面，可达20°的精度。适用于提升施工的滑模平台、网形屋架的水平控制和大面积混凝土楼板支模、灌注及抄平工作，精确方便、省力省工。

（4）工程测量的典型应用

无论是建筑安装测量还是工业安装测量，基本的程序包括确定永久基准点和基准线，设置基础纵横中心线，设置基础标高基准点，设置沉降观测点，安装过程测量控制，实测记录等。机电工程中常见的工程测量包括设备基础的测量、连续生产设备安装的测量、管线工程的测量、长距离输电线路钢塔架基础施工的测量等。

① 设备基础的测量　设备基础的测量工作大体包括设备基础位置的确认，设备基础放线，标高基准点的确立，设备基础标高测量。

② 连续生产设备安装的测量　在安装基准线的测试工作中，中心标板应在浇灌基础时，配合土建埋设，也可待基础养护期满后再埋设。放线就是根据施工图，按建筑物的定位轴线

来测定机械设备的纵、横中心线并标注在中心标板上，作为设备安装的基准线。设备安装平面基准线不少于纵、横两条。

在安装标高基准点的测设工作中，标高基准点一般埋设在基础边缘且便于观测的位置。标高基准点一般有两种，一种是简单的标高基准点，另一种是预埋标高基准点。采用钢制标高基准点，应是靠近设备基础边缘便于测量处，不允许埋设在设备底板下面的基础表面上。例如，简单的标高基准点一般作为独立设备安装的基准点；预埋标高基准点主要用于连续生产线上的设备在安装时使用。

连续生产设备只能共用一条纵向基准线和一个预埋标高基准点。

③ 管线工程的测量　管线工程的测量内容包括给水排水管道、各种介质管道、长输管道等的测量。其测量的步骤包括，首先根据设计施工图纸，熟悉管线布置及工艺设计要求，按实际地形做好实测数据并绘制施工平面草图和断面草图；然后按平、断面草图对管线进行测量、放线并对管线施工过程进行控制测量。在管线施工完毕后，根据最终测量结果绘制平、断面竣工图。

管线工程的测量包括对管线中心定位的测量、管线高程控制的测量，以及地下管线工程的测量。

在管线中心定位的测量中，定位时可根据地面上已有建筑物进行管线定位，也可根据控制点进行管线定位。例如，管线的起点、终点及转折点被称为管道的主点。其位置已在设计时确定。管线中心定位就是将主点位置测设到地面上去，并用木桩或混凝土桩标定。

在管线高程控制的测量中，为了便于管线施工时的高程测设及管线纵、横断面的测量，应沿管线敷设临时水准点。其定位允许偏差应符合规定。例如，水准点一般都选在旧建筑物墙角、台阶和基岩等处。如果没有适当的地物，应提前埋设临时标桩作为水准点。

地下管线工程测量必须在回填前，测量出起止点、窨井的坐标和管顶标高，应根据测量资料编绘竣工平面图和纵断面图。

④ 长距离输电线路钢塔架基础施工的测量　长距离输电线路定位并经检查后，可根据起止点和转折点及沿途障碍物的实际情况，测设钢塔架基础中心桩，其直线投点允许偏差和基础之间的距离丈量允许偏差应符合规定。中心桩测定后，一般采用十字线法或平行基线法进行控制。控制桩应根据中心桩测定，其允许偏差应符合规定。

当采用钢尺丈量距离时，其丈量长度不宜大于 80m，同时，不宜小于 20m。考虑架空送电线路的钢塔之间的弧垂综合误差不应超过确定的裕度，一段架空送电线路，其测量视距长度，不宜超过 400m。大跨越档距测量时，在大跨越档距之间，通常采用电磁波测距法或解析法测量。

9.1.2　焊接技术

（1）焊接材料与焊接设备

① 焊接材料　焊接材料包括焊条、焊丝、保护气体、焊剂等。

焊条型号是以焊条国家标准为依据，反映焊条的主要特性的一种表示方法。焊条型号可以根据焊条种类、熔敷金属化学成分和力学性能、药皮类型、焊接位置、电流种类进行划分。

焊条的选用设计有规定时应按设计文件要求选用。设计无规定时应在满足结构安全、使用可靠的前提下，以改善作业条件和提高技术经济效益为原则，综合考虑钢材化学成分及力学性能、焊缝金属性能、钢结构特点（板厚、接头形式）和受力状态、工艺性、焊接位置和施焊条件（室内、野外、空间大小）、焊接工作量（焊缝长度、焊缝当量）等。要遵循焊缝金属的力学性能和化学成分匹配原则，保证焊接构件的使用性能和工作条件原则、满足焊接结构特点及受力条件原则、具有焊接工艺可操作性原则，以及提高生产效率和降低成本原则。

焊丝按截面结构形式可分为实心焊丝和药芯焊丝两类。焊丝选用时，焊丝按规定代号选择适用的焊接方法。实心焊丝主要用于钨极气体保护焊和熔化极气体保护焊；选择实心焊丝的成分时主要考虑焊缝金属应与母材力学性能或物理性能的良好匹配，如耐磨性、耐蚀性，焊缝应是致密的和无缺陷的。药芯焊丝用于采用 CO_2 和 $Ar+CO_2$ 为保护气体的熔化极气体保护焊，前者用于普通结构，后者用于重要结构。自保护药芯焊丝与焊条相似，不用另加气体保护焊，抗风能力优于气体保护焊，通常可在四级风力下施焊，适用于野外或高空作业。

焊接用气体的选择主要取决于焊接、切割方法、被焊金属的性质、焊接接头质量要求、焊件厚度和焊接位置及焊接工艺等因素。氢气作为还原性气体，在焊接时与氧气混合燃烧，作为气焊的热源。保护性气体包括二氧化碳、氩气、氦气、氮气等。保护性气体可以为纯净的单一气体，也可以是混合气体。混合气体一般也是根据焊接方法、被焊材料以及混合比对焊接工艺的影响等进行选用。例如，焊接低合金高强钢时，从减少氧化物夹杂和焊缝含量出发，希望采用纯氩气作保护气体，但从稳定电弧和焊缝成形出发，则希望向氩气中加入氧化性气体。

焊剂是在焊接时能够熔化形成熔渣和气体，对熔化金属起保护和冶金物理化学作用的焊接用材料。焊剂一般为颗粒状。根据生产工艺的不同，焊剂可分为熔炼焊剂、黏结焊剂和烧结焊剂。焊剂的型号是根据使用各种焊丝与焊剂组合而形成的熔敷金属的力学性能而划分的。埋弧焊用的焊剂是一种重要的焊接材料，它的焊接工艺性能、化学冶金性能是决定焊缝金属的主要因素。使用焊剂时要注意运输保管，必须放置在干燥的库房内，防止受潮影响焊接质量。焊剂在使用前，应按照说明书所规定的参数进行烘焙。使用回收的焊剂，应清除里面的渣壳以及其他杂物，与新焊剂混合后使用。

② 焊接设备　常用的焊接设备包括焊条电弧焊设备、钨极惰性气体保护焊设备、二氧化碳气体保护焊设备、埋弧焊设备等。

焊条电弧焊设备主要包括焊接电源、焊钳、焊接电缆和地线夹钳等，目前在各类焊接结构制造中得到较广泛应用。

钨极惰性气体保护焊设备是一种优质的电弧焊设备，在各类焊接结构制造中得到较广泛应用。这种设备可应用的金属材料种类多，除了低熔点、易挥发的金属材料，如铅、锌等，均可以采用此设备。钨极惰性气体保护焊适用于各种焊接位置，包括平焊、平角焊、横焊、立焊和仰焊，以及水平固定的管件对接头的全位置焊。

二氧化碳气体保护焊设备主要由电源、焊枪、送丝机构、气路系统和控制系统五部分组成。

埋弧焊设备按焊接过程的自动化程度可分为机械化、自动和全自动三大类。一台完整的埋弧焊机包括焊接小车和机头移动机构、送丝机、焊丝矫正机构、焊接电源、控制系统等。

（2）焊接方法与焊接工艺评定

不同的焊接方法有不同的特点，常用的焊接方法包括焊条电弧焊、钨极惰性气体保护焊等。

焊条电弧焊具有机动性和灵活性好、焊缝金属性能良好、工艺适应性强的特点。在使用中，所需要的焊接设备相对简单，只要配备适用的焊接电源、焊钳和足够长的焊接电缆即可以作业。焊接场地不受限制，用于结构复杂、空间狭小的位置时，比其他焊接方法更合适，并且适用于全位置焊接，可以焊接从薄板到厚板的各种焊接接头。焊条电弧焊工艺适应性强，可以焊接除活性金属以外的大多数金属结构材料。

对重要的焊接作业，在焊接工作实施之前，需要通过焊接工艺评定验证所拟定的焊接工艺正确性。记载验证性的试验及结果，对拟定焊接工艺规程进行评价的报告称为焊接工艺评定报告。拟定的焊接工艺规程是为焊接工艺评定所拟定的焊接工艺文件。

通过焊接工艺评定一方面可以验证施焊单位拟定焊接工艺的正确性，并评定施焊单位在限制条件下，焊接成合格接头的能力；另一方面可以根据焊接工艺评定报告编制焊接工艺规程，用于指导焊工施焊和焊后热处理工作。一个焊接工艺规程可以依据一个或多个焊接工艺评定报告编制；而一个焊接工艺评定报告也可用于编制多个焊接工艺规程。

在实施焊接工艺评定的过程中，施工单位应采取内部委托自行组织完成工艺评定工作，任何施焊单位不允许将焊接工艺评定的关键工作（焊接工艺规程的编制、试件焊接等）委托另一个单位来完成。但其中试件和试样的加工、无损检测和理化性能试验等可委托分包。焊接工艺规程应由具有一定专业知识和相当实践经验的技术员拟定，不允许照抄其他单位焊接工艺评定数据。焊接工艺评定的试件应由本单位技能熟练的焊工，使用本单位的焊接设备施焊，既可以证明施焊单位的焊接技术能力和工装水平，又能排除焊工技能因素的影响。焊接工艺评定的试件检验项目至少应包括外观检查、无损检测、力学性能试验和弯曲试验等。

（3）焊接应力与焊接变形

焊接会不可避免地造成一定的焊接残余应力和焊接残余变形，影响焊接结构的使用性能。因此，需要采取相应的措施降低焊接应力和焊接变形。

降低焊接应力的措施主要有设计措施和工艺措施。

降低焊接应力的设计措施主要是通过减少焊缝的数量和尺寸，减小变形量，同时降低焊接应力；通过分散布置焊缝使其不过于集中，从而避免焊接应力峰值叠加；通过优化工艺结构，如将容器的接口设计成翻边式而不采用承插式，可以减小应力集中。

降低焊接应力的工艺措施主要有采用较小的焊接线能量从而减小焊缝热塑变的范围和温度梯度的幅度，从而降低焊接应力；合理安排装配焊接顺序，使焊缝有自由收缩的余地，降低焊接中的残余应力；焊后进行层间锤击；通过预热拉伸补偿焊缝收缩；选用塑性较好的焊条焊接高强钢；焊前对构件进行预热，减小温差和减慢冷却速度，从而减小焊接残余应力；采用低氢焊条以降低焊缝中含氢量，焊后及时进行消氢处理；通过高温回火等焊后热处理工艺进一步降低焊接残余应力；利用振动法消除焊接残余应力等。

焊接变形可分焊件的面内变形和面外变形。面内变形可分为焊缝纵向收缩变形、焊缝横向收缩变形和焊缝回转变形。面外变形可分为角变形、弯曲变形、扭曲变形和失稳波浪变形等。过大的焊接变形会降低装配质量、影响外观质量、降低承载力、增加矫正工序、提高制造成本等。

预防焊接变形的措施包括进行合理的焊接结构设计、采取合理的装配工艺措施，以及合理选择装配程序等。

合理的焊接结构设计需要合理安排焊缝位置，使焊缝尽量与构件截面的中性轴对称，焊缝不宜过于集中。还需要合理选择焊缝数量和长度，在保证结构有足够承载力的前提下，应尽量选择较小的焊缝数量、长度和截面尺寸。同时，合理选择坡口形式，尽可能减少焊缝截面尺寸。

合理的装配工艺措施包括预留收缩余量法、反变形法、刚性固定法和合理选择装配程序。预留收缩余量法是为了防止构件焊接以后发生尺寸缩短，可将预计发生缩短的尺寸在焊前预留出来。反变形法是为了抵消焊接变形，在焊前装配时，先将构件向焊接加热产生变形的相反方向，进行人为的预设变形。刚性固定法用于工程焊接较小的构件，对防止角变形和波浪变形有显著的效果。为了防止薄板焊接时的变形，常在焊缝两侧采用型钢、压铁或楔子压紧固定。合理选择装配程序是针对大型焊接结构的，适当地分成几个部件进行装配焊接，然后再组焊成整体。这样，小部件可以自由地收缩，而不至于引起整体结构的变形。

合理的焊接工艺措施包括合理的焊接方法、合理的焊接线能量，以及合理的焊接顺序和方向等。合理的焊接方法是尽量用气体保护焊等热源集中的焊接方法。不宜用焊条进行电弧焊，特别是不宜选用气焊。合理的焊接线能量是需要尽量减小焊接线能量的输入，能有效地减小变形。合理的焊接顺序和方向则需要根据焊接对象的不同合理进行焊接顺序安排。如，储罐底板焊接顺序采用先焊中幅板、边缘板对接焊缝外300mm长，待焊接好壁板和边缘板角焊缝后，再焊接边缘板剩余对接焊缝，最后焊接中幅板和边缘板的环焊缝。

（4）焊接质量检验

焊接检验是焊接全面质量管理的重要手段之一。检验方法包括破坏性检验和非破坏性检验两种。破坏性检验包括力学性能试验（拉伸试验、冲击试验、硬度试验、断裂性试验、疲劳试验）、弯曲试验、化学分析试验（化学成分分析、不锈钢晶间腐蚀试验、焊条扩散氢含量测试）、金相试验（宏观组织、微观组织）、焊接性试验、焊缝电镜等。非破坏性检验主要包括外观检验、无损检测（渗透检测、磁粉检测、超声检测、射线检测）、耐压试验和泄漏试验。

焊接过程检验包括焊接前检验、焊接过程检验以及焊接完成后的焊缝检验等。

焊接前检验主要检查焊接用的母材和焊材、零部件的主要结构尺寸、组对质量和坡口的清理检查等。对所有工程使用的母材和焊接材料在使用前都应进行检查验收，主要是防止不合格产品用到工程上影响施工质量。焊件组对前应检查各零部件的主要结构尺寸，包括主要结构尺寸的校核性检查，以保证零部件组焊成构件的几何尺寸。组对后应检查组对构件焊缝的形状及位置、对接接头错边量、角变形、组对间隙、搭接接头的搭接量及贴合质量、带垫板对接接头的贴合质量等。由于组装过程或组装、清理后待焊过程，破口表面仍可能氧化和被污染，所以在施焊前应对坡口和坡口两侧再次进行清理检查。

焊接过程检验包括检查定位焊缝、焊接线能量、层间检查和焊后热处理检查等。定位焊缝存在缺陷的可能性较大，焊材常常不能全部熔化而滞留在新的焊道中形成根部缺陷。因此，应清除定位焊缝渣皮后进行检查。对有冲击力韧性要求的焊缝，焊接时应测量焊接线能量并记录。与焊接线能量有直接关系的因素包括焊接电流、电弧电压和焊接速度。线能量的大小与焊接电流、电压成正比，与焊接速度成反比。在多层（道）焊接中，每层（道）焊完后，应立即对层（道）间进行清理，并进行外观检查，检查合格后方可进行下一层（道）的焊接。对多层（道）间温度有要求时，应测量多层（道）间的焊前温度，并形成记录。对规定进行焊后热处理的焊缝，应检查加热范围、后热温度和后热时间，并形成记录。

焊接完成后的焊缝检验主要包括外观检查、焊缝质量的无损检测和其他检验等。

外观检查主要检查焊缝表面和焊件的几何尺寸。焊接完成后，焊缝表面的形状尺寸及外观质量应符合设计要求，设计无要求时应符合现行国家有关标准。焊缝表面不允许存在的缺陷包括裂纹、未焊透、未熔合、表面气孔、外露夹渣、未焊满等。允许存在的其他缺陷情况应符合现行国家相关标准，例如咬边、角焊缝厚度不足等。根据所焊接的对象检查相应的控制尺寸，例如，容器焊接后应检查的几何尺寸，包括同一端面最大内直径与最小内直径之差、椭圆度、矩形容器截面上最大边长与最小边长之差。

焊接工程常用的无损检测方法包括射线检测（RT）、超声检查（UT）、磁粉检测（MT）、渗透检测（PT）等。除了上述常用的无损检测方法外，还有一些无损检测新技术也越来越多在工程上应用，如 X 射线数字成像检测（DR）、衍射时差法超声波检测（TOFD）等。

射线检测（RT）常用检测设备和器材可以使用两种射线源，分别是 X 射线和 γ 射线。超声检测（UT）常用 A 型脉冲反射式超声波检测仪。磁粉检测（MT）常用检测设备和器材是磁粉探伤机。渗透检测（PT）主要使用渗透检测剂。焊缝表面无损检测可选用 MT 或 PT 的方法，施工现场焊接工程焊缝内部无损检测可选用 RT 和 UT。

X 射线数字成像检测（DR）是近年来随着计算机数字图像处理技术及数字平板射线探测技术的发展而发展的新技术。X 射线数字成像检测逐渐运用于容器制造和管道建设工程中。数字图像便于储存检索、统计快速方便，易于实现远程图像传输，专家评审结合 GPS 系统可对每道焊口进行精确定位，便于质量监督。

衍射时差法超声波检测（TOFD）包括可记录的脉冲反射超声波检测和不可记录的脉冲反射法超声波检测。当采用不可记录的脉冲反射法超声波检测时，应当采用射线或者 TOFD 作为附加局部检测。目前，国内 TOFD 应用较为成熟，可记录的脉冲反射超声波检测技术已推广应用。

其他检验主要包括硬度检验、腐蚀试验、金相试验、耐压试验和泄漏试验等。

9.1.3　起重技术

（1）起重机类型及选用

① 起重机的类型　起重机可分为桥架型起重机、臂架型起重机、缆索型起重机三大类。桥架型起重机类别主要有梁式起重机、桥式起重机、门式起重机、半门式起重机等。

臂架型起重机共分十一个类别，主要有门座起重机、塔式起重机、流动式起重机、铁路起重机、桅杆起重机、悬臂起重机等。

缆索型起重机包括缆索起重机、门式缆索起重机。

机电工程常用的起重机包括流动式起重机、塔式起重机、桅杆起重机。它们的特点和适用范围各不相同。

流动式起重机主要包括履带起重机、汽车起重机、轮胎起重机、全地面起重机、随车起重机。该类起重机适用范围广，机动性好，可以方便地转移场地，但对道路、场地要求较高，台班费较高。适用于单件重量大的大、中型设备以及构件的吊装，作业周期短。

塔式起重机的吊装速度快，台班费低。但起重量一般不大，并需要安装和拆卸。适用于在某一范围内数量多，而每一单件重量较小的设备、构件吊装，作业周期长。

桅杆起重机属于非标准起重机，其结构简单，起重量大，对场地要求不高，使用成本低，但效率不高。主要适用于某些特重、特高和场地受到特殊限制的吊装。

② 流动式起重机的选用　流动式起重机选用的基本参数主要有吊装载荷、额定起重量、最大幅度、最大起升高度等，这些参数是制定吊装技术方案的重要依据。

吊装载荷包括被吊物（设备或构件）在吊装状态下的重量，以及吊、索具重量（流动式起重机一般还应包括吊钩重量和从吊臂架头部垂下至吊钩的起升钢丝绳重量）。如履带起重机的吊装载荷为被吊设备（包括加固、吊耳等）和吊索（绳扣）重量、吊钩滑轮组重量和从吊臂架头部垂下的起升钢丝绳重量的总和。

吊装载荷的计算需要考虑吊装过程的动载荷影响以及多机抬吊载荷分配不均匀性的影响，因此，需要引入动载荷系数和不均衡载荷系数。起重机在吊装重物的运动过程中对起吊索具附加载荷而计入的系数，称为动载荷系数，在起重吊装工艺计算中，一般取动载荷系数 k_1=1.1。多台起重机或多套滑轮组等共同抬吊一个重物时由于起重机械之间的相互运动可能产生作用于起重机械、重物和吊索上的附加载荷，或者由于工作不同步，各分支往往不能完全按设定比例承担载荷，称为不均衡载荷系数。一般取不均衡载荷系数 k_2=1.1～1.25。

吊装计算载荷是吊装载荷与动载荷系数和不均衡载荷系数的乘积，如式（9-1）所示。

$$Q_j=k_1k_2Q \qquad (9\text{-}1)$$

式中 Q_j——计算载荷；

     Q ——吊装载荷。

流动式起重机额定起重量是在一定的回转半径和臂长条件下，起重机能安全起吊的重量。额定起重量应大于计算载荷。采用双机抬吊时，宜选用同类型或性能相近的起重机。负载分配应合理，单机载荷不得超过额定起重量的80%。

最大幅度即起重机的最大吊装回转半径，也即额定起重量条件下的吊装回转半径。

起重机最大起升高度必须大于设备高度、索具高度、设备吊装到位后高出地脚螺栓的高度，以及基础和地脚螺栓高度的和，如图9.1所示。

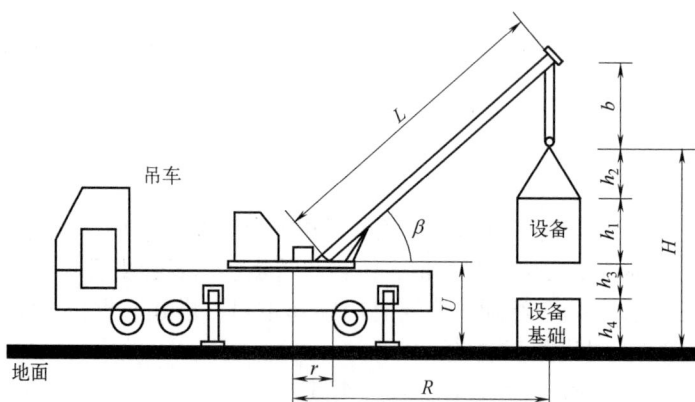

图 9.1 起重机起吊高度计算简图

图9.1中，H 为起重机吊钩最大起升高度，h_1 为设备高度，h_2 为索具高度（包括钢丝绳、平衡梁、卸扣等的高度），h_3 为设备吊装到位后底部高出地脚螺栓的高度，h_4 为基础和地脚螺栓的高度，U 为吊装装备旋转底座至地面的高度。

流动式起重机的选用步骤如下：

a. 根据被吊装设备或构件的就位位置、现场具体情况等确定起重机的站车位置，再确定作业半径；

b. 根据被吊装设备或构件的就位高度、设备外形尺寸、吊索高度、站车位置和作业半径，依据起重机的起重特性曲线，确定其臂长；

c. 根据上述已确定的作业半径（回转半径）、臂长，依据起重机的起重性能表，确定起重机的额定起重量；

d. 如果起重机的额定起重量大于计算载荷，则起重机选择合格，否则重新选择；

e. 计算吊臂与设备（平衡梁）之间的安全距离，若符合规范要求，则选择合格，否则重选。

流动式起重机必须在水平坚硬地面上进行吊装作业。吊车的工作位置（包括吊装站位置和行走路线）的地基应进行处理。应根据其地质情况或测定的地面耐压力为依据，采用合适的方法（一般施工场地的土质地面可采用开挖回填夯实的方法）进行处理。处理后的地面应进行耐压力测试，地面耐压力应满足吊车对地基的要求。在复杂地基上吊装重型设备，应请专业人员对地基处理进行专门设计。吊装前必须进行地基验收。

（2）吊具种类及选用

起重吊装中常用的吊具包括钢丝绳、起重滑车、卷扬机、平衡梁和液压提升装置等。

① 钢丝绳　起重吊装作业常用钢丝绳为多股钢丝围绕一根绳芯捻制而成的多股钢丝绳。大型吊装应使用符合《重要用途钢丝绳》（GB 8918—2006）要求的钢丝绳。

钢丝绳的主要技术参数包括钢丝绳的强度极限、规格、直径、安全系数等。

钢丝绳钢丝的公称抗拉强度级别有 1570MPa、1670MPa、1770MPa、1870MPa 和 1960MPa。

钢丝绳是由高碳钢丝制成的。钢丝绳的规格较多，起重吊装常用 6×19+FC（IWR）、6×37+FC（IWR）以及 6×61+FC（IWR）三种规格的钢丝绳。其中 6 代表钢丝绳的股数，19（37、61）代表每股中的钢丝数，FC 为纤维芯，IWR 为钢芯。

在同等直径下，6×19 钢丝绳中的钢丝直径较大，强度较高，但柔性差，常用作缆风绳。6×61 钢丝绳中的钢丝最细，柔性好，但强度较低，常用来作吊索。6×37 钢丝绳的性能介于上述二者之间。后两种规格的钢丝绳常被用作穿过滑轮组牵引运行的跑绳和吊索。吊索用于连接起重机吊钩和被吊装设备。在起吊过程中，若采用 2 个以上吊点起吊时，每点的吊索与水平线的夹角不宜小于 60°。

钢丝绳安全系数为标准规定的钢丝绳在使用中允许承受拉力的储备拉力，即钢丝绳在使用中破断的安全裕度。《石油化工大型设备吊装工程规范》（GB 50798—2012）对钢丝绳的使用安全系数进行了相应规定。当钢丝绳作拖拉绳时，安全系数应大于或等于 3.5；作卷扬机走绳时，应大于或等于 5；作捆绑绳扣使用时，应大于或等于 6；作系挂绳扣时，应大于或等于 5；作载人吊篮时，应大于或等于 14。

② 起重滑车　起重滑车可参考标准《起重滑车》（JB/T 9007—2018）中的规定，其中对额定起重量为 0.32 ～ 320t 的手动和电动的钢丝绳起重滑车，其工作级别为《起重机设计规范》（GB/T 3811—2008）中规定的 M1 ～ M3 级，吊钩采用《手动起重设备用吊钩及闭锁装置》（JB/T 4207—2020）中的 S 级。机电工程安装常用起重 HQ 系列滑车（通用滑车）。

型号的表示方法如图 9.2 所示。

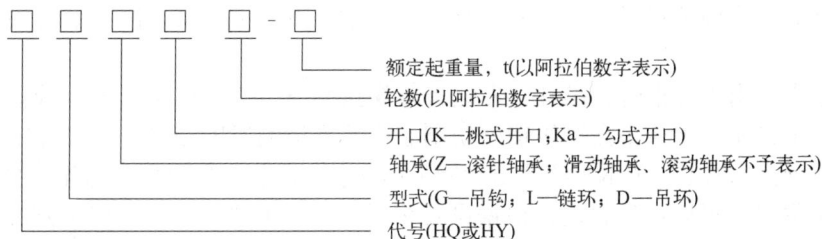

图 9.2　起重滑车型号表示方法

例如，吊钩型带滚针轴承开口式单轮，额定起重量为 2t 的通用滑车，标记为：通用滑车 HQGZK1-2 JB/T 9007—2018。链环型带滑动轴承双开口式双轮，额定起重量为 3.2t 的通用滑车，标记为：通用滑车 HQLK2-3.2 JB/T 9007—2018。

滑轮组在工作时因摩擦和钢丝绳的刚性的原因，使每一分支跑绳的拉力不同，最小在固定端，最大在拉出端。跑绳拉力的计算，必须按拉力最大的拉出端按公式或查表进行。

穿绕滑轮组时，根据滑轮组的门数确定其穿绕方法，常用的穿绕方法有顺穿、花穿和双跑头顺穿。一般3门及以下宜采用顺穿；4～6门宜采用花穿；7门以上宜采用双跑头顺穿。穿绕滑轮组时，必须考虑动、定滑轮承受跑绳拉力的均匀。穿绕方法不正确，会引起滑轮组倾斜而发生事故。

选用滑轮组时，按照下列步骤进行：

a. 根据受力分析与计算确定的滑轮组载荷选择滑轮组的额定载荷和门数；

b. 计算滑轮组跑绳拉力并选择跑绳直径；

c. 注意所选跑绳的直径必须与滑轮组相配；

d. 根据跑绳的最大拉力和导向角度计算导向轮的载荷并选择导向轮；

e. 滑轮组的动、定（静）滑轮之间的最小距离不得小于1.5m，跑绳进入滑轮的偏角不宜大于50°；

f. 滑车组穿绕跑绳的方法包括顺穿、花穿、双抽头穿法。当滑车的轮数超过5个时，跑绳应采用双抽头方式。若采用花穿的方式应适当加大上、下滑轮之间的净距。

③ 卷扬机　按动力方式划分，卷扬机可以分为手动卷扬机、电动卷扬机和液压卷扬机。起重工程中常用电动卷扬机，按传动形式划分，卷扬机可分为电动可逆式（闸瓦制动式）卷扬机和电动摩擦式（摩擦离合器式）卷扬机。按卷筒个数划分，卷扬机可分为单筒卷扬机和双筒卷扬机。起重工程中常用单筒卷扬机。按转动速度划分，卷扬机可分为慢速卷扬机和快速卷扬机。起重工程中一般采用慢速卷扬机。

卷扬机的基本参数包括额定牵引拉力、工作速度、容绳量等。

国家标准《建筑卷扬机》（GB/T 1955—2019）列出的标准系列，额定拉力从0.5t到50t（5～500kN）的慢速卷扬机（额定速度小于20m/min）共有20种规格。

工作速度是指卷筒卷入钢丝绳的速度。

容绳量是指卷扬机的卷筒允许容纳的钢丝绳工作长度的最大值。每台卷扬机的铭牌上都标有对某种直径钢丝绳的容绳量，选择时必须注意。如果实际使用的钢丝绳的直径与铭牌上标明的直径不同，还必须进行容绳量校核。

④ 平衡梁　平衡梁的作用是在吊装精密设备与构件或多机抬吊时，保持吊装稳定。

使用平衡梁进行吊装，能够保持被吊设备的平衡，避免吊索损坏设备；能够缩短吊索的高度，减小动滑轮的起吊高度；能够减少设备起吊时所承受的水平压力，避免损坏设备；多机抬吊时，合理分配或平衡被吊点的荷载。

平衡梁的形式种类很多，常用的有管式平衡梁、钢板平衡梁、槽钢平衡梁、桁架式平衡梁等。

管式平衡梁由无缝钢管、吊耳、加强板等焊接而成，一般可用来吊装排管、钢结构构件及中、小型设备。钢板平衡梁用钢板切割制成，钢板的厚度按设备重量确定，其制作简便，可在现场就地加工。槽钢平衡梁由槽钢、吊环板、吊耳、加强板、螺栓等组成，它的特点是分部板提吊点可以前后移动，根据设备重量、长度来选择吊点，使用方便、安全、可靠。桁架式平衡梁由各种型钢、吊环板、吊耳、桁架转轴、横梁等焊接而成。当吊点伸开的距离较大时，一般采用桁架式平衡梁以增加其刚度。

起重作业中，一般都是根据设备的重量、规格尺寸、结构特点及现场环境要求等条件来选择平衡梁的形式，并经过设计计算来确定平衡梁的具体尺寸。

⑤ 液压提升装置　在大型设备和结构的吊装作业中，常用的液压装置主要由液压泵站、穿心式液压提升器（液压千斤顶）、钢绞线和控制器组成。选用液压提升器时，根据提升设备的重量及现场、装备的实际需要来确定液压提升器的规格、数量和组合情况，多个液压千

斤顶通过控制系统实现自动、同步提升。

液压泵站是液压提升系统的动力设备。在选用液压泵站时，液压泵站工作压力、流量应根据泵站配置提升油缸的数量、载荷和提升速度来确定。一般情况，一台液压泵站可供 4 台左右小载荷提升油缸工作，供 2 台大载荷提升油缸工作。

（3）吊装方法与吊装方案

起重吊装中常用的吊装方法包括塔式起重机吊装、桥式起重机吊装、汽车起重机吊装、履带式起重机吊装、直升机吊装、桅杆系统吊装、缆索系统吊装、液压提升吊装、利用构筑物吊装，以及坡道法提升等。

塔式起重机吊装常用在使用地点固定、使用周期较长的场合，较经济。一般为单机作业，也可双机抬吊。

桥式起重机吊装跨度在 3 ～ 150m，使用方便。多为厂房、车间内使用，一般为单机作业，也可双机抬吊。

汽车起重机吊装有液压伸缩臂和钢管结构臂两种。起重能力机动灵活，使用方便。可单机、双机吊装，也可多机吊装。

履带式起重机吊装时，对于中、小重物可吊重行走，机动灵活，使用方便，使用周期长，较经济。可单机、双机吊装，也可多机吊装。

直升机吊装起重能力可达 26t，用在其他吊装机械无法完成的地方，如山区、高空等。

桅杆系统吊装通常由桅杆、缆风系统、提升系统、托排滚杠系统、牵引溜尾系统等组成。桅杆有单桅杆、双桅杆、人字桅杆、门字桅杆、井字桅杆等。提升系统有卷扬机滑轮系统、液压提升系统、液压顶升系统。有单桅杆和双桅杆滑移提升法、扳转（单转、双转）法、无锚点推举法等吊装工艺。

缆索系统吊装用在其他吊装方法不便或不经济的场合，以及重量不大，跨度、高度较大的场合，如桥梁建造、电视塔顶设备吊装等。

液压提升吊装目前多采用"钢绞线悬挂承重、液压提升千斤顶集群、智能化监视与控制"方法整体提升（滑移）大型设备与构件，其中有上拔式和爬升式两种方式。上拔式（提升式）是将液压提升千斤顶设置在承重结构的永久柱上，悬挂钢绞线的上端与液压提升千斤顶穿心固定。下端与提升构件用锚具连在一起，液压提升千斤顶夹着钢绞线往上提，从而将构件提升到安装高度。多适用于屋盖、网架、钢天桥（廊）等投影面积大、重量重、提升高度相对较低场合构件的整体提升。爬升式（爬杆式）是将悬挂钢绞线的上端固定在永久性结构（或基础或与永久物相联系的临时加固设施）上，将液压提升千斤顶设置在钢绞线下端（液压提升千斤顶通过锚具与提升构件连接固定），液压提升千斤顶夹着钢绞线往上爬，从而将构件提升到安装高度。多适用于如电视塔钢桅杆天线等提升高度高、投影面积一般、重量相对较轻场合的直立构件。

利用构筑物吊装是利用建筑结构作为吊装点，通过卷扬机、滑轮组等实现吊装设备的提升或移动。利用构筑物吊装法作业时应编制专门吊装方案，应对承载的结构在受力条件下的强度和稳定性进行校核。选择的受力点和方案应得到设计人员的同意。对于通过锚固点或直接捆绑的承载部位，还应对局部采取补强措施，比如采用大块钢板、枕木等进行局部补强，采用角钢或木方对梁或柱角进行保护。施工时，应设专人对受力点的结构进行监视。

坡道法提升是通过搭设坡道，利用卷扬机、滑轮组等吊具将设备牵引并提升到就位基础上安装。

在对吊装方案进行选择时，需要经过技术可行性论证、安全性分析、进度分析和成本分析后，根据具体工程的特点和各项情况做综合选择。

编制吊装方案时，吊装方案的主要内容应该涵盖以下内容：

① 编制说明与编制依据。

② 工程概况，主要包括工程特点、待吊设备参数表、到货形式、设计和制造单位等。

③ 吊装工艺设计，主要包括设备吊装工艺方法概述（如双桅杆滑移法、吊车滑移法）与吊装工艺要求；吊装参数表，包括设备规格尺寸、金属总重量、吊装总重量、重心标高、吊点方位及标高等。若采用分段吊装，应注明设备分段尺寸、分段重量以及起重吊装机具选用、机具安装拆除工艺要求。吊装机具、材料汇总表；设备支、吊点位置及结构设计图，设备局部或整体加固图；吊装平、立面布置图。地锚施工图，吊装作业区域地基处理措施。地下工程和架空电缆施工规定；吊装进度计划，相关专业交叉作业计划等。

④ 吊装组织体系，包括劳动组织、人力资源计划、施工人员的岗位职责等。

⑤ 安全保证体系及措施，吊装工作危险性分析表或健康、安全、环境危害分析。

⑥ 质量保证体系及措施。

⑦ 吊装应急预案。

⑧ 吊装计算校核书。

起重机吊装工艺计算书一般包括：主起重机和辅助起重机受力分配计算；吊装安全距离核算；吊耳强度核算；吊索、吊具安全系数核算。

吊装方案的管理必须按照《危险性较大的分部分项工程安全管理办法》（住房和城乡建设部令第 37 号）的规定执行。在该办法中对危大工程、危大工程清单要求，以及专项施工方案的管理制定了相应的规定。

危大工程是指危险性较大的分部分项工程（以下简称"危大工程"），是指房屋建筑和市政基础设施工程在施工过程中，容易导致人员群死群伤或造成重大经济损失的分部分项工程。建设单位应当组织勘察、设计等单位在施工招标文件中列出危大工程清单，要求施工单位在投标时补充完善危大工程清单并明确相应的安全管理措施。施工单位应当在危大工程施工前组织工程技术人员编制专项施工方案。专项施工方案应当由施工单位技术负责人审核签字、加盖单位公章，并由总监理工程师审查签字、加盖执业印章后方可实施。对于超过一定规模的危大工程，施工单位应当组织召开专家论证会对专项施工方案进行论证。实行施工总承包的，由施工总承包单位组织召开专家论证会。专家论证前专项施工方案应当通过施工单位审核和总监理工程师审查。

对于起重吊装工程，按照《关于实施〈危险性较大的分部分项工程安全管理规定〉有关问题的通知》（建办质〔2018〕31 号）的规定，属于危大工程的起重吊装工程包括采用非常规起重设备、方法，且单件起吊重量在 10kN 及以上的起重吊装工程；采用起重机械进行安装的工程；以及起重机械安装和拆卸工程。超过一定规模的危大工程包括采用非常规起重设备、方法，且单件起吊重量在 100kN 及以上的起重吊装工程；起重量 300kN 及以上，或搭设的总高度 200m 及以上，或搭设基础标高在 200m 及以上的起重机械安装和拆卸工程。

（4）吊装的稳定性要求

起重吊装作业在实现设备（或构件）垂直提升、下降和水平移位的功能的同时，其核心要求就是保证起重吊装作业的安全，即吊装安全是第一位的。起重吊装作业的稳定性是保证吊装安全的根本。

起重吊装作业稳定性的主要内容包括起重机械的稳定性、吊装系统的稳定性和吊装设备或构件的稳定性。起重机械的稳定性是指起重机在额定工作参数情况下的稳定或桅杆自身结构的稳定。吊装系统的稳定性是多机吊装的同步、协调；大型设备多吊点、多机种的吊装指挥及协调；桅杆吊装的稳定系统（缆风绳、地锚）等。吊装设备或构件的稳定性又称为整体稳定性（如细长塔类设备、薄壁设备、屋盖、网架等），吊装部件或单元的稳定性。

起重机械失稳的主要原因包括超载、支腿不稳定、机械故障、桅杆偏心过大等。预防起重机械失稳的措施包括严禁超载、严格机械检查、打好支腿并用道木和钢板垫实和加固，确保支腿稳定。

吊装系统的失稳的主要原因包括多机吊装的不同步；不同起重能力的多机吊装荷载分配不均；多动作、多岗位指挥协调失误；桅杆系统缆风绳、地锚失稳等。具体的预防措施包括多机吊装时尽量采用同机型、吊装能力相同或相近的吊车，并通过主副指挥来实现多机吊装的同步；集群千斤顶或卷扬机通过计算机控制来实现多吊点的同步；制定周密指挥和操作程序并进行演练，达到指挥协调一致；缆风绳和地锚要按吊装方案和工艺计算设置，设置完成后进行检查并做好记录。

吊装设备或构件失稳的主要原因包括设计与吊装时受力不一致、设备或构件的刚度偏小等。具体的预防措施包括对于细长、大面积设备或构件采用多吊点吊装；对薄壁设备进行加固加强；对型钢结构、网架结构的薄弱部位或杆件进行加固或加大截面，提高刚度。

9.2 ▪ 大型游乐设施的工厂预制

对于重要的外协件，制造单位应制定详细的验收要求。材料切割宜采用先进工艺，避免引起材料性能的改变。对于重要零部件用的材料，切割后应有材料标识移植。应制定合理的机加工工艺，保证机加工件满足设计文件的要求。应制定合理的钣金、弯管、卷板和冲压等成型工艺，保证零件满足设计文件的要求。不允许有裂纹、折叠、机械损伤等加工缺陷。当冲压拉伸后产生冷作硬化现象时，对使用有韧性要求的冲压件应作硬化处理。重要锻件须经超声波检测合格后方可加工。检测标准按照 GB/T 34370.5 的规定执行。锻件内部不允许存在裂纹和残余缩孔。表面不允许有肉眼可见的裂纹、折叠和其他影响强度及外观的缺陷。必要时，锻件锻后应进行热处理。

9.2.1 焊接

（1）焊接工艺评定

焊材使用前，焊丝需去除油、锈，保护气体应保持干燥。除真空包装外，焊条、焊剂应按产品说明书规定的规范进行再烘干，经烘干之后可放入保温箱内（100 ~ 150℃）待用。对烘干温度超过 350℃的焊条，累计烘干次数不宜超过 3 次。

施焊前，重要焊缝、与重要焊缝组焊的焊缝、熔入重要焊缝内的定位焊缝、重要焊缝母材表面的堆焊与补焊，以及上述焊缝的返修焊缝都应按 NB/T 47014 进行焊接工艺评定或者具有经过评定合格的焊接工艺支持。焊接工艺评定试件应由按 TSG Z6002 规定考核合格的，并满足焊接工艺规程要求的焊接人员施焊。

应根据合格的焊接评定工艺报告编制焊接工艺。焊接工艺评定技术档案应保存至该工艺评定失效为止，焊接工艺评定试样保存期不少于 5 年。

（2）焊前准备

焊接坡口的基本形式和尺寸应满足图纸要求。坡口制备应符合 NB/T 47015—2011 中 4.3 的要求。焊接接头装配应符合 GB 50661—2011 中 7.3 的要求。定位焊应符合 GB 50661—

2011 中 7.4 的要求。预热及预热温度的测量应符合 NB/T 47015—2011 中 3.5.7 的要求。碳钢和低合金钢的最高预热温度和道间温度不宜高于 300℃。引弧板、引出板和衬垫的选用应符合 GB 50661—2011 中 7.9 的要求。

（3）施焊

焊接重要焊缝（包括定位焊、返修焊）的焊工，应按 TSG Z6002 规定要求进行考核，取得特种设备作业人员证后，方可在有效期内从事合格项目范围内的焊接工作。焊工应当按照焊接工艺施焊，对于重要焊缝焊应在清理焊缝表面及自检后，在焊缝附近指定部位打上焊工钢印代号。不便于采用打焊工钢印的，应有可靠的记录方式，保证焊工的可追溯性。

施焊应符合 NB/T 47015—2011 中 3.6 的要求。焊接过程中，最低道间温度不应低于预热温度，奥氏体不锈钢最高道间温度不宜大于 150℃，需进行疲劳计算的动荷载结构焊接时，最大道间温度不宜超过 230℃。

焊接变形的控制应符合 GB 50661—2011 中 7.11 的要求。

（4）焊接检验

焊接检查及检验内容应包含 NB/T 47015—2011 中 3.8 的内容。焊缝的外观检查应根据设计的质量等级要求进行检查。

（5）焊接返修

对需要焊接返修的缺陷应分析产生原因，提出改进措施，按评定合格的焊接工艺编制焊接返修工艺文件。返修焊缝性能及质量要求应与原焊缝相同，焊缝返修应符合 GB 50661—2011 中 7.12 的要求。焊缝同一部位的返修次数不宜超过 2 次，如超过 2 次，返修前应重新制定返修方案。

（6）焊后热处理

焊后热处理应符合 NB/T 47015—2011 中 4.6 的规定或者设计文件的要求。应建立热处理质量档案，保存工件作业过程记录、检验记录、理化试验报告等原始记录，作为可追溯性资料。

重要的轴和销轴宜进行调质处理，并符合 GB/T 699 和 GB/T 3077 的规定，调质后应进行无损检测。必要时应进行冲击试验。

9.2.2 装配

（1）一般要求

所有进入装配的零部件，含外购件、外协件等，都应按有关检验规程检验合格后方可装配，装配前应按 GB 50231—2009 中 5.1 的有关规定进行预处理。装配件上与密封件安装配合的加工面，在清洗、装配过程中，应加以保护，防止碰伤。装配前应对零部件的主要配合尺寸，特别是过盈配合尺寸及相关精度进行复查。零件装配后，各润滑处应注入适量的润滑油（脂）。

（2）销轴和紧固件的装配

有预紧力要求的螺栓连接，应符合 GB 50231—2009 中 5.2.4 的规定。高强度螺栓的装配应符合 GB 50231—2009 中 5.2 的有关规定。各种止动垫圈在螺母拧紧后应弯转舌耳。螺栓头部防松保险丝应按螺纹旋向穿装缠牢。圆锥销装配时应与孔进行涂色检查，其接触率应大于配合长度的 60%，并应均匀分布。螺栓、键、销轴、定位销等连接件的装配，应符合 GB 50231—2009 中 5.2 的有关要求。

（3）其他要求

滑动轴承、滚动轴承、离合器、制动器、联轴器、齿轮、链条、过盈配合件的装配，应符合 GB 50231—2009 中第 5 章的有关规定。气动系统安装前，用干燥洁净的压缩空气，对接头、管道、阀等所有内部通道进行彻底吹扫。液压系统在装配前，接头、管路及油箱内表面应清洗干净，不得有任何污物存在。使用的液压油应保证清洁无杂质，油箱密封良好。安装时应注意和尽量减少（小）下列情况：由推或拉载荷引起的液压缸结构的过度变形；引起侧向弯曲载荷；液压缸上下销轴应得到充分的润滑。

9.2.3　厂内测试

各传动部件、可先行试验的安全装置及可以独立试车的部件，应先行试验、试车。首台设备根据设计验证试验方案进行各项测试，记录并判定，各项指标均要达到设计要求。

9.2.4　涂装

防腐涂装要根据不同的材料及不同的工作环境，采用相应的工艺材料进行有效的防腐处理。所有需要进行涂装的金属制件表面在涂装前应将锈、氧化皮、油脂、灰尘等去除。焊接件需热处理的，则除锈工序应放在热处理工序之后进行。除锈方法、等级及适用范围按照 JB/T 5000.12 有关规定执行。

设备中不涂漆的裸露钢材制件、标准件等，须采用其他防腐处理。对安装过程中损坏的漆膜应进行修补，修补前应对表面进行清理。补漆部位的颜色、涂层厚度应与周围的颜色、涂层厚度一致。

涂装施工要求按 JB/T 5000.12 有关规定执行。铸件的非加工表面需清砂处理，如作抛丸处理应在处理后的 6h 内涂底漆。涂底漆前，铸件上的粉尘等物应清理干净。

9.2.5　包装与运输

产品及其零部件的包装应符合 GB/T 13384 的规定。产品的运输应符合铁路、公路、航运的有关运输要求。在解体运输中，对长大件和可自由移动的部件，应垫平绑扎牢固，防止运输变形、位移、碰撞。

9.3 ■ 大型游乐设施的现场安装

9.3.1　设备基础及附属设施

制造单位应向有资质的土建设计单位提供游乐设施基础条件图。该土建设计单位依据地区气候条件、地质勘探报告等要求进行设计，出具施工图。游乐设施的基础条件图应包括基础地面布置，设备安装基座，地沟与预埋管、预埋件，避雷针与接地体，基础载荷图，安全系数，辅助设施布置，对应设备参数、外形尺寸及设备运行安全包络线，重点预埋件载荷等说明及有关要求。

游乐设施的土建基础或建筑物，应按设计图样和技术文件施工，经有关单位验收合格后，方能进行设备安装。游乐设施安装时，应根据设计图样和技术文件的要求，确立安装基准，并进行测量和检验。其他游乐设施的基础工程应符合 GB/T 50010、GB 50007 的规定。

基础质量的要求应符合 GB 50202、GB 50204 的规定。游乐设施基础的尺寸和位置的允许偏差，应符合上述规范的要求。基础表面和地脚螺栓预留孔中的油污、碎石、泥土、积水应清除干净，地脚螺栓的螺纹和螺母应保护完好，放置垫铁部分的表面应处理平整。

垫铁应符合 GB 50231—2009 中 4.2 的有关规定。地脚螺栓不宜用于承受底部的横向剪力，此剪力由底板与混凝土基础间的摩擦力（摩擦系数可取 0.4）或设置抗剪结构承受。地脚螺栓的安装面应高于周围地面，以避免积水造成腐蚀，条件限制的应对螺栓采取有效的防腐措施。

基础不应有影响游乐设施正常运行的不均匀沉陷、开裂和松动等异常现象。移动式游乐设施的基础应平整、坚实，符合设备安装要求。需要预压的基础，应预压合格并应有预压沉降记录。游乐设施的假山、艺术造型等附属设施，应与设备保持符合标准的安全距离，防止意外掉落、坍塌或者倾倒之后对设备本身及乘客造成伤害。

9.3.2 现场安装

安装单位应按照设计要求和制造单位的要求编制安装方案。安装方案应包括施工组织计划、质量控制要求、安装设备和工具、安全措施和应急预案等。设备安装的基准面（如设备底座上表面），其水平度公差应不大于 1/1000。重要立柱安装定位后，对水平面的垂直度公差应不大于 1/1000。

地脚螺栓应采取防止松动的措施，并应符合 GB 50231—2009 中 4.1 的规定。轨距允许误差应符合以下要求：侧轮在轨道内时允许误差为 -3 ～ 5mm，侧轮在轨道外时允许误差为 -5 ～ 3mm。

钢丝绳端部安装应满足如下要求，端部应用紧固装置固定，其固定方法不同，端部强度不同（用效率表示）。端部一般固定方法的效率应符合规范的要求；采用绳夹固定时，U形螺栓应由钢丝绳的短边套上。

安装完成后，根据图样和有关文件检查静态各项数据是否达到要求。

9.3.3 现场调试与试运行

设备进行调试与试运行前应具备下列条件：设备及其附属装置、管路等均应全部施工完毕，施工记录及资料应齐全；试验条件、运行环境符合要求；具备需要的动力、配套设施、检测仪器、安全防护设施及用具等；根据设计要求，制定了调试大纲和试运行方案；参加调试、试运行的人员，应熟悉设备的构造、性能、设备技术文件，了解设备调试技术要求，并应掌握操作规程及试运行操作。

调试通电运行前应进行如下检查：各传动件、紧固件连接部位应牢固，润滑和密封情况应良好，各主要回路的相间电阻及绝缘电阻应符合要求，设备现场及设备内部其他物件已清理。

按调试大纲指导现场调试，记录调试结果。调试应包括下列内容和步骤：电气（仪器）操纵控制系统及仪表的检查调试；电气检验应符合 GB/T 5226.1—2019 中第 18 章的规定；润滑、液压、气动、冷却和加热系统的检查和调试；机械和各系统联合调试；液压系统调试应符合 GB/T 50231—2009 中 7.4 的要求。

重要调试内容应包括但不限于安全束缚装置检查、绝缘测试、电流测试、电压测试、接地测试、安全联锁装置、限位开关调整到位、应急停车、动力电源断电、应急疏导试验。

应在设备调试合格后，按试运行方案进行试运行。

进行空载、满载、偏载试验，并作实测记录：设备的启动、换向、停机、制动和安全联锁等动作，均应正确、灵敏、可靠；整机应运行正常，不准许有爬行和异常的振动、冲击、发热及声响；各传动部件应平稳，无异常振动、窜动、冲击、噪声、永久变形和磨损，轴承温升及油箱油温不得超过设备规定的最高温度；齿轮及齿条传动时，接触斑点百分率为，在齿高方向不小于 40%，在齿长方向不小于 50%。不应有偏啮合及偏磨损；滚动轴承端盖处温升不大于 30℃，最高温度不大于 65℃。滑动轴承进油孔处温升不大于 35℃，且最高温度不大于 70℃；各种仪表应工作正常；润滑、液压、气动等辅助系统的工作应正常，无渗漏现象；零部件及其连接应牢固可靠，不准许有永久变形和损坏现象；在测量加速度时，应使用 5Hz 低通高频滤波器（滤波器边界斜度最小 6dB/ 倍频程）。

9.3.4　无损检测

无损检测人员应按照相关技术规范进行考核并取得相应资格证书后，方能承担与资格证书的种类和技术等级相对应的无损检测工作。游乐设施的无损检测方法包括目视、磁粉、渗透、超声、射线、涡流、声发射、漏磁、红外检测等方法。无损检测的工艺应根据设计图样的要求和 GB/T 34370（所有部分）的规定制定。

焊接接头的检测方法应根据焊接接头的类型、形状、尺寸和材料选择，原材料和零部件的检测方法、检测比例和合格级别应符合设计图样和 GB/T 34370（所有部分）的规定。对接接头应当采用射线或超声检测，射线检测包括胶片射线检测和数字射线检测，超声检测包括了可记录的超声检测（相控阵超声、可记录的脉冲反射法等）和不可记录的脉冲反射法超声检测。当采用不可记录的脉冲反射法超声检测时，还应当采用射线检测或者可记录的超声检测作为附加局部检测。铁磁性材料部件焊接接头表面应当优先采用磁粉检测。

游乐设施焊接接头，应在形状尺寸检测、外观目视检测合格后，再进行无损检测。有延迟裂纹倾向的材料应当至少在焊接完成 24h 后进行无损检测，有再热裂纹倾向的材料应当在热处理后增加一次无损检测。

目视检测应在其他无损检测之前进行，其他无损检测应根据目视检测的结果修正检测区域和比例。

超声检测应当按照 GB/T 34370.5 的规定执行。要求进行全部无损检测的对接接头，脉冲反射法超声检测技术等级不低于 B 级，合格级别为 I 级；要求进行局部无损检测的对接接头，脉冲反射法超声检测技术等级不低于 B 级，合格级别为 E 级；角接接头的对接焊缝和 T 形接头的对接焊缝，脉冲反射法超声检测技术等级不低于 B 级，合格级别为 E 级；采用衍射时差法和相控阵超声检测的焊接接头，合格级别不低于 E 级；零部件的脉冲反射法超声检测技术等级不低于 B 级，合格级别为 E 级。

射线检测应当按照 GB/T 34370.6 的规定执行，要求进行全部无损检测的对接接头，射线检测技术等级不低于 B 级，合格级别为 E 级；要求进行局部无损检测的对接接头，射线检测技术等级不低于 B 级，合格级别为 E 级，且不允许有面状缺陷。

表面检测应当按照 GB/T 34370.3 和 GB/T 34370.4 的规定执行，采用磁粉或者渗透检测，合格级别为 I 级；采用涡流检测，合格级别由设计图样或业主协商的当量尺寸确定；带油漆层的磁粉检测，应由经证明具备相应检测能力的专业人员实施。

声发射、磁记忆、涡流、导波、漏磁检测等参考相应的国家标准执行。当采用多个检测技术组合检测时，质量要求和合格级别按照各自执行的标准确定，并且均应当合格。

检测单位应当填写无损检测记录，签发无损检测报告。制造单位应妥善保管射线底片、超声和涡流等可记录的检测数据等检测资料（含缺陷返修记录），建立游乐设施产品无损检测档案，保存至设备报废为止。

9.3.5 检验

游乐设施的制造、安装环节应按照有关法律、法规、标准、技术文件的要求进行检验，检验活动应留存检验资料，检验资料应对检验对象是否符合要求形成充分支持且具有可追溯性。

（1）制造检验

原材料应经检验部门检验合格后方可入库或投入使用，重要的材料应有质量证明文件，必要时还应进行力学性能和理化检验。重要的结构件钢板及其制成品的厚度公差应符合 GB/T 709—2019 中表 2（A 类）的规定。配套的标准机电产品应进行外观、尺寸检验及技术参数的核对，应有质量证明文件、使用维护保养说明书等，必要时对其性能进行验证试验。

重要的零部件加工和组装，应严格按照工艺文件进行，进入下一道工序前，应按有关标准和规定进行检验，检验应包括自检、互检和专检。重要的焊缝在进入下一道工序前应经检验合格后方可继续加工，重要的隐蔽焊缝在隐蔽前应设立检查点，经检验部门检验合格和质保工程师确认后进入后续工序。涉及人身安全的重要的轴、重要焊缝，应进行无损检测，合格后方可投入使用，其他零部件也应按图样技术要求及有关标准进行检验。每台产品出厂前，应根据设计图样和技术文件，并按有关标准要求进行检验，检验合格后方可出厂。

（2）设计验证试验

对于新开发的游乐设施新产品，制造单位应进行设计验证试验，验证样机是否达到设计预期的功能性、安全性、可靠性、耐久性等要求。设计验证试验包括针对部件进行的分项试验和整机性能试验。设计验证试验中的试验载荷应是在设计文件规定的最大载荷、最大运行参数的条件下进行的。

（3）安装自检

在整机安装过程中，制造和安装单位应按照有关法规标准及技术文件的要求进行检验并记录。制造和安装单位的自检项目和检验数量不应少于法定的监督检验项目。重点检查各种安全装置、重要轴及关键焊缝、绝缘与接地系统、控制系统、应急救援系统、安全防护与安全距离等。制造和安装单位的自检中的不合格项目，应经整改复检合格后，方可出具产品安装合格质量证明文件。

9.4 ■ 旋转木马的建造

上海迪士尼奇幻花园游乐设施的旋转木马为钢框架结构，分为排队等候区和骑乘区，其屋顶为旋转木马设备提供顶盖兼有美观的功能。建筑面积为 60.4m²，建筑总高度为 11.68m，屋顶为八角形棱角 、弧形斜屋面，最大坡度为 41°，坡长 8.66m，屋顶上部为钢构穹顶，穹顶高度为 5.18m，穹顶四周为 1.2m 高的"皇冠"形构件。屋面为弧形直立锁边金属屋面（金属屋面上用铝格栅装饰），铺设厚度为 1.5mm 的自粘聚合物改性沥青防水卷材，厚度为 6mm 的水泥板，厚度为 40mm 的可弯曲泡沫玻璃隔音岩棉（40mm 高的 Z 形镀锌钢檩条）、压型钢板、结构梁。

9.4.1　屋面工程施工

旋转木马在设计施工顺序时，考虑到旋转木马设备外形尺寸较大、较重，必须在其设施基础施工完成后就进行游乐设备的安装，如先行施工其设施的钢框架结构再安装设备，设施内没有吊装的空间，就会给设备的安装带来困难，影响工期，产生不必要的费用。因此，施工顺序为先安装旋转木马的相关设备，再建造相应的设施。

然而，游乐设备先于设施的钢框架主体结构安装对游乐设备的保护带来诸多不便，为更好地保护游乐设备以及确保设施的钢框架主体结构、天棚装饰等顺利施工，需在游乐设备上方、钢框架结构下方搭设满堂脚手架，凡是游乐设备上方均满铺脚手板，即对游乐设备进行有效保护。此架体还可用于设施的钢框架主体结构以及天棚装饰施工，可谓一架三用。

对旋转木马设备进行后续装饰施工时，设施的屋面工程应完成防水封闭施工，确保屋面没有渗漏，以免渗漏对旋转木马后续装饰施工带来不必要的损害。

屋面穹顶及相关装饰物的安装是屋面施工的重点和难点。屋面穹顶结构吊装旋转木马是旋转类游乐设备，其设施的穹顶结构呈半球形，总重约 6t，直径 5.2m，高 3m。穹顶装饰为小轻构件。穹顶安装在建筑物顶棚最高处，高 8.7m，垂直中线离顶棚边缘最近距离 11.4m，依据穹顶重量（6t）、吊装高度（8.7m），吊装距离 18m，要采用 100t 汽车吊吊装。穹顶结构吊装时需考虑工人在陡坡屋面上的作业安全防护问题。

穹顶装饰安装需要搭设施工脚手架。旋转木马设施穹顶的安装、固定，金属屋面安装以及上色等均在坡度为 41°的屋面上进行作业，作业条件极为困难，需在陡坡屋面上搭设脚手架平台。

9.4.2　施工中采取的技术措施

在旋转木马设施的基础结构施工完成后，进行测量放线和技术复核，然后吊装木马设备的主要构件。旋转木马设备的主要构件包括：底架、立柱和导轨；主梁臂、拉杆和横梁；机轴和曲轴部件。以上主要构件吊装完成后全部进行覆盖包裹保护。

在设施的钢框架主体结构施工前要搭设脚手架对游乐设备进行保护，因为木马设施的吊顶要先行施工完成后才能安装木马设备的后续构件。根据设备的外廓尺寸搭设备的防护脚手架，对木马设备吊臂及拉杆进行保护。此脚手架兼有设施装修的功能，可谓一架两用。

在旋转木马设施的屋面完成防水施工后进行设施的顶棚和设备的后续工序施工。按照设计要求，屋面水泥板铺装完成后批腻子嵌缝并嵌防裂网格布，完成后先涂刷一层冷底子油，然后顺坡铺贴一层厚度为 1.5mm 的自粘聚合物改性沥青防水卷材。防水卷材施工完成后方可进行屋面后续工程施工和室内机电、装饰工程施工。这项工作对工期非常重要，只有完成了才能满足屋面上下工程同时施工。工人在陡坡屋面铺贴防水卷材时，必须在钢丝绳上悬挂防坠器和系好安全带做好安全防护。

在屋面穹顶吊装时应搭设安全防护设施。将两侧脚手架升高并架设 2 道直径 10mm 的钢丝绳，钢丝绳距穹顶距离为 200～300mm，距离穹顶底部约 1.8m，并在坡面上搭设脚手架通道。钢丝绳用于悬挂防坠器和安全带，设置为双保险，确保工人在顶部固定穹顶时的作业安全。将木垫块用自攻螺钉固定在陡坡屋面钢结构上，在其上搭设脚手架通道，用于工人从坡底走到坡顶。

在陡坡屋面搭设脚手架安全防护架确保穹顶装饰安全施工。为便于各项施工作业，在屋面八角形棱角屋脊处设置支点搭设脚手架平台，在屋脊处用 5mm 厚镀锌钢板用自攻螺丝与屋脊钢结构固定，脚手架立杆采用 ϕ48.3mm×3.6mm 的镀锌钢管与 5mm 厚的镀锌钢板并用焊接方式固定。穹顶装饰工程施工任务完成后拆除脚手架，再进行屋脊处金属盖板安装。

最后进行的施工作业是直立锁边金属屋面及装饰格栅安装以及上色。金属屋面上装饰性构件较多，如铝格栅、装饰性灯具等。为确保屋面安装准确，达到最好的装饰效果，在施工前先行制作屋面整体小样，以保证大面积施工时的可行性，工人施工时佩戴防坠器和安全带用以保证施工安全。

装饰铝格栅需做主题油漆上色处理，为确保主题色效果以及施工的便利，金属屋面板材料在加工区域进行封闭底漆的喷涂施工，在封闭底漆完全干燥后再进行金属屋面板安装，在已完成的金属屋面上进行面漆、主题上色喷涂施工，以达到更好的主题色效果。

装饰铝格栅安装在金属屋面上方，在其上要穿线及安装装饰灯具。为确保在上色时对金属屋面不造成污染，先对铝格栅进行预装，预装后拆除到加工区域进行上色操作，这样确保了铝格栅上色施工时不对金属屋面造成油漆污染。

思考题

1. 大型游乐设施建造安装中的关键性技术有哪些？
2. 工程测量的基本内容有哪些？工程测量需要遵循的基本原则是什么？
3. 工程测量中水准仪和经纬仪的主要功能有哪些异同？
4. 大型游乐设施关键结构焊接施工时，如何进行焊接工艺评定？
5. 大型游乐设施焊接完成后的焊缝质量检验主要有哪些内容？
6. 请简述流动式起重机选用的基本流程和方法。

第 10 章

大型游乐设施的运营管理

游乐设施运营使用单位应建立健全完整的安全管理制度，设置安全管理机构，应配备专职安全管理人员并落实各项安全管理制度和岗位安全责任制。根据每台设备的不同特点及使用维护保养说明书的要求编制操作规程及维修保养手册。

游乐设施运营使用单位的法定代表人和各相关部门负责人应依照法律法规、国家标准以及本单位安全管理制度要求，履行职责；安全管理人员和相关作业人员应取得许可资格，所有游乐设施相关工作人员应经使用单位培训后上岗，并依照法律法规、国家标准以及本单位安全管理制度要求，履行职责。

乘坐游乐设施前，工作人员应提醒乘客认真阅读并自觉遵守乘客须知和警示标志的要求。乘客有义务服从工作、服务人员的指挥，不做损坏设施、危及自身及他人安全的行为。

10.1 ▪ 安全运营

游乐设施运营使用单位应完成安全管理制度编制、安全管理机构设置、设备技术文件资料归档等工作，并依法到当地游乐设施的安全监督管理部门办理注册使用登记。

使用单位对操作、管理和维修人员应定期进行业务培训和安全教育，经考试合格后才能上岗。使用单位应定期组织员工的安全培训考核工作。培训前，使用单位应制定培训方案，设定培训人员范围，明确培训目标。培训过程中，员工应遵守培训纪律，认真学习培训内容。培训后，使用单位要对培训内容进行考核和记录，并且要对培训效果进行评估，提出改进措施。

游乐设施应按章操作。每日设备运营前，操作人员应确认设备运行条件、试运行设备，并检查安全保护装置。运行过程中，操作人员应严格按照操作规程作业，并密切关注乘客动态及设备运行状态。运行结束后，操作人员应记录设备运行情况，并做好再次运行的相关准备。运营前、中、后阶段，游乐设施如有任何异常状况应停止运行，待安全隐患排除后方可重新投入运行。

使用单位对各种游乐设施应在每天运行前进行必要的检查，经检查无问题并试运行后方能正式运营，并应做好运营记录。在游乐设施明显处应公布乘客须知。操作服务人员应随时向乘客宣传注意事项，制止乘客的危险行为。使用单位对非专供儿童乘坐的游乐设施，应根据设备特点等，对乘坐儿童的年龄和身高进行规定。操作人员在游乐设施每次运行前，应确认乘客束缚装置已锁紧，操作人员、服务人员等已撤离至安全区域，设备运行区域无其他人员和障碍物。操作人员、站台服务人员等在设备运行过程中、设备未停稳前严禁进入设备运行区域，特殊情况（维护保养、应急救援等）除外。

10.2 ▪ 维护保养

大型游乐设施需要有完整的使用维护保养说明书。说明书应采用简体中文，对于多语言版本的，应以简体中文版本为准。使用维护保养说明书应包括以下内容：

① 设备概述及结构简介；

② 技术性能及参数，运行条件；

③ 操作规程及注意事项；

④ 乘客须知；

⑤ 保养及维护说明；

⑥ 常见故障及排除方法；

⑦ 整机和主要部件的设计使用寿命；

⑧ 对管理、操作、维修、服务等人员的要求；

⑨ 易损零部件清单、报废要求与建议更换周期；

⑩ 非正常状态下的乘客疏导措施和方法；

⑪ 乘客人数限定、身高要求、年龄范围、生理限定以及儿童是否需要在成人监护下乘坐等安全要求；

⑫ 日检、周检、月检（含季检和半年检）、年检（含多年检）的项目及检验要求，与之对应的检验、检测（含无损检测）和试验方法，以及检验检测的比例等；

⑬ 对于移动式游乐设施，应有安装、拆卸、调试方法及场地要求等；

⑭ 游乐设施总装图、电气原理图、液压气动原理图、用于指导维修保养检验检测的机械部件示意图、需要进行无损检测的重要焊缝和销轴示意图等；

⑮ 制造单位名称及详细通信地址、服务或监督电话、邮箱和网址等。

游乐设施维护保养工作应根据使用维护保养说明书要求制定计划，作业人员应严格按照计划，结合设备安全检查实施维护保养工作，并如实记录工作情况。游乐设施备品备件管理应遵守制度要求，采购的备品备件应有产品质量合格证明，作业人员对于更换的备品备件应进行标记，并作为定期安全检查项目加以监控。

游乐设施修理和改造应由取得相应许可资格的单位实施。修理和改造前，使用单位应配合修理和改造单位向当地游乐设施安全监督管理部门办理告知；修理和改造过程中，使用单位应提供工装条件、安全防护措施等条件，指定专人做好现场安全工作。修理和改造结束后，使用单位应将移交的设备自检报告、监督检验报告和无损检测报告等文件资料存档。

游乐设施应依法每年进行定期检验。检验前，使用单位应按照安全管理制度做好定期检验计划，按时申请，并完成设备全面自检工作；检验中，使用单位要提供检验条件，采取安全防护措施，并指定专人做好配合工作；检验后，使用单位要把检验发现的安全隐患及时消除。

10.3 ▪ 在役检查

（1）检查检验

使用单位应按照设备使用维护保养说明书及有关法规、标准要求建立自检作业指导文件。游乐设施的检查方式包括点检和巡检。点检时，检查人员应按照规定的方法、频次，用仪器设备对应检查部位进行测量，并记录检测数据，依据判定标准得出检查结果；巡检时，检查人员应用感观、目测等方式对游乐设施的运行状态进行判断，并记录巡检结果。

游乐设施检查类型包括定期安全检查（日检、周检、月检、年检）、重大节假日及重大活动前安全检查。定期安全检查前，检查人员应准备好检测仪器、工装设备、安全防护装备。检查过程中，检查人员应严格按照作业指导书要求安全作业。检查结束后，检查人员应记录检查结果，将所发现安全隐患及时报告安全管理人员处置。重大节假日及重大活动前安全检查应由使用单位根据定期安全检查结果适当增加检查项目。

游乐设施的轨道、车轮、轴的检验应符合要求，超过允许值时应及时更换。传动和提升用钢丝绳出现下列情况之一的必须报废，包括：传动和提升用钢丝绳的断丝和磨损超过允许值时；整根绳股断裂；钢丝绳的纤维芯或钢丝（或多层绳股的内部绳股）断裂，造成绳股显著减小时；由于外部腐蚀，钢丝绳表面出现深坑，钢丝绳相当松弛时；经确认有严重的内部腐蚀时；出现笼形畸变时；绳股被挤出，这种状况通常伴随笼形畸变产生；局部直径严重增大或减小时；局部弯折、扭结或被压扁时；受特殊热力的作用，外表出现可识别的颜色时；超过设计及有关技术规程规定的使用寿命时。

必要时，对重要的设备或部件可采用状态监测与故障诊断技术，对游乐设施的运行状态进行监测和故障预警。

（2）监控和测量设备管理

游乐设施使用单位应根据单位游乐设备日常维护保养、游乐设施故障修理、设备运营安全监视的需求配备一定数量的监视和测量设备，满足游乐设施日常运营安全管理的需要。使用单位应对监视和测量设备定期校验、校准，保障各类测试数值的可靠性和准确性，有效反映设备整体与零部件的运行状态。

游乐设施应建立技术档案，使用单位应依据法律法规、国家标准设定技术档案内容，并对档案的收集、建档、归档、整理、借阅审批、保管等事项进行全面管理。

对超过整机设计使用期限仍有修理、改造价值的游乐设施，使用单位应依法委托相关单位按照本标准要求进行安全评估，确认设备延寿所需开展的工作（包括维护保养、修理、改造），并付诸实施，确认游乐设施继续使用的期限和条件。使用单位应根据法律法规、国家标准、设备使用维护保养说明书和评估单位意见重新制定定期检查要求和维护保养要求，加大全面自检频次，加强延寿设备的安全管理。

10.4 ▪ 安全评估

大型游乐设施的安全评估主要是对主要承载的主体结构、连接螺栓、焊接结构等进行评估，特别是随着运行时间的增加，相应结构的疲劳失效分析应作为重点分析内容。

10.5 ■ 安全监管

大型游乐设施的安全管理如同其他特种设备一样，由特种设备安全监察部门实行设计、制造、安装、使用、检验、修理、改造七个环节的全过程安全监督检查，涉及对象包括设计、制造、安装、改造、使用等相关单位、相关人员、特种设备以及这些单位、人员和设备共同构成的活动。游乐设施检验机构作为特种设备安全监察部门的技术支撑，主要从事针对特种设备的监督检验，包括设计文件鉴定、型式试验、制造、安装、修理、改造的监督检验、定期监督检验等。

我国大型游乐设施检验分为法定强制检验和企业自检两种。法定强制检验是指由国家市场监督管理总局授权的特种设备检验机构依据安全技术规范开展的具有监督性质的各类检验活动。企业自检是指游乐园依据国家市场监督管理总局相关特种设备安全技术规范和游乐设施使用维护手册规定的内容，对在用游乐设施开展的日检、周检、月检和年度自检活动。

10.5.1　监督检验的内容

大型游乐设施监督检验是指为保障游乐设施产品安全质量和乘客安全，由国家市场监督管理总局核准的监督检验机构（以下简称监检机构）根据规定，在游乐设施生产（设计、制造、安装、改造与修理）单位或使用单位自检合格的基础上，开展的强制性和抽样性质的监督检验，以达到督促游乐设施生产单位和使用单位确保其产品或在用设备满足安全要求的目的。监检机构所开展的法定检验是一种监督性与验证性的检验，不能替代游乐设施生产单位或使用单位的自行检验，不能免除企业的安全主体责任。对于以生产或运营游乐设施作为营利手段的游乐设施生产单位或使用单位，应对其产品质量或设备运行安全承担主体责任。

广义的游乐设施监督检验包括设计文件鉴定、型式试验、制造监督检验（以下简称制造监检）、安装与改造修理监督检验（以下简称安装监检）和定期检验五种检验活动。

通常情况下人们所谈及的监督检验是指狭义范围的监督检验，仅指制造监检和安装监检。

（1）设计文件鉴定

目前执行的《大型游乐设施设计文件鉴定规则（试行）》（以下简称《设计鉴定规则》）第二条规定为：大型游乐设施设计文件鉴定是指对大型游乐设施设计的安全技术性能进行的审查。

正在修订的《设计鉴定规则（修订稿）》将设计文件鉴定定义为：大型游乐设施设计文件鉴定是对设计文件符合有关特种设备安全技术规范和《游乐设施安全规范》（GB 8408）基本安全要求的符合性与程序性审查。

设计文件鉴定的前提是在游乐设施生产企业（设计、制造、安装、修理、改造）已经完成全部设计工作，设计文件经其技术负责人予以正式批准，样机设计验证试验充分证实其满足安全要求的基础上进行的。设计文件鉴定工作主要对游乐设施涉及人身安全的重要部分的设计结果或结论进行监督性抽查。

设计文件鉴定是一种来自政府授权的监检机构的设计文件抽样性审查，主要起到对游乐设施生产单位设计质量控制活动的制约和监督作用，以达到督促其确保游乐设施设计结果满足安全要求的目的。设计文件鉴定不能替代生产企业在游乐设施新产品研发过程中的安全质量把关作用，不能免除其安全主体责任。

（2）型式试验

大型游乐设施型式试验分为整机型式试验和部件型式试验两种。国家市场监督管理总局在 2000 年至 2003 年间分别颁布的《特种设备安全监察条例》《游乐设施安全技术监察规程（试行）》（以下简称《技术监察规程》）和《大型游乐设施监督检验规则（试行）》（以下简称《监规》）对大型游乐设施型式试验均未给出明确定义。

2013 年颁布，2014 年 1 月 1 日开始实施的《大型游乐设施安全监察规定》（以下简称《游乐设施监察规定》）释义和目前起草的《大型游乐设施型式试验规则》，对游乐设施型式试验定义为：游乐设施型式试验是指经国家市场监督管理总局核准的游乐设施型式试验机构（以下简称型式试验机构）对游乐设施生产单位在样机设计验证试验过程中进行的试验监督，以及在试验结束并合格的基础上所进行的监督性试验。

整机型式试验是大型游乐设施设计文件鉴定工作的继续和必要组成部分。

（3）安装监检

安装监检与制造监检的概念相同，在安装、重大修理或改造时进行。安装监检分为针对游乐设施现场散件安装、整体安装、移装、现场改造和重大修理（大修）5 种现场施工类型进行监检。现场散件安装指产品在制造厂内没有完成制造加工全部过程，需要在现场继续进行组对或加工、焊接（热处理）、无损检测、运转试验等部分工序，在使用场地形成最终产品的情况；整体安装指在厂内已经完成全部制造或改造加工的设备，整体运输到现场，或因运输原因将已经成为整体的设备部分拆卸，现场只需将解体的组件重新装配的情况；移装指在用设备（固定或移动式）移地安装情况；现场改造和大修指在大型游乐设施使用现场进行施工的情况。《大型游乐设施安装监督检验规则》正在制定过程中。

（4）验收检验

对游乐设施的制造监检和安装监检尚未开展，目前所实施的是延续多年的验收检验。与型式试验定义情况一样，相关法规和特种安全技术规范也未对游乐设施验收检验给出明确定义或解释。但《监规》规定：游乐设施监检机构应当在安装、大修或改造等施工单位自检合格的基础上进行验收检验。验收检验的检验项目、内容与方法应按照《监规》的附件 1《检验要求与方法》执行。这样的描述可以视为验收检验的定义。

验收检验与制造监督检验、安装监督检验的主要不同之处如下：

① 制造监督检验和安装监督检验均在过程中进行，而验收检验是在设备现场安装后进行，有些过程中的重要项目不能进行检验检测，无法对生产过程中的重要环节和主要受力零部件质量进行有效监督。

② 制造监督检验和安装监督检验包含对制造质量管理体系运转情况和许可条件（人员、厂房场地与设备）持续满足情况的监督检查，而验收检验只对设备进行检验。

（5）定期检验

与型式试验和验收检验一样，相关安全技术规范也未给出定期检验的明确定义或解释。

根据正在制定的《大型游乐设施定期检验规则》，游乐设施定期检验是指对已经办理使用登记手续的在用游乐设施，经使用单位或其委托单位进行自检并在维修保养合格的基础上，由国家市场监督管理总局核准的游乐设施监督检验机构，对其自检与维修保养工作质量和设备安全状况进行的抽样性质的监督检查与检验。

从上述各种类监督检验的设置情况来看，监督检验的前置条件非常明晰确定，即必须由生产单位或使用单位自检验确认合格，并出具相应的合格证明文件（或签字，如设计文件鉴定批准或制造中间过程监检项目的自检记录）后，才能开展法规规定的游乐设施监督检验。

10.5.2   监督检验机构及职责

根据我国特种设备监管体制的历史沿革、现行法律、法规的规定和管理模式，特种设备监检机构一直是我国特种设备安全监察管理体制的必要组成部分，是政府特种设备监察机构的重要的技术支撑，是属于非营利性质的公益性事业单位。在我国特种设备安全监察管理体制设置中，法规规定监检机构在特种设备安全管理环节中，承担监督性质的检验检测工作（也承担一部分社会化、市场化的技术服务），并为特种设备安全监察机构开展注册登记提供技术支撑，这是根据我国国情和特种设备安全管理体制和机制的需要而设置并保留下来的。但这种情况随着我国近年体制改革的不断深入和市场机制的不断成熟，会逐渐发生改变，并有可能最终完全走向市场化。

监督检验是依据安全技术相关法规，对特种设备和相关技术资料进行的符合性（符合技术法规）检验（审查、检查）验证活动，这种活动是在特种设备生产企业（设计、制造、安装、修理、改造）自检合格，确认能够保障安全的基础上进行的抽样性质的监督验证，以验证特种设备和相关技术资料是否符合特种设备安全技术法规要求。这是一种来自外部的强制性抽样检验，有别于企业自己开展的内部检验与技术质量控制。这种抽查检验活动不能替代企业的自检和安全技术质量管理。

监检机构所进行的检验检测活动是依据授权范围、安全技术相关法规进行的。这是由特种设备监检机构性质和作用所决定的。法定检验活动被特种设备技术法规严格限定在规定的项目与内容、方式方法、重点、判定依据、时间和时限，以及收费范围内，而不能像国外一些营利性市场化检验机构那样为规避自身风险可以增加检验检测项目，索取高额检验费用，并可以不受检验检测时间长短的限制（如德国 TUV 游乐设施设计审查可以耗时数月之久，收费达到 10 多万欧元）。这也充分说明我们开展的检验活动是监督抽查性质的，只能按照技术法规规定的项目（主要项目）进行。

也正是由于监检机构性质、作用和其行为的严格限制，国家相关法规均明确规定设计、制造、安装、修理、改造、使用等企业对其生产或使用的特种设备安全负责，而不是规定由监检机构负责。监检机构只对检验检测和鉴定结论的真实性、准确性负责。国务院《条例》规定特种设备监检机构应当对其检验检测结果负责，并规定如果特种设备监检机构和检验检测人员出具虚假的检验检测结果、鉴定结论，或者检验检测结果、鉴定结论严重失实的，要承担相应的行政责任、刑事责任或赔偿责任。

这里需要特别指出的是，监督检验结论仅对所检验项目的当时状况负责，不能担保被检产品或在用设备在某个周期内一定会安全运行。这是由于使用运行中的设备安全状况受多方面因素影响，如设计、制造、安装和使用单位因素、运行操作与维护保养原因、自然原因或其他不可预知因素等，会随时发生变化。如果要求检验机构在实施监督检验后的一年周期内确保设备不发生任何事故，极其不科学也不可行。事实上，特种设备使用单位与他们的设备长期密切接触，具有随时发现并消除设备安全隐患的机会、能力与责任，这是别的单位和人员根本无法代替的，这也是为什么《中华人民共和国安全生产法》和国务院《条例》强调落实企业主体责任的原因之所在。同样，这也是英国职业安全健康执行局制定的《游乐场与游乐园安全实践指导》（Fairgrounds and amusement parks Guidance on safe practice，HSE175）明确规定使用单位要对游乐设施运行承担最终责任的原因。

当然，如果检验人员主观故意或疏于职守应当发现问题而没有发现并由此造成事故，则应当承担相应的责任。开展包括游乐设施在内的特种设备监督检验工作的依据是《中华人民共和国特种设备安全法》（以下简称《特种设备安全法》）、国务院《条例》，以及国家市场监督管理总局颁布的《游乐设施监察规定》。而游乐设施实际监督检验工作所遵循的特种设备安全技术规范主要是《技术监察规程》《设计鉴定规则》《监规》《蹦极安全技术要求》《滑索安全技术要求》等。

当然，在开展游乐设施监督检验工作时，《中华人民共和国安全生产法》（以下简称《安全生产法》）和《中华人民共和国产品质量法》（以下简称《产品质量法》）也是监检机构应严格遵守的。

10.6 ■ 应急救援

游乐设施运营使用单位应依据法律法规、国家标准、设备使用维护保养说明书制定应急预案，每年至少组织一次应急救援演练。运营使用单位应建立应急救援指挥机构，配备救援人员、营救装备和急救物品。应对救援人员进行培训，使之掌握紧急事故处理、救援知识和实际操作方法。救援设备应处于完好有效状态。大型游乐设施常见事故的急救有以下五类。

（1）触电事故的急救

① 触电类型　根据电流通过人体的路径和触及带电体的方式，一般可将触电分为单相触电、两相触电和跨步电压触电。单相触电是当人体某一部位与大地接触，另一部位触及一相带电体所致。按电网的运行方式，单相触电又分为两类：一类是变压器低压侧中性点直接接地供电系统中的单相触电；另一类是变压器低压侧中性点不接地供电系统中的单相触电。两相触电是发生触电时人体的不同部位同时触及两相带电体（同一变压器供电系统）。两相触电时，相与相之间以人体作为负载形成回路电流，此时，流过人体的电流完全取决于与电流路径相对应的人体阻抗和供电电网的线电压。跨步电压触电是指在电场作用范围内（以带电体接地点为圆心，20m 为半径的半球体），人体如双脚分开站立，则施加于两足的电位不同而致两足间存在电位差，此电位差便称为跨步电压，人体触及跨步电压而造成的触电，称跨步电压触电。跨步电压触电时，电流仅通过身体下半部及两下肢，基本上不通过人体的重要器官，故一般不危及人体生命，但人体感觉相当明显。当跨步电压较高时，流过两肢电流较大，易导致两肢肌肉强烈收缩，此时如身体重心不稳（如奔跑等）极易跌倒而造成电流通过人体的重要器官（心脏等），引起人身死亡事故。除了输电线路断线落地会产生跨步电压外，当大电流（如雷电电流）从接地装置流入大地时，若接地电阻偏大也会产生跨步电压。

② 触电事故的特点　电流通过人体对人造成的损伤称为电击伤，但在电压较高或被雷电击中时，则是因电弧放电而损伤。触电事故的发生都很突然，极短时间内释放的大量能量会严重损伤人体，往往还会危及心脏，死亡率较高，危害性极大。

触电事故的发生虽比较突然，但还是有一定的规律性。如果我们掌握了这些规律，搞好安全工作，触电事故还是可以预防的。根据对事故的统计与分析，触电事故的发生有如下规律：

a. 事故的原因大多是接触电源的人员缺乏安全用电知识或不遵守安全用电技术要求。

b. 触电事故的发生有明显的季节性。一年中春、冬两季触电事故较少，夏、秋两季，特别在六、七、八、九月中，触电事故特别多。其原因是这一时期气候炎热，多雷雨，空气中湿度大，导致电气设备的绝缘性能下降，人体也因炎热多汗使皮肤接触电阻变小；再加上衣着单薄，身体暴露部位较多。这些因素都大大增加了触电的可能性，并且一旦发生触电，通过人体的电流较大，后果严重。因此游乐园（场）在这段时间要特别加强对用电部位、电气设备、电气线路的检修，保证绝缘符合要求。

c. 低压工频电源触电事故较多，尤其是家用、日用电器触电事故较多。据统计，这类事故占触电事故总数的 99% 以上。这是因为低压设备的应用远比高压设备广泛，人们接触的机会较多，加之安全用电知识未能普及，误认为 220/380V 的交流电源为"低压"。实际上这里的工频低压是相对几万伏高压输电线而言，但对于 36V 以下安全电压来讲，仍是能危害人生命的高压，应引起重视。

d. 潮湿、高温、有腐蚀性气体、液体或金属粉尘的场所较易发生触电事故。

③ 触电现场的处理　发生触电事故时，现场急救的具体操作可分为迅速脱离电源、对症处理两部分。

a. 迅速脱离电源。一旦发生触电事故，切不可惊慌失措，束手无策，首先要设法使触电者脱离电源，方法一般有以下几种：

（a）切断电源。当电源开关或电源插头就在事故现场附近时，可立即将刀开关打开或将电源插头拔掉，使触电者脱离电源。必须指出：普通的电灯开关（如拉线开关）只切断一根线，且有时断的不一定是相线，因此，关掉电灯开关并不能被认为是切断了电源。

（b）用绝缘物移去带电导线。当带电导线触及人体引起触电，且不能采用其他方法脱离电源时，可用绝缘的物体（如木棒、竹竿、手套等）将电线移掉，使触电者脱离电源。

（c）用绝缘工具切断带电导线。出现触电事故，必要时可用绝缘的工具（如带有绝缘柄的电工钳、木柄斧以及锄头等）切断导线，以使触电者脱离电源。

（d）拉拽触电者衣服，使之摆脱电源。若现场不具备上述三种条件，而触电者衣服是干燥的，救护者可用包有干毛巾、干衣服等干燥物的手去拉拽触电者的衣服使其脱离电源。必须指出，上述办法仅适用于 220～380V 触电抢救。对于高压触电应及时通知供电部门，采用相应的紧急措施，否则容易产生新的事故。

总之，发生触电事故最重要的是在现场要因地制宜，灵活采用各种方法，迅速安全地使触电者脱离电源。这里还必须注意，触电者脱离电源后因不再受电流刺激，肌肉会立即放松，故有可能会自行摔倒，会造成新的外伤（如颅底骨折等），特别是事故发生在高处时，危险性更大。因此在脱离电源时应对触电者辅以相应措施，避免发生二次事故。此外，帮助触电者脱离电源时，应注意自身安全，同时还要注意不能误伤他人。

④ 对症处理。对脱离电源的伤员应作简单诊断，一般应按下列情况分别处理：

（a）对神志清醒，但乏力、头昏、心悸、出冷汗，甚至有恶心或呕吐的伤员，应让其就地安静休息，以减轻心脏负荷，加快恢复。对情况比较严重的，应小心地将其送往医院，请医务人员检查治疗。在送往的路途中要注意严密观察伤员，以免发生意外。

（b）对呼吸、心跳尚存在，但神志不清的伤员，应使其仰卧，保持周围空气流通，注意保暖，并且立即通知医疗部门，或用担架将伤员送往医院，请医务人员抢救。同时还要严密观察，做好人工呼吸和体外心脏按压急救的准备工作，一旦伤员出现"假死"情况应立即进行抢救。

（c）对已处于"假死"状态的伤员，若呼吸停止，则要用口对口进行人工呼吸，使其维持气体交换；若心脏停止跳动，则要用体外人工心脏按压法使其重新维持血液循环；若呼吸、心跳全停，则需要同时施行体外心脏按压和口对口人工呼吸，并应立即向医疗部门告急求救。抢救工作不能轻易中止，即使在送往医院的途中，也必须继续进行抢救，边送边救直至心跳、呼吸恢复为止。

（2）火灾事故受伤人员的急救

① 发生火灾后应立即切断电源，以防止扑救过程中造成触电。若是精密仪器起火应使

用二氧化碳灭火器进行扑救；若是油类、液体胶类发生火灾应使用泡沫或干粉灭火器，严禁使用水进行扑救。若火灾燃烧产生有毒物质时，扑救人员佩戴防毒面具后方可进行扑救。在扑救火灾的过程中，始终坚持救人第一的原则，首先救人。

②　对火灾受伤人员的急救，应根据受伤者情况，结合现场实际进行必要的医疗处理。对烧伤部位要用大量干净的冷水冲洗。在伤情允许情况下，应将受伤人员搬运到安全地方去。

③　如发生人员伤亡事故，应立即拨打 120 医疗急救电话，说明伤员情况，告知行车路线，同时安排人员到入场口指引救护车的行车路线。

（3）坠落事故受伤人员的急救

①　要清除坠落处周围松动的物件和其他尖锐物品，以免进一步伤害。

②　要去除伤员身上的用具和口袋中的硬物，防止搬运移动时，对伤员造成伤害。

③　如果现场比较危险，应及时转运受伤者。在搬运和转送过程中，颈部和躯干不能前屈或扭转，而应使脊柱伸直，绝对禁止一个抬肩一个抬腿的搬运方法，以免发生或加重截瘫。

④　如果现场无任何危险，急救人员又能马上赶到场的情况下，尽量不要转运受伤者。

⑤　在对创伤人员进行局部包扎时，要注意对疑似颅底骨折和脑脊液漏的受伤人员，切忌作填塞，以防导致颅内感染。

⑥　对颌面部受伤的人员让其保持呼吸道畅通。帮其撤出假牙，清除移位的组织碎片、血凝块、口腔分泌物等，同时松解其颈、胸部纽扣。若其舌已后坠或口腔内异物无法清除时，可用 12 号粗针穿刺环甲膜，为维持呼吸，要尽早进行气管切开手术。

⑦　伤员如有复合伤，应要求其保持平仰卧位，解开衣领扣，保持呼吸道畅通。

⑧　周围血管伤，压迫伤部以上动脉干至骨骼。直接在伤口上放置厚敷料，绷带加压包扎以不出血和不影响肢体血液循环为宜。当上述方法无效时可慎用止血带，原则上尽量缩短使用时间，一般以不超过 1h，并做好标记，注明止血带的时间。

⑨　有条件时，迅速给伤员予静脉补液，补充血量。

⑩　发生伤亡事故时，应立即拨打 120 医疗急救电话，说明伤员情况、行车路线，同时安排人员到入场口指引救护车的行车路线，并要安排人员保护事故现场，避免无关人员进入。

（4）撞击（落下物）事故受伤人员的急救

当发生撞击（落下物）人员伤害时，应根据伤者情况，结合现场实际进行必要的处理，抢救的重点是对颅脑损伤、胸部骨折、脊柱骨折和出血进行如下处理：

①　要观察伤者的受伤情况、部位、伤害性质，对出血的伤员用绷带或布条包扎止血。

②　如伤员发生休克，应先处理休克。如呼吸、心跳停止者，应立即进行人工呼吸和胸外心脏按压。处于休克状态的伤员要让其安静、保暖、平卧、少动，将下肢抬高约 20°，并尽快送医院进行抢救治疗。

③　对出现颅脑损伤的，必须让其保持呼吸道通畅。对昏迷者应让其平卧，面部转向一侧，以防舌根下坠或分泌物、呕吐物吸入气管，发生阻塞。

④　对有骨折者，应初步固定后再搬运。如果是脊柱骨折，不要弯曲、扭动受伤人员的颈部和身体，不要接触受伤人员的伤口，要使受伤人员身体放松，尽量将受伤人员放到担架或平板上进行搬运。

⑤　对有凹陷骨折、严重的颅底骨折及严重的脑损伤症状的伤员，创伤处要用消毒的纱布或清洁布等覆盖，用绷带或布条包扎，及时、就近送到有条件的医院治疗。

⑥ 如发生重大的伤亡事故，应立即拨打 120 医疗急救电话，说明伤员情况、行车路线，同时安排人员到入场口指引救护车的行车路线，并安排人员保护事故现场，避免其他无关人员进入。

（5）倾覆事故受伤人员的急救

当发生人员倾覆伤害时，应根据伤者受伤情况，结合现场实际进行必要的处理，抢救的重点放在颅脑损伤、骨折、溺水、内脏损伤和触电上。

① 要仔细观察伤者的受伤情况、部位、伤害性质，对出血的伤员要用绷带或布条包扎止血。

② 如伤员发生休克，应先处理休克。遇呼吸、心跳停止者，应立即进行人工呼吸和胸外心脏按压。处于休克状态的伤员要让其安静、保暖、平卧、少动，并将下肢抬高约20°，并尽快送医院进行抢救。

③ 对出现颅脑损伤的伤员，必须让其保持呼吸道通畅。如昏迷应使其平卧，面部转向一侧，以防舌根下坠或分泌物、呕吐物吸入气管，防止发生喉阻塞。

④ 有骨折者，应进行初步固定后再搬运。如果是脊柱骨折，不要弯曲、扭动受伤人员的颈部和身体，不要接触受伤人员的伤口，要使受伤人员身体放松，尽量将受伤人员放到担架或平板上进行搬运。

⑤ 遇有凹陷骨折、严重的颅底骨折及严重的脑损伤症状的伤员，对其创伤处应用消毒的纱布或清洁布等覆盖，用绷带或布条包扎，及时、就近送到有条件的医院治疗。

⑥ 有溺水者，应立即组织人员将溺水者打捞出水。伤员如发生窒息，应及时清理伤员口中的淤泥等物质，挤压胸部排出肺内积水，然后进行人工呼吸，并尽快送往医院救治。

⑦ 从倾覆的设备上摔落的人员如发生内脏损伤，应尽量使其平躺，保持呼吸通畅，并尽快、就近送往医院治疗。

⑧ 遇有触电者，必须首先切断电源，伤员如发生窒息，应尽快进行人工呼吸，进行胸外心脏按压，并用纱布包扎皮肤的灼伤处，尽快送往医院救治。

⑨ 如发生重大伤亡事故，应立即拨打 120 医疗急救电话，说明伤员情况、行车路线，同时安排人员到入场口指引救护车的行车路线，并要保护事故现场，避免无关人员进入。

思考题

1. 大型游乐设施在运营中应按章操作，操作人员应执行的基本操作规程是什么？

2. 大型游乐设施维护保养说明书应包含哪些内容？

3. 在大型游乐设施检查时，点检和巡检的区别是什么？检查人员应如何进行点检和巡检？

4. 大型娱乐设施监督检验中所应开展的检验活动有哪些？

5. 大型游乐设施发生火灾事故时，应如何开展应急救援？

附录

轴心受压构件的稳定系数

表 1　a 类截面轴心受压构件的稳定系数

$\lambda\sqrt{\dfrac{f_y}{235}}$	0	1	2	3	4	5	6	7	8	9
0	1.000	1.000	1.000	1.000	0.999	0.999	0.998	0.998	0.997	0.996
10	0.995	0.994	0.993	0.992	0.991	0.989	0.988	0.986	0.985	0.983
20	0.981	0.979	0.977	0.976	0.974	0.972	0.970	0.968	0.966	0.964
30	0.963	0.961	0.959	0.957	0.955	0.952	0.950	0.948	0.946	0.944
40	0.941	0.939	0.937	0.934	0.932	0.929	0.927	0.924	0.921	0.919
50	0.916	0.913	0.910	0.907	0.904	0.900	0.897	0.894	0.890	0.886
60	0.883	0.879	0.875	0.871	0.867	0.863	0.858	0.854	0.849	0.844
70	0.839	0.834	0.829	0.824	0.818	0.813	0.807	0.801	0.795	0.789
80	0.783	0.776	0.770	0.763	0.757	0.750	0.743	0.736	0.728	0.721
90	0.714	0.706	0.699	0.691	0.684	0.676	0.668	0.661	0.653	0.645
100	0.638	0.630	0.622	0.615	0.607	0.600	0.592	0.585	0.577	0.570
110	0.563	0.555	0.548	0.541	0.534	0.527	0.520	0.514	0.507	0.500
120	0.494	0.488	0.481	0.475	0.469	0.463	0.457	0.151	0.445	0.440
130	0.434	0.429	0.423	0.418	0.412	0.407	0.402	0.397	0.392	0.387
140	0.383	0.378	0.373	0.369	0.364	0.360	0.356	0.351	0.347	0.343
150	0.339	0.335	0.331	0.327	0.323	0.320	0.316	0.312	0.309	0.305
160	0.302	0.298	0.295	0.292	0.289	0.285	0.282	0.279	0.276	0.273
170	0.270	0.267	0.264	0.262	0.259	0.256	0.253	0.251	0.248	0.246
180	0.243	0.241	0.238	0.236	0.233	0.231	0.229	0.226	0.224	0.222
190	0.220	0.218	0.215	0.213	0.211	0.209	0.207	0.205	0.203	0.201
200	0.199	0.198	0.196	0.194	0.192	0.190	0.189	0.187	0.185	0.183
210	0.182	0.180	0.179	0.177	0.175	0.174	0.172	0.171	0.169	0.168
220	0.166	0.165	0.164	0.162	0.161	0.159	0.158	0.157	0.155	0.154
230	0.153	0.152	0.150	0.149	0.148	0.147	0.146	0.144	0.143	0.142
240	0.141	0.140	0.139	0.138	0.136	0.135	0.134	0.133	0.132	0.131
250	0.130	—	—	—	—	—	—	—	—	—

表 2　b 类截面轴心受压构件的稳定系数

$\lambda\sqrt{\dfrac{f_y}{235}}$	0	1	2	3	4	5	6	7	8	9
0	1.000	1.000	1.000	0.999	0.999	0.998	0.997	0.996	0.995	0.994
10	0.992	0.991	0.989	0.987	0.985	0.983	0.981	0.978	0.976	0.973
20	0.970	0.967	0.963	0.960	0.957	0.953	0.950	0.946	0.943	0.939
30	0.936	0.932	0.929	0.925	0.922	0.918	0.914	0.910	0.906	0.903
40	0.899	0.895	0.891	0.887	0.882	0.878	0.874	0.870	0.865	0.861
50	0.856	0.852	0.847	0.842	0.838	0.833	0.828	0.823	0.818	0.813

$\lambda\sqrt{\dfrac{f_y}{235}}$	0	1	2	3	4	5	6	7	8	9
60	0.807	0.802	0.797	0.791	0.786	0.780	0.774	0.769	0.763	0.757
70	0.751	0.745	0.739	0.732	0.726	0.720	0.714	0.707	0.701	0.694
80	0.688	0.681	0.675	0.668	0.661	0.655	0.648	0.641	0.635	0.628
90	0.621	0.614	0.608	0.601	0.594	0.588	0.581	0.575	0.568	0.561
100	0.555	0.549	0.542	0.536	0.529	0.523	0.517	0.511	0.505	0.499
110	0.493	0.487	0.481	0.475	0.470	0.464	0.458	0.453	0.447	0.442
120	0.437	0.432	0.426	0.421	0.416	0.411	0.406	0.402	0.397	0.392
130	0.387	0.383	0.378	0.374	0.370	0.365	0.361	0.357	0.353	0.349
140	0.345	0.341	0.337	0.333	0.329	0.326	0.322	0.318	0.315	0.311
150	0.308	0.304	0.301	0.298	0.295	0.291	0.288	0.285	0.282	0.279
160	0.276	0.273	0.270	0.267	0.265	0.262	0.259	0.256	0.254	0.251
170	0.249	0.246	0.244	0.241	0.239	0.236	0.234	0.232	0.229	0.227
180	0.225	0.223	0.220	0.218	0.216	0.214	0.212	0.210	0.208	0.206
190	0.204	0.202	0.200	0.198	0.197	0.195	0.193	0.191	0.190	0.188
200	0.186	0.184	0.183	0.181	0.180	0.178	0.176	0.175	0.173	0.172
210	0.170	0.169	0.167	0.166	0.165	0.163	0.162	0.160	0.159	0.158
220	0.156	0.155	0.154	0.153	0.151	0.150	0.149	0.148	0.146	0.145
230	0.144	0.143	0.142	0.141	0.140	0.138	0.137	0.136	0.135	0.134
240	0.133	0.132	0.131	0.130	0.129	0.128	0.127	0.126	0.125	0.124
250	0.123	—	—	—	—	—	—	—	—	—

表3　c类截面轴心受压构件的稳定系数

$\lambda\sqrt{\dfrac{f_y}{235}}$	0	1	2	3	4	5	6	7	8	9
0	1.000	1.000	1.000	0.999	0.999	0.998	0.997	0.996	0.995	0.993
10	0.992	0.990	0.988	0.986	0.983	0.981	0.978	0.976	0.973	0.970
20	0.966	0.959	0.953	0.947	0.940	0.934	0.928	0.921	0.915	0.909
30	0.902	0.896	0.890	0.884	0.877	0.871	0.865	0.858	0.852	0.846
40	0.839	0.833	0.826	0.820	0.814	0.807	0.801	0.794	0.788	0.781
50	0.776	0.768	0.762	0.755	0.748	0.742	0.735	0.729	0.722	0.715
60	0.709	0.702	0.695	0.689	0.682	0.676	0.669	0.662	0.656	0.649
70	0.643	0.636	0.629	0.623	0.616	0.610	0.604	0.597	0.591	0.584
80	0.578	0.572	0.566	0.559	0.553	0.547	0.541	0.535	0.529	0.523
90	0.517	0.511	0.505	0.500	0.494	0.488	0.483	0.477	0.472	0.467
100	0.463	0.458	0.454	0.449	0.445	0.441	0.436	0.432	0.428	0.423
110	0.419	0.415	0.411	0.407	0.403	0.399	0.395	0.391	0.387	0.383
120	0.379	0.375	0.371	0.367	0.364	0.360	0.356	0.353	0.349	0.346
130	0.342	0.339	0.335	0.332	0.328	0.325	0.322	0.319	0.315	0.312
140	0.309	0.306	0.303	0.300	0.297	0.294	0.291	0.288	0.285	0.282
150	0.280	0.277	0.274	0.271	0.269	0.266	0.264	0.261	0.258	0.256
160	0.254	0.251	0.249	0.246	0.244	0.242	0.239	0.237	0.235	0.233
170	0.230	0.228	0.226	0.224	0.222	0.220	0.218	0.216	0.214	0.212
180	0.210	0.208	0.206	0.205	0.203	0.201	0.199	0.197	0.196	0.194
190	0.192	0.190	0.189	0.187	0.186	0.184	0.182	0.181	0.179	0.178
200	0.176	0.175	0.173	0.172	0.170	0.169	0.168	0.166	0.165	0.163
210	0.162	0.161	0.159	0.158	0.157	0.156	0.154	0.153	0.152	0.151
220	0.150	0.148	0.147	0.146	0.145	0.144	0.143	0.142	0.140	0.139
230	0.138	0.137	0.136	0.135	0.134	0.133	0.132	0.131	0.130	0.129
240	0.128	0.127	0.126	0.125	0.124	0.124	0.123	0.122	0.121	0.120
250	0.119	—	—	—	—	—	—	—	—	—

表4　d类截面轴心受压构件的稳定系数

$\lambda\sqrt{\dfrac{f_y}{235}}$	0	1	2	3	4	5	6	7	8	9
0	1.000	1.000	0.999	0.999	0.998	0.996	0.994	0.992	0.990	0.987
10	0.984	0.981	0.978	0.974	0.969	0.965	0.960	0.955	0.949	0.944
20	0.937	0.927	0.918	0.909	0.900	0.891	0.883	0.874	0.865	0.857
30	0.848	0.840	0.831	0.823	0.815	0.807	0.799	0.790	0.782	0.774
40	0.766	0.759	0.751	0.743	0.735	0.728	0.720	0.712	0.705	0.697
50	0.690	0.683	0.675	0.668	0.661	0.654	0.646	0.639	0.632	0.625
60	0.618	0.612	0.605	0.598	0.591	0.585	0.578	0.572	0.565	0.559
70	0.552	0.546	0.540	0.534	0.528	0.522	0.516	0.510	0.504	0.498
80	0.493	0.487	0.481	0.476	0.470	0.465	0.460	0.454	0.449	0.444
90	0.439	0.434	0.429	0.424	0.419	0.414	0.410	0.405	0.401	0.397
100	0.394	0.390	0.387	0.383	0.380	0.376	0.373	0.370	0.366	0.363
110	0.359	0.356	0.353	0.350	0.346	0.343	0.340	0.337	0.334	0.331
120	0.328	0.325	0.322	0.319	0.316	0.313	0.310	0.307	0.304	0.301
130	0.299	0.296	0.293	0.290	0.288	0.285	0.282	0.280	0.277	0.275
140	0.272	0.270	0.267	0.265	0.262	0.260	0.258	0.255	0.253	0.251
150	0.248	0.246	0.244	0.242	0.240	0.237	0.235	0.233	0.231	0.229
160	0.227	0.225	0.223	0.221	0.219	0.217	0.215	0.213	0.212	0.210
170	0.208	0.206	0.204	0.203	0.201	0.199	0.197	0.196	0.194	0.192
180	0.191	0.189	0.188	0.186	0.184	0.183	0.181	0.180	0.178	0.177
190	0.176	0.174	0.173	0.171	0.170	0.168	0.167	0.166	0.164	0.163
200	0.162	—	—	—	—	—	—	—	—	—

表1至表4中的 φ 值按下列公式计算：

当 $\lambda_n - \dfrac{\lambda}{\pi}\sqrt{f_y/E} \leqslant 0.215$ 时，$\varphi = 1 - \alpha_1\lambda_n^2$　　　　　　（A-1）

当 $\lambda_n > 0.215$ 时，$\varphi = \dfrac{1}{2\lambda_n^2}\left[(\alpha_2 + \alpha_3\lambda_n + \lambda_n^2)\sqrt{(\alpha_2 + \alpha_3\lambda_n + \lambda_n^2)^2 - 4\lambda_n^2}\right]$　（A-2）

式中，α_1、α_2、α_3 为系数，根据界面分类，按照表5采用。

当构件的 $\lambda\sqrt{f_y/235}$ 值超出表1至表4的范围时，则 φ 值按式（A-1）和式（A-2）计算。

表5　系数 α_1、α_2、α_3

截面类别		α_1	α_2	α_3
a类		0.41	0.986	0.152
b类		0.65	0.965	0.300
c类	$\lambda_n \leqslant 1.05$	0.73	0.906	0.595
	$\lambda_n > 1.05$		1.216	0.302
d类	$\lambda_n \leqslant 1.05$	1.35	0.868	0.915
	$\lambda_n > 1.05$		1.375	0.432

参考文献

［1］ 特种设备安全监察局 . 市场监管总局关于 2018 年全国特种设备安全状况的通告 .2019.

［2］ 中华人民共和国特种设备安全法 .2014.

［3］ 李向东 . 大型游乐设施安全技术［M］. 北京：中国计划出版社，2010.

［4］ 付恒生，林明，梁朝虎 . 大型游乐设施设计［M］. 上海：同济大学出版社，2014.

［5］ 国家市场监督管理总局 . 大型游乐设施安全规范：GB 8408—2018［S］. 北京：中国标准出版社，2018.

［6］ 特种设备安全监察条例 .2009

［7］ 宋伟科，林伟明，郭俊杰 . 大型游乐设施典型案例［M］. 上海：同济大学出版社，2015.

［8］ 莫梦湉，陈依婷，刘辉，等 . 大型游乐设施事故原因的帕累托图分析［J］. 安防技术，2018，6（1）：7-11.

［9］ 张新东，张煜，李向东，等 . 基于事故统计的大型游乐设施危险性分析和安全防范措施研究［J］. 中国特种设备安全，2015，31（2）：21-25.

［10］ 蓝华荣 . 质量管理理论在大型游乐设施运营安全管理中的应用研究［D］. 天津：天津大学，2010.

［11］ 倪红军，黄明宇 . 工程材料［M］. 南京：东南大学出版社，2016.

［12］ 中华人民共和国住房和城乡建设部 . 钢结构设计规范：GB 50017—2017［S］. 北京：中国建筑工业出版社，2017.

［13］ 张友杰，袁建勋，彭俊杰，等 . 游乐设施——旋转木马关键施工技术［J］. 施工技术，2016，43（7）：74-76.

［14］ 林伟明，王银兰，张勇 . 大型游乐设施监督检验［M］. 上海：同济大学出版社，2014.

［15］ 中华人民共和国住房和城乡建设部 . 建筑结构荷载规范：GB 50009—2012［S］. 北京：中国建筑工业出版社，2012.

［16］ 中华人民共和国住房和城乡建设部 . 建筑抗震设计规范：GB/T 50011—2010［S］. 北京：中国建筑工业出版社，2010.

［17］ 濮良贵，陈国定，吴立言 . 机械设计［M］.10 版 . 北京：高等教育出版社，2019.

［18］ 邓训，徐远杰 . 材料力学［M］. 武汉：武汉大学出版社，2002.

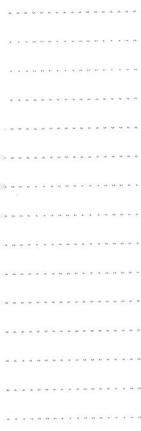